INTERNATIONAL CENTRE FOR MECHANICAL SCIENCES

COURSES AND LECTURES - No. 222

MECHANICAL WAVES IN SOLIDS

EDITED BY

J. MANDEL

LABORATOIRE DE MECANIQUE DES SOLIDES
ECOLE POLYTECNIQUE - ECOLE NATIONALE DES MINES
PARIS

AND

L. BRUN

COMMISSARIAT A L'ENERGIE ATOMIQUE
CENTRE D'ETUDES DE LIMEIL
VILLENEUVE ST GEORGES

SPRINGER-VERLAG WIEN GMBH

Originally published by Springer-Verlag Wien-New York in 1975

ISBN 978-3-211-81398-0 ISBN 978-3-7091-2728-5 (eBook)
DOI 10.1007/978-3-7091-2728-5

PREFACE

Cet ouvrage réunit la majeure partie des lectures qui ont été présentées à Udine, au cours de la session dédiée à Levi-Civita, sur le sujet de la propagation des ondes dans les solides. Il n'était évidemment pas question de traiter un aussi vaste sujet de façon exhaustive. C'est pourquoi on ne trouvera pas ici une revue générale de nos connaissances en la matière, mais seulement l'exposé de quelques problèmes, que nous pouvons dire d'actualité, même lorsqu'il s'agit d'ondes dans les milieux imaginés en 1909 par les frères E. et F. Cosserat.

L'importance de la notion des relations de comportement (ou équations constitutives) en mécanique des milieux continus n'est plus à souligner. Dès la première moitié du 19ème siècle, les schémas du fluide parfait et du solide élastique linéaire avaient permis d'édifier une théorie parfaitement cohérente des ondes dans les milieux élastiques, théorie depuis longtemps enseignée dans les Universités et les Ecoles d'Ingénieurs. Notre objectif ici est de présenter quelques contributions qui, basées sur d'autres équations constitutives, sortent de ce cadre classique.

Après un article où l'on essaie de réunir dans une même présentation (du moins pour les ondes ordinaires) l'ensemble des milieux matériellement simples, on traite des ondes de choc dans les corps élastiques non linéaires, puis on aborde les ondes dans les milieux plastiques, les milieux viscoplastiques et les milieux élastiques de Cosserat. Cet ensemble théorique est complété par une description des expériences qui mettent en évidence les effets de la viscosité, de la plasticité et de la non linéarité.

Il nous est agréable de remercier ici les auteurs de ces contributions ainsi que les Autorités du C.I.S.M. qui, dans une conjoncture particulièrement difficile, ont réussi à assurer la publication de ces lectures.

J. Mandel *L. Brun*

ABSTRACTS

In the work of J. MANDEL, after a brief résumé on simple waves and sinusoidal waves, attention is concentrated on the propagation of discontinuities, and especially of ordinary discontinuities. After establishing the classical kinematical conditions of compatibility, the author shows that a necessary condition for the existence of ordinary waves is that there shall be less than 3 internal constraints between the discontinuities of strain-rate and that then, for a simple material, the stress tensor is continuous. The extension of properties known for an elastic material: theorems of Duhem, acoustic tensor, acoustic rays, etc . . ., is next obtained starting from a hypothesis of very great generality. This postulates the existence at each instant of an affine relation between strain-rate, stress-rate and temperature-rate. The author shows that there are at most 3 waves, that each internal constraint decreases their number by one and that their polarization vectors are mutually orthogonal when the acoustic tensor is symmetric. He finally studies the growth or decay of the discontinuity along an acoustic ray.

In his contribution L. BRUN considers successively conducting and non conducting elastic solids. Isotropic solids are classified after their ability to propagate reversible discontinuities of first order. The relation of weak-shock-stability to the second principle of thermodynamics is investigated. An enlarged evolutionary condition applicable to both hyperbolic and mixed hyperbolic-parabolic systems allows an extensive analysis of finite-shock-stability. Following a conjecture, a "condition of continuous shock-formation" places novel restrictions on possible adiabatic shocks. Finally it is proved that thermal conduction may not suffice to endowe weak quasi-transverse shocks with a smooth structure.

B. RANIECKI discusses the ordinary waves of infinitesimal strain in unbounded, rate-independent elastic-plastic conductors and non-conductors, including simple waves. The speeds of adiabatic and isothermal waves are compared. As an example, the combined longitudinal and torsional simple waves in a thin-walled tube are analyzed, and the influence of the energy dissipation on wave speeds and wave profiles is discussed.

The paper of W.K. NOWACKI is devoted to some problems of wave propagation in viscoplastic materials. The constitutive equations for elastic-viscoplastic bodies are established, and both equations of motion and compatibility are given in general curvilinear coordinates. Numerical methods for solution of one-dimensional wave-propagation problems are first discussed.

Further, bi-dimensional wave propagation is treated and the effective numerical algorithms are presented. In particular, the problem of a half space with a cylindrical cavity loaded by a normal and tangential non-uniform pressure is solved numerically and discussed in detail.

The survey of W. NOWACKI gives a concise discussion of the fundamental assumptions, relations and differential equations in displacements and rotations of a micropolar Cosserat continuum. The general energy theorem and the theorem of reciprocity of work as well as the principle of virtual work and the Hamilton principle are given. The propagation of elastic waves in a micropolar medium is discussed in detail.

H. KOLSKY first discussed the role of experiment in the study of stress wave propagation. The author then describes methods of producing trains of stress waves and stress pulses. These methods involve both electrical and mechanical techniques. Methods of detecting and measuring stress waves are next dealt with, these fall into the categories of mechanical, optical and electrical. A number of specific research projects are then considered in detail including two now in progress at Brown University. Finally a discussion of the relation between stress wave propagation and fracture is considered.

CONTENTS

NOTIONS GENERALES SUR LES ONDES

J. MANDEL
Ecole Nationale Supérieure des Mines-Paris

Une onde, c'est une perturbation qui se propage.

La notion d'onde est trop familière en physique pour qu'on y insiste. On se bornera donc à des rappels sur l'onde simple, puis sur les ondes sinusoïdales. Dans le premier cas le milieu doit être supposé homogène, dans le deuxième cas son comportement doit être supposé linéaire.

De telles restrictions n'existent plus pour les ondes dites de discontinuité (qui sont moins connues des physiciens). C'est pourquoi on étudiera d'une manière beaucoup plus approfondie (au chapitre III) ce type d'ondes, dont J. Hadamard [1] a montré l'importance et la généralité. En se basant sur une hypothèse très générale concernant les relations de comportement on présentera une étude valable pour tous les matériaux dits matériellement simples [†]. On montrera par exemple que pour tous ces

[†] Matériaux pour lesquels le tenseur de déformation suffit pour décrire les changements de géométrie d'un élément. Ce schéma peut devenir insuffisant pour les très courtes longueurs d'onde. On doit alors, si l'on veut conserver les avantages de la continuité, recourir à la théorie des milieux continus généralisés.

milieux le nombre des ondes de discontinuité ordinaires est au plus égal à 3 moins le nombre des liaisons internes instantanées. Ces dernières interdisent les discontinuités, elles les étalent : nous dirons qu'il y a diffusion. Ainsi la théorie des discontinuités, si utile soit-elle, laisse subsister d'importantes lacunes. Nous tenions à le signaler dès le départ.

1 - L'ONDE SIMPLE

Considérons une tige élastique de section S, de masse volumique ρ. Au cours de petits mouvements les points d'une section d'abscisse x subissent un déplacement $\xi(x, t)$. Supposant l'élasticité linéaire (petites déformations) et l'état initial neutre, la force s'exerçant sur la section x est :

$$F = S\, M \frac{\partial \xi}{\partial x} \tag{1-1}$$

M est le module d'Young dans le cas des vibrations longitudinales, le module de cisaillement dans le cas des vibrations transversales. La loi de la mécanique appliquée à un tronçon dx de la tige s'écrit :

$$\frac{\partial F}{\partial x} = \rho\, S \frac{\partial^2 \xi}{\partial t^2} \tag{1-2}$$

En éliminant F entre les 2 équations précédentes, on obtient :

$$\frac{\partial}{\partial x}\left(M\, S \frac{\partial \xi}{\partial x}\right) = \rho\, S \frac{\partial^2 \xi}{\partial t^2} \tag{1-3}$$

équation valable même si ρ, M, S sont fonctions de x †.

Supposons maintenant la tige HOMOGENE (ρ, $M = C^{te}$) et de section S constante. Alors en posant $c^2 = \frac{M}{\rho}$, nous obtenons la fameuse équation des cordes vibrantes :

$$\frac{\partial^2 \xi}{\partial t^2} - c^2 \frac{\partial^2 \xi}{\partial x^2} = 0 \tag{1-4}$$

dont la solution (d'Alembert et Euler) est de la forme :

† Evidemment l'équation est aussi valable (avec S = 1) pour les ondes planes en milieu indéfini si les propriétés du milieu ne dépendent que de x.

$$\xi = f(x - ct) + g(x + ct) \qquad (1\text{-}5)$$

En prenant seulement un des termes au second membre de (1-5) on a une onde simple, perturbation ne dépendant de x et t que par l'intermédiaire d'une seule variable $(x - ct)$ ou $(x + ct)$. Avec $g = 0$ on a $\xi = f(x - ct)$ onde simple progressant dans le sens positif, sans changement de forme, avec la célérité c. Pour cette onde simple on a :

$$\frac{\partial \xi}{\partial t} = \dot{\xi} = - c\, f'(x - ct) \quad , \quad \frac{\partial \xi}{\partial x} = f'(x - ct)$$

par conséquent la densité d'énergie cinétique est :

$$C = \frac{1}{2} \rho\, \dot{\xi}^2 = \frac{1}{2} \rho\, c^2\, f'^2 \qquad (1\text{-}6)$$

et la densité d'énergie potentielle :

$$\pi = \frac{1}{2} M \left(\frac{\partial \xi}{\partial x}\right)^2 = \frac{1}{2} M\, f'^2 \qquad (1\text{-}7)$$

Ces 2 densités sont égales d'après la valeur de c^2. Le flux d'énergie à travers la section S est donc (par unité de temps) :

$$S\, \rho\, c\, \dot{\xi}^2 = S \sqrt{M \rho}\; \dot{\xi}^2 \qquad (1\text{-}8)$$

Si $f = 0$ sauf lorsque $u = x - ct$ est compris dans un intervalle u_0, u_1, l'onde simple possède un front avant et un front arrière.

La notion de mouvement par ondes simples (mouvement dans lequel la vitesse et la déformation restent toutes deux constantes le long de certaines droites du plan x, t) s'étend à un milieu élastique non linéaire (gaz par exemple), voire même à un milieu plastique. Elle se généralise d'autre part aux ondes tridimensionnelles (sphériques par exemple). Dans tous les cas le milieu est supposé homogène. L'intensité de la perturbation varie ici avec la distance à la source et même sa forme change. Il reste qu'il existe un front avant et éventuellement un front arrière entre lesquels l'onde transporte une quantité déterminée d'énergie.

Cette propriété disparaît en général (c'est un point que nous désirons souligner) si le milieu n'est pas homogène. En effet dans le cas d'une tige non homogène, par le changement de variables

$$dz = \frac{dx}{S(x)\; M(x)} \qquad (1\text{-}9)$$

on ramène les équations (1-1) et (1-2) à :

$$F = \frac{\partial \xi}{\partial z} \quad , \quad \frac{\partial F}{\partial z} = S^2\, M\, \rho\, \frac{\partial^2 \xi}{\partial t^2}$$

d'où à nouveau l'équation des cordes vibrantes (1-4) mais avec une célérité c telle que $c^{-1} = S \sqrt{M \rho}$, donc fonction de z en général. C'est seulement dans le cas où $S^2 M \rho = C^{te}$ que l'on retombe sur la solution de d'Alembert et sur la possibilité d'ondes simples.

D.L. Clements et C. Rogers [2] ont obtenu des solutions explicites pour certaines fonctions M, ρ de x. Malgré quelques ressemblances avec elles, ces solutions ne sont pas des ondes simples. En étudiant la propagation d'une perturbation on constate qu'elle s'affaiblit au cours de sa progression, plus exactement que son énergie s'affaiblit. Et ceci parce qu'elle laisse derrière elle de l'énergie (potentielle ou cinétique) dans un domaine de plus en plus étendu. La tige ne revient pas à son état initial après le passage de la perturbation qui, strictement, n'a pas de front arrière.

L'absence d'ondes simples et l'affaiblissement des perturbations en milieu hétérogène se comprennent aisément lorsque l'hétérogénéité est discontinue, c'est-à-dire dans le cas de 2 milieux homogènes, mais différents, séparés par le plan $x = 0$. Une onde progressant dans le milieu (1) ($x < 0$) vers l'interface donne lieu à une onde réfléchie et une onde réfractée (ou transmise) dans le milieu (2) ($x > 0$). Après cette réfraction, on a :

dans le milieu (1) $\quad \xi = f(x - c_1 t) + g(x + c_1 t)$

dans le milieu (2) $\quad \xi = h(x - c_2 t)$

Le flux d'énergie incidente étant pris comme unité, on trouve (après avoir exprimé la continuité de ξ et F pour $x = 0$, $\forall t$) que le flux réfléchi est $\left(\frac{m_1 - m_2}{m_1 + m_2}\right)^2$, où $m = \sqrt{\rho M}\, S$, et le flux transmis $\frac{4 m_1 m_2}{(m_1 + m_2)^2}$. Il n'y a conservation du flux que si $m_2 = m_1$.

Ce sont donc les réflexions qui font disparaître les ondes simples et atténuent progressivement les perturbations en milieu hétérogène, sans qu'il y ait dissipation d'énergie (on dit qu'il s'agit de dispersion géométrique). Cette atténuation, même en milieu gazeux, a été démontrée expérimentalement par Tyndall : une atmosphère stratifiée est opaque pour le son.

2 - LES ONDES SINUSOIDALES

2.1- Rappel de notions classiques

$\mathbf{x}$ désignant le vecteur de position (x_1, x_2, x_3), $\boldsymbol{\xi}$ le vecteur déplacement, on a une onde sinusoïdale (en fonction de t) lorsque :

$$\boldsymbol{\xi} = \mathbf{a}(\mathbf{x}) \cos \omega t + \mathbf{b}(\mathbf{x}) \sin \omega t$$

$\omega = C^{te}$ s'appelle la pulsation, $f = \frac{\omega}{2\pi}$ la fréquence.

On pose :

$$\boldsymbol{\xi} = \mathcal{R}\left[\mathbf{f}(\mathbf{x})\, e^{i\omega t}\right] \qquad i = \sqrt{-1} \qquad 2\text{-}1\text{-}1$$

$\mathcal{R}$ désignant la partie réelle et $\mathbf{f}(f_1, f_2, f_3)$ un vecteur de composantes complexes. Dans les cas classiques, pour des perturbations sinusoïdales émanant d'une source ponctuelle, f_1, f_2, f_3 ont le même argument $\varphi(\mathbf{x})$. Les surfaces $\varphi(x_1, x_2, x_3) + \omega t = C^{te}$ sont les surfaces d'ondes (ondes de phase).

L'intérêt des ondes sinusoïdales ou harmoniques en mécanique n'existe que si les équations de comportement sont LINEAIRES (ce qui suppose les déplacements infiniment petits). Dans ce cas en effet le principe de superposition des vibrations s'applique et, en représentant le déplacement sous la forme d'une intégrale de Fourier $\int_{-\infty}^{+\infty} \mathbf{f}(\mathbf{x}, \omega)\, e^{i\omega t}\, d\omega$ on se ramène à la superposition d'ondes sinusoïdales en t .

Les dites ondes ne sont sinusoïdales par rapport à la variable d'espace que dans le cas encore plus particulier du milieu homogène. Considérons par exemple la tige élastique introduite au chapitre 1. Avec $\xi = f(x)\, e^{i\omega t}$ on obtient pour $f(x)$ l'équation :

$$\frac{d}{dx}\left(M\, S\, \frac{df}{dx}\right) + \rho\, S\, \omega^2 f = 0 \qquad 2\text{-}1\text{-}2$$

Si S, ρ, M sont indépendants de x, on a la solution classique, somme de 2 ondes simples sinusoïdales en x :

$$\xi = \mathcal{R}\left[A\, e^{i\omega(t - \frac{x}{c})} + B\, e^{i\omega(t + \frac{x}{c})}\right] \qquad c = \sqrt{\frac{M}{\rho}} \qquad 2\text{-}1\text{-}3$$

Lorsque S, ρ, M dépendent de x, la solution de l'équation linéaire 2-1-2 dépend toujours de 2 constantes arbitraires :

$$f = A\ g(x) + B\ h(x)$$

mais h(x) et g(x) ne sont plus sinusoïdales en x . Une perturbation sinusoïdale en t se propage en conservant une période déterminée, mais non une longueur d'onde déterminée. Dans l'exemple considéré à la fin du chapitre 1 une onde simple sinusoïdale incidente de la forme :

$$\xi = A\ \mathcal{R}\ \left[e^{i\omega(t - \frac{x}{c})} \right] \qquad 2\text{-}1\text{-}4$$

tombant sur l'interface x = 0 donne une réfractée de même forme, de même pulsation ω, mais de célérité différente, donc de longueur d'onde différente.

Pour une onde simple sinusoïdale (formule 2-1-4) si la constante c , supposée réelle, dépend de ω, on dit qu'il y a dispersion. c est appelé <u>vitesse de phase</u>. On définit la <u>vitesse de groupe</u> V , vitesse de propagation des trains d'ondes qui résultent des battements produits par la superposition d'oscillations de pulsations différentes. C'est la vitesse de propagation de l'énergie pour l'intervalle ω, ω + dω du spectre d'énergie. En écrivant pour l'onde simple :

$$\xi = A\ \mathcal{R}\ \left[e^{i(\omega t - ax)} \right] \qquad 2\text{-}1\text{-}5$$

(a est appelé nombre d'ondes ; en fait par unité de longueur le nombre d'ondes est a/2π), on montre que :

$$c = \frac{\omega}{a} \quad , \quad V = \frac{d\omega}{da} \qquad 2\text{-}1\text{-}6$$

Si maintenant la constante a devient complexe a = α - iβ , on a :

$$\xi = A\ e^{-\beta x}\ \mathcal{R}\ \left[e^{i(\omega t - \alpha x)} \right] \qquad 2\text{-}1\text{-}7$$

onde simple sinusoïdale <u>amortie</u> de célérité ω/α . Dans un milieu linéaire, homogène, dissipatif, β est positif (l'énergie cinétique de l'onde simple va en diminuant).

Après ce rappel de notions classiques basées, nous le soulignons à nouveau, sur la linéarité des équations, nous traitons rapidement deux exemples.

2.2- Ondes sinusoïdales dans une tige viscoélastique linéaire homogène†

R(t) désignant la fonction de relaxation qui remplace ici le module élastique M du chapitre 1, R' sa dérivée, la relation entre la contrainte $\sigma(t)$ et l'histoire de la déformation $\varepsilon = \frac{\partial \xi}{\partial x}$ est la relation de Boltzmann :

$$\sigma(t) = R(0)\ \varepsilon(t) + \int_{-\infty}^{t} R'\ (t - \tau)\ \ \varepsilon(\tau)\ d\tau \qquad \text{2-2-1}$$

qu'on peut encore écrire :

$$\sigma(t) = \int_{0-}^{+\infty} R'\ (u)\ \ \varepsilon(t - u)\ du$$

Si $\varepsilon(\tau) = \mathscr{R}\left[A\ e^{i\omega\tau}\ H(\tau)\right]$, A constante complexe, $H(\tau)$ fonction d'Heaviside, il vient :

$$\sigma(t) = \mathscr{R}\left[A\ e^{i\omega t} \int_{0-}^{t} R'\ (u)\ e^{-i\omega u}\ du\right] \qquad \text{2-2-2}$$

Quand t tend vers +∞ l'intégrale tend vers $\overset{*}{R}\ (i\omega)$, si l'on désigne par $\overset{*}{R}(p)$ la transformée de Carson de R(t)

$$\overset{*}{R}(p) = p \int_{0}^{+\infty} e^{-pu}\ R(u)\ du = \int_{0}^{-\infty} e^{-pu}\ R'(u)\ du \qquad \text{2-2-3}$$

Dans le régime permanent, on a donc :

$$\xi(x,\ t) = \mathscr{R}\left[\xi^{+}(x)\ e^{i\omega t}\right] \qquad \text{2-2-4}$$

$$\sigma(x,\ t) = \mathscr{R}\left[\overset{*}{R}(i\omega)\ \frac{d\xi^{+}}{dx}\ e^{i\omega t}\right] \qquad \text{2-2-5}$$

et l'équation de la mécanique appliquée à un tronçon dx donne :

$$\frac{d^2\xi^{+}}{dx^2} + \rho\ \frac{\omega^2}{\overset{*}{R}}\ \ \xi^{+} = 0 \qquad \text{2-2-6}$$

$\overset{*}{R}(i\omega)$ est complexe, de module $m(\omega)$, d'argument $\varphi\ (\omega)$ compris entre

† Ou ondes planes en milieu indéfini homogène.

0 et $\frac{\pi}{2}$ (angle de retard). On pose :

$$a = \omega \sqrt{\frac{\rho}{m}}\ e^{-\frac{i\phi}{2}} = \alpha - i\,\beta \qquad 2\text{-}2\text{-}7.$$

On a alors :

$$\xi^+(x) = A\,e^{-iax} + B\,e^{iax} \qquad \text{A, B constantes complexes}$$

d'où :

$$\xi(x,\,t) = e^{-\beta x}\ \mathcal{R}\left[A\,e^{i(\omega t - \alpha x)}\right] + e^{\beta x}\mathcal{R}\left[B\,e^{i(\omega t + \alpha x)}\right] \qquad 2\text{-}2\text{-}8$$

Chacun des termes représente une onde simple sinusoïdale amortie (décrément logarithmique $2\pi\,\frac{\beta}{\alpha} = 2\pi\ \mathrm{tg}\,\frac{\varphi}{2}$), de célérité $\frac{\omega}{\alpha}$ fonction de ω (dispersion).

Quand ω tend vers $+\infty$, $\overset{*}{R}(i\omega)$ a pour expression asymptotique $R(0) - \frac{i}{\omega}\,R'(0)$. La célérité tend vers $c_\infty = \sqrt{R(0)/\rho}$, qui est sa valeur maximale, et par suite la célérité du front avant d'une perturbation. Le coefficient d'amortissement β tend vers $-\frac{1}{2c_\infty}\,\frac{R'(0)}{R(0)}$.

Noter qu'une perturbation, bien que la tige soit homogène, n'a pas de front arrière à cause de l'effet d'hérédité.

2.3- Ondes sinusoïdales dans une tige thermoélastique linéaire homogène†

On supposera que la tige est conductrice de la chaleur mais n'échange pas de chaleur avec l'extérieur par sa surface latérale. La relation entre la contrainte σ, la déformation ε, la variation de température τ (à partir d'un état initial neutre isotherme de température T_o) est alors :

$$\sigma = M\,\varepsilon - k\,\tau = M\,\frac{\partial \xi}{\partial x} - k\,\tau$$

$k = \alpha\,M$ (α coefficient de dilatation linéaire thermique) dans le cas des

† ou ondes planes dans un milieu indéfini thermoélastique linéaire homogène.

vibrations longitudinales[†] , $k = 0$ dans le cas des ondes transversales. L'équation de la mécanique s'écrit :

$$M \frac{\partial^2 \xi}{\partial x^2} - k \frac{\partial \tau}{\partial x} - \rho \frac{\partial^2 \xi}{\partial t^2} = 0 \qquad 2\text{-}3\text{-}1$$

Soit S l'entropie par unité de masse, C_ε la chaleur spécifique à déformation constante :

$$S = \frac{k}{\rho} \varepsilon + C_\varepsilon \frac{\tau}{T_o} + C^{te}$$

Soit K la conductivité. Exprimant que la quantité de chaleur $- d(- K \frac{\partial \tau}{\partial x})$ reçue par unité de temps par un tronçon dx , par ses 2 extrêmités, est égale à $T_o \dot{S} \rho \, dx$, on obtient :

$$T_o \rho \frac{\partial S}{\partial t} - K \frac{\partial^2 \tau}{\partial x^2} = k T_o \frac{\partial^2 \xi}{\partial x \partial t} + \rho C_\varepsilon \frac{\partial \tau}{\partial t} - K \frac{\partial^2 \tau}{\partial x^2} = 0 \qquad 2\text{-}3\text{-}2$$

Une onde sinusoïdale en t est définie par :

$$\xi = \mathscr{R} [\xi^+(x) e^{i\omega t}] \quad , \quad \tau = \mathscr{R} [\tau^+(x) e^{i\omega t}]$$

En portant dans les équations 2-3-1, 2-3-2 on obtient :

$$M \frac{d^2 \xi^+}{dx^2} - k \frac{d\tau^+}{dx} + \rho \omega^2 \xi^+ = 0$$

$$- K \frac{d^2 \tau^+}{dx^2} + i\omega k T_o \frac{d\xi^+}{dx} + i\omega\rho C_\varepsilon \tau^+ = 0$$

système d'équations différentielles linéaires à coefficients constants dont la solution s'obtient en additionnant 4 solutions particulières de la forme :

$$\xi^+(x) = \xi_o e^{sx} \qquad \tau^+(x) = \tau_o e^{sx}$$

d'où :

$$(M s^2 + \rho\omega^2) \xi_o - k s \tau_o = 0$$

$$i\omega k T_o s \xi_o + (i\omega\rho C_\varepsilon - K s^2) \tau_o = 0 \qquad 2\text{-}3\text{-}3$$

† pour la tige. Pour un milieu indéfini $k = (3\lambda + 2\mu)\alpha$

Les valeurs de s sont celles qui annulent le déterminant des 2 équations précédentes en ξ_o, τ_o d'où l'équation bicarrée en s† :

$$(s^2 + \rho \frac{\omega^2}{M})(s^2 - \frac{i\omega\rho C_\varepsilon}{K}) - \frac{i\omega k^2 T_o}{MK} s^2 = 0 \qquad 2\text{-}3\text{-}4$$

Dans le cas où $k = 0$ il n'y a pas de couplage entre les effets mécaniques et les effets thermiques, les résultats sont très simples. Les racines de l'équation 2-3-4 sont :

i) $s^2 = -\frac{\rho}{M}\omega^2$ ou $s = \pm i\omega\sqrt{\frac{\rho}{M}}$ qui correspondent à 2 ondes simples élastiques non amorties, de célérité $\pm\sqrt{\frac{M}{\rho}}$ indépendante de ω.

ii) $s^2 = \frac{i\rho C_\varepsilon \omega}{K}$ ou $s = \pm (1 + i)\sqrt{\frac{\rho C_\varepsilon \omega}{2K}}$ qui correspondent à 2 ondes thermiques de célérité $\pm\sqrt{\frac{2K\omega}{\rho C_\varepsilon}}$ de longueur d'onde $2\pi\sqrt{\frac{2K}{\rho C_\varepsilon \omega}}$, très rapidement amorties.

En effet, en posant $\alpha = \sqrt{\frac{\rho C_\varepsilon \omega}{2K}}$ et prenant le signe - devant (1 + i) (onde progressant dans le sens de Ox), on obtient :

$$\tau^+ = \tau_o e^{-\alpha x} \quad e^{-i(\alpha x - \omega t)}$$

En une demie longueur d'onde ($\alpha x = \pi$) l'amplitude des oscillations est réduite dans le rapport $e^{-\pi} = 0{,}043$.

Dans le cas où $k \neq 0$ il y a <u>couplage thermoélastique</u>. Il faut d'abord noter le cas très simple où la conductivité K est nulle. Les déformations sont isentropiques, donc :

$$\tau = -\frac{kT_o}{\rho C_\varepsilon}\varepsilon$$

d'où :

† au lieu de fixer à priori la pulsation ω, on peut avec Chadwick [3,4], prenant une solution sinusoïdale en x, fixer le nombre d'onde, c'est-à-dire s. On a alors pour ω une équation de 3ème degré, qui lorsque $k = 0$ donne 2 ondes élastiques progressives non amorties et une onde thermique stationnaire (en x) amortie (en t).

$$\sigma = M_s \, \varepsilon \qquad\qquad M_s = M + \frac{k^2 T_o}{\rho C_\varepsilon} \qquad\qquad 2\text{-}3\text{-}5$$

On a donc des ondes non amorties de célérité $\pm\sqrt{\frac{M_s}{\rho}}$. Pour les solides le rapport sans dimensions

$$\times = \frac{k^2 \, T_o}{M \, \rho \, C_\varepsilon} \qquad\qquad 2\text{-}3\text{-}6$$

est toujours très petit (ordre de 10^{-2}) et la célérité des ondes isentropiques n'est qu'à peine supérieure à celle des ondes isothermes.

Supposons maintenant la conductivité K différente de zéro. Si le rapport $\times$ reste petit les racines de l'équation 2-3-4 donnent 2 ondes quasiélastiques de célérité voisine de $\sqrt{\frac{M}{\rho}}$ et 2 ondes quasi-thermiques de célérité voisine de $\sqrt{\frac{2K\omega}{\rho C_\varepsilon}}$. Posons $\chi = \frac{2K\omega}{MC_\varepsilon}$. Si $\chi < 1$ les ondes quasi-thermiques vont moins vite que les ondes quasi-élastiques ; c'est l'inverse pour $\chi > 1$. Pour chacune de ces ondes mais surtout pour les ondes quasi-thermiques, la célérité et l'amortissement sont fonctions de ω.

Examinons en particulier les ondes quasi-élastiques.

Aux très petites valeurs de χ (basses fréquences ou faible conductivité), l'équation 2-3-4 donne (s^2 voisin de $-\rho\frac{\omega^2}{M}$ pouvant être négligé par rapport à $\frac{i\omega\rho C_\varepsilon}{K}$)

$$s^2(1 + \times) = -\rho\,\frac{\omega^2}{M}$$

Donc il n'y a pas d'amortissement et la célérité est $\sqrt{\frac{M(1+\times)}{\rho}} = \sqrt{\frac{M_s}{\rho}}$. Les ondes sont isentropiques. Cela provient de ce que les ondes thermiques de pulsation ω sont beaucoup plus lentes que les ondes élastiques de même pulsation.

Aux très grandes valeurs de χ (grandes valeurs du produit fréquence conductivité) l'équation 2-3-4 donne (ici on néglige au contraire $\frac{i\rho C_\varepsilon \omega}{K}$ vis à vis de s^2) ;

$$s^2 = -\rho\,\frac{\omega^2}{M} + i\omega\,\frac{k^2 T_o}{M\,K}$$

d'où :

$$s = \pm i\omega \sqrt{\frac{\rho}{M}} \left[1 - i \frac{k^2 T_o}{2K\rho\omega} \right]$$

La célérité est $\sqrt{\frac{M}{\rho}}$, c'est-à-dire celle des ondes isothermes obtenues en l'absence de couplage thermoélastique. Effectivement les ondes sont quasi isothermes bien que k soit différent de zéro. Cela provient de ce que les ondes thermiques, ici plus rapides que les ondes élastiques, égalisent les températures. Mais en même temps ces ondes thermiques emportent de l'énergie ce qui a pour effet d'amortir les ondes élastiques. Le coefficient d'amortissement par unité de longueur est :

$$\alpha = \frac{k^2 T_o}{2 K \sqrt{\rho M}} \qquad 2\text{-}3\text{-}7$$

On pourrait penser que les ondes de haute fréquence sont adiabatiques "parce que la chaleur n'a pas le temps de s'évacuer". Ce serait exact pour une tige non conductrice (K = 0) évacuant la chaleur par sa surface latérale. Mais ici c'est l'inverse qui se produit, parce que, plus la fréquence est élevée, plus le gradient de la température et mieux encore la divergence de ce gradient sont élevés. Pour le comprendre il suffit de se reporter à la relation 2-3-2 sous sa première forme qui introduit S et τ. En posant $S = \mathcal{R} [S^+(x)\, e^{i\omega t}]$, il vient :

$$T_o \rho \omega S^+ - K s^2 \tau^+ = 0$$

Pour les ondes quasi-élastiques $s^2 = - \omega^2 \frac{\rho}{M} (1 + \eta)$ avec $\eta << 1$.

Donc

$$S^+ + \frac{K \omega}{M T_o} (1 + \eta) \tau^+ = 0 \qquad 2\text{-}3\text{-}8$$

et par suite : Aux basses fréquences × conductivités (produit ω K), les ondes sont isentropiques. Aux hautes fréquences × conductivités, elles sont isothermes. Mais il faut observer que pour les métaux la pulsation caractéristique $\omega^* = \frac{MC_\varepsilon}{K}$ est extrêmement élevée (entre 10^{13} et 10^{14} par seconde, cf. [3,4] de sorte qu'en pratique toute excitation sinusoïdale cohérente tombe dans le premier cas $\chi << 1$.

3 - LES ONDES DE DISCONTINUITES

Les concepts d'onde précédents impliquent l'homogénéité du milieu ou la linéarité des équations (qui suppose les déplacements infinitésimaux). La notion d'onde de discontinuité n'est pas soumise à ces restrictions. Nous ne disons pas qu'elle suffise pour comprendre toute propagation. Un autre mode de propagation est la diffusion qui ne comporte aucune discontinuité. Nous verrons que certains matériaux ne peuvent pas propager de discontinuités, ils diffusent toute perturbation. L'exemple du N° 3-8 montrera bien les insuffisances du concept objet de ce chapitre. Néanmoins son importance est primordiale. On ne traitera complètement que le cas des ondes dites ordinaires[†].

3.1- Existence de surfaces de discontinuité

Dans un milieu en mouvement il existe presque toujours des surfaces de discontinuité, à condition toutefois que les relations de comportement aient une forme appropriée qui sera précisée au N° 3-5 (sinon les discontinuités s'émoussent, s'étalent instantanément). Dès l'instant que les données à la limite ne sont pas continues (dans l'espace ou dans le temps) des surfaces de discontinuité émanent de la frontière ; suivant la nature du milieu les discontinuités subsistent ou s'étalent à l'intérieur du domaine.

Soit par exemple un gaz initialement au repos dans une enceinte percée d'une ouverture fermée par un piston. Si l'on déplace le piston l'ébranlement se transmet dans le gaz. Dans les instants qui suivent la mise en marche du piston, on a dans l'enceinte 2 régions séparées par une surface de discontinuité ; dans l'une le gaz est encore au repos ; dans l'autre il est en mouvement. La surface est une onde de discontinuité.

† On trouvera une étude plus complète des ondes de choc dans l'article de L. Brun.

Toutefois cette analyse tombe en défaut si le gaz est visqueux ; dans ce cas aucune discontinuité (on le montrera) ne peut subsister en se propageant ; le signal de la mise en marche du piston est transmis instantanément dans toute l'enceinte[†].

On peut concevoir une perturbation comme une succession de petites discontinuités. De la sorte on se rend compte que les ondes de discontinuité lorsqu'elles existent (plus généralement la façon dont les discontinuités se propagent ou s'évanouissent) sont un élément fondamental de la propagation du mouvement en milieu continu.

Nous démontrerons (n°3-15) que, sauf dans le cas où des déformations irréversibles instantanées interviennent, les ondes de discontinuités dites ordinaires (ou faibles) sont assimilables pour la célérité et pour l'amortissement à des ondes sinusoïdales de pulsation infinie.

Les ondes de discontinuité ordinaires peuvent aussi être présentées comme des *variétés caractéristiques* du système d'équations aux dérivées partielles qui décrit le mouvement. Mais d'abord la réciproque n'est pas toujours exacte[††]. Ensuite la plupart des résultats s'obtiennent plus simplement en utilisant directement les équations de base (conservation de la masse, de la quantité de mouvement, de l'énergie, relations de comportement) et en appliquant des conditions de compatibilité cinématique dues à J. Hadamard [1] . C'est donc cette méthode que nous emploierons et nous allons commencer par des considérations cinématiques.

3.2- Vitesse de déplacement et célérités diverses

Soit x_i les coordonnées actuelles d'un point matériel, X_α ses coordonnées dans une configuration de référence fixe.

Soit S une surface séparant dans le milieu deux régions 1 et 2

[†] C'est un signal infinitésimal. Aucun quantum d'énergie, si petit soit-il, n'est transmis instantanément. Le paradoxe de la transmission instantanée disparaît en même temps que la continuité de l'énergie et de la matière. Il découle du concept du continu macroscopique. Cette remarque s'applique à tous les phénomènes de diffusion.

[††] cf. N°3-8, lignes $t = C^{te}$

dans lesquelles les coordonnées x_i ainsi que leurs dérivées successives par rapport à X_1, X_2, X_3, t jusqu'à l'ordre n - 1 sont continues, tandis que certaines dérivées d'ordre n sont discontinues. On dit que S est une surface de discontinuité d'ordre n . On désigne par

$$[A] = A_2 - A_1$$

la discontinuité subie par une grandeur A quand on passe de la région 1 à la région 2.

Si la surface S est toujours formée des mêmes éléments matériels, on dit que la discontinuité est stationnaire. Exemple : la surface d'un sillage est une discontinuité stationnaire d'ordre zéro.

Mais en général la surface S se meut à travers la matière ; on dit que la discontinuité se propage et la surface S est alors appelée onde. Il n'y a pas d'onde d'ordre zéro, parce que le déplacement ξ étant discontinu, on aurait au passage de l'onde un déplacement brusque donc une vitesse infinie ce qui est impossible. Une onde d'ordre 1 est appelée onde de choc : la vitesse est discontinue. Une onde d'ordre $n > 1$ est appelée onde ordinaire†. Pour $n = 2$ l'accélération est discontinue.

On peut étudier le déplacement de l'onde, soit dans l'espace i.e. en variables d'Euler, soit par rapport à la matière i.e. en variables de Lagrange. Soit S la position de l'onde dans l'espace à l'instant t , S' sa position à l'instant t + dt . Les points matériels qui se trouvent sur S à t forment dans la configuration de référence une surface S_o, ceux qui se trouvent sur S' à t + dt forment dans la configuration de référence une surface S'_o.

Soit dN la longueur de la normale en M comprise entre S et S', dn_o la longueur de la normale en M_o (image de M) entre S_o et S'_o.

$W = \frac{dN}{dt}$ est appelée vitesse de déplacement de l'onde, $c_o = \frac{dn_o}{dt}$

† On verra que toutes les ondes d'ordre > 1 obéissent aux mêmes équations, mutatis mutandis. C'est pourquoi on les réunit sous le même vocable.

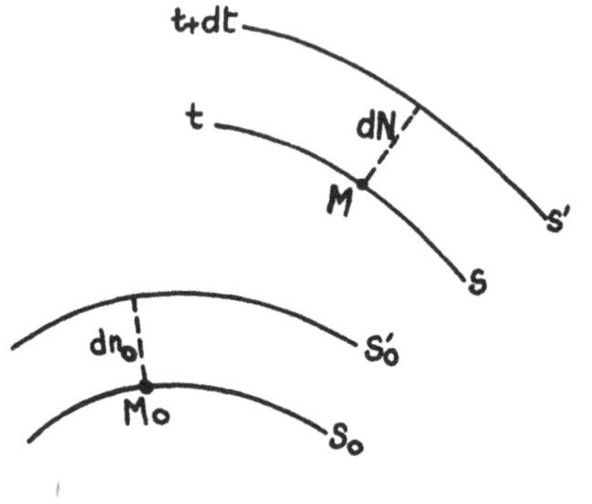

Fig. 1

est appelé célérité de l'onde par rapport à la matière dans la configuration de référence.

c_o dépend bien entendu de la configuration de référence choisie. La relation entre les différentes célérités c_o s'obtient en considérant la masse balayée dans le temps dt par une aire dS de la surface d'onde, dont l'image est dS_o dans la configuration de référence. Le volume balayé dans cette configuration étant $dS_o\ c_o\ dt$, la masse balayée par $\rho_o\ c_o\ dS_o\ dt$.
La produit $\rho_o\ c_o\ dS_o$ est donc indépendant de la configuration de référence :

$$\rho_o\ c_o\ dS_o = \text{invariant} \qquad 3\text{-}2\text{-}1$$

La configuration de référence peut être celle de la matière à un instant $t_o < t$ ou même $t_o > t$. Mais pour obtenir les résultats les plus simples on est souvent conduit à prendre $t_o = t$. Cela signifie que l'on suit la progression de l'onde entre t et $t + dt$, ou entre $t\text{-}dt$ et t , en se reportant aux positions des points matériels à l'instant t.
La célérité c ainsi définie est appelée célérité par rapport à la matière dans son état actuel. Elle est liée par une relation simple à la

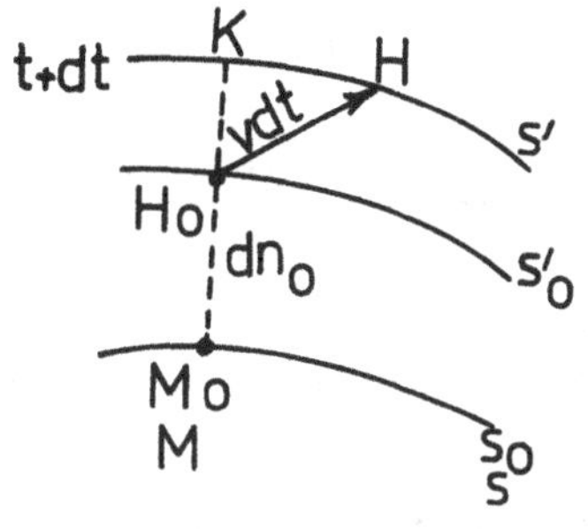

Fig. 2

vitesse de déplacement. En effet en prenant $t_o = t$ les surfaces S_o et S coïncident. Soit H la position à l'instant t+dt (ou t-dt) du point matériel qui à t se trouve en H_o (fig. 2). On a :

$$\overrightarrow{H_o H} = \mathbf{v}\ dt \qquad M_o H_o = dn_o = c\ dt$$
$$M_o K = dN = W\ dt$$

d'où

$$W = c + \mathbf{v}.\mathbf{n} \qquad 3\text{-}2\text{-}2$$

On remarque que si, dans le cas d'une onde ordinaire, on trouve bien la même célérité c en suivant la progression de l'onde entre t et t + dt ou entre t - dt et t , il n'en est pas de même dans le cas d'une onde de choc, puisque **v** est discontinu. Cela tient à ce que la densité de la matière à l'instant t n'est pas la même de part et d'autre de l'onde, car les dérivées premières de x_1, x_2, x_3 par rapport à X_1, X_2, X_3 présentant des discontinuités, il en est de même de ρ d'après l'équation de continuité

$$\rho\ \frac{D(x_1, x_2, x_3)}{D(X_1, X_2, X_3)} = \rho_o \qquad 3\text{-}2\text{-}3$$

Il y a donc dans le cas d'une onde de choc 2 célérités c_1, c_2 par rapport à la matière dans son état actuel, liées entre elles et aux discontinuités de vitesse ou de densité d'après 3-2-1 et 3-2-2 par :

$$\rho_1 c_1 = \rho_2 c_2$$

$$c_1 + \mathbf{v}_1 . \mathbf{n} = c_2 + \mathbf{v}_2 . \mathbf{n}. \qquad 3\text{-}2\text{-}4$$

3.3- Conditions cinématiques de compatibilité

Remarque fondamentale : Les discontinuités des diverses dérivées d'une fonction qui reste continue à la traversée d'une surface de discontinuité ne sont pas indépendantes entre elles. En effet soit, en variables de Lagrange, φ (X_1, X_2, X_3, t) une fonction qui reste continue mais dont certaines dérivées premières sont discontinues. Considérons un point (géométrique) M qui reste dans la surface et 2 points infiniment voisins de M , l'un dans la région 1, l'autre dans la région 2. Pour ces 2 points la variation de φ est la même quand M se déplace en restant dans la surface S_o . Or cette variation est :

$$d\varphi = \varphi,_\alpha \, dX_\alpha + \varphi,_t \, dt \qquad \varphi,_\alpha = \frac{\partial \varphi}{\partial X_\alpha}$$

On a donc

$$[\varphi,_\alpha] \, dX_\alpha + [\varphi,_t] \, dt = 0$$

pour tout système de valeurs de dX_α , dt vérifiant

$$n^o_\alpha \, dX_\alpha - c_o \, dt = 0$$

Par conséquent $\exists$ λ_o tel que

$$[\varphi,_\alpha] = \lambda_o n^o_\alpha \quad , \quad [\varphi,_t] = - \lambda_o c_o \qquad 3\text{-}3\text{-}1$$

Raisonnant de la même manière en variables d'Euler, si $\psi(x_1, x_2, x_3, t)$ est une fonction qui reste continue à la traversée de la surface S , $\exists$ λ tel que

$$[\psi,_i] = \lambda n_i \quad , \quad [\psi,_t] = - \lambda W \qquad 3\text{-}3\text{-}2$$

$\psi,_t$ est la dérivée partielle. La dérivée totale ou matérielle est :

$$\dot{\psi} = \psi,_t + \psi,_i v_i$$

d'où l'on déduit

$$[\dot{\psi}] = -\lambda\ (W - v_i\ n_i) = -\lambda\ c \qquad 3\text{-}3\text{-}3$$

résultat qui s'obtenait encore à partir de 3-3-1 en prenant comme configuration de référence la configuration à l'instant t (si $\boldsymbol{\varphi}(X, t) = \psi\ (x, t)$ on a $\boldsymbol{\varphi}_{,t} = \dot{\psi}$).

Au moyen des relations précédentes on peut montrer que <u>les discontinuités des dérivées du déplacement sont complètement déterminées par la connaissance d'un vecteur caractéristique appelé *polarisation* et de la *célérité*</u> c_o (ou de W). En effet

a) <u>Cas d'une discontinuité du 1er ordre</u>. Avec $\boldsymbol{\varphi} = \boldsymbol{\xi}$ les relations 3-3-1 donnent :

$$[\boldsymbol{\xi}_{,\alpha}] = \boldsymbol{\lambda}_o\ n^o_\alpha \qquad [\boldsymbol{\xi}_{,t}] = [\mathbf{v}] = -\boldsymbol{\lambda}_o\ c_o \qquad 3\text{-}3\text{-}4$$

Le vecteur caractéristique est $\boldsymbol{\lambda}_o$.

b) <u>Cas d'une discontinuité du 2ème ordre</u>. Il sera commode de poser $t = X_4$ et $c_o = -n^o_4$ de telle manière que les relations 3-3-1 s'écrivent :

$$[\boldsymbol{\varphi}_{,\alpha}] = \lambda_o\ n^o_\alpha \qquad \text{pour} \qquad \alpha = 1, 2, 3, 4$$

En appliquant cette relation à la dérivée $\boldsymbol{\xi}_{,\beta}$ continue par hypothèse, on obtient

$$[\boldsymbol{\xi}_{,\beta\alpha}] = \boldsymbol{\lambda}^\beta_o\ n^o_\alpha$$

Mais en partant de $\boldsymbol{\xi}_\alpha$

$$[\boldsymbol{\xi}_{,\alpha\beta}] = \boldsymbol{\lambda}^\alpha_o\ n^o_\beta$$

L'égalité des 2 expressions entraîne $\boldsymbol{\lambda}^\alpha_o / n^\alpha_o = \boldsymbol{\lambda}^\beta_o / n^\beta_o = \mathbf{H}_o$ d'où

$$[\boldsymbol{\xi}_{,\alpha\beta}] = \mathbf{H}_o\ n^o_\alpha\ n^o_\beta \qquad 3\text{-}3\text{-}5$$

Le vecteur caractéristique est $\mathbf{H}_o$.

En particulier, pour $\alpha = \beta = 4$, on obtient, $\mathbf{a}$ désignant l'accélération

$$[\mathbf{a}] = \mathbf{H}_o\ c^2_o \qquad 3\text{-}3\text{-}6$$

On généralise aisément au cas d'une discontinuité d'ordre quelconque.

On voit l'importance des résultats fournis simplement par la cinématique. Il reste à déterminer le vecteur caractéristique et la célérité, en utilisant les lois de conservation et les relations de comportement. Le traitement ici diffère suivant qu'il s'agit d'une onde de choc ou d'une onde ordinaire.

3.4- Expression des lois de conservation dans le cas d'une discontinuité de vitesse

On raisonnera ici sur les équations GLOBALES. Les lois de conservation s'expriment globalement par une équation :

$$\frac{dI}{dt} = \int_V f \, dV + \int_{\partial V} g \, d\omega \qquad \text{3-4-1}$$

où $I = \int_V M \, dV$ est une grandeur telle que masse, quantité de mouvement, énergie, du volume matériel V et f, g traduisent l'effet d'agents extérieurs agissant dans la masse ou à la surface ∂V. La masse envisagée sera celle d'un feuillet matériel obtenu en portant sur les normales aux points P situés à l'intérieur d'une aire S de la surface de discontinuité une longueur égale à h de part et d'autre de P à l'instant t.

M est discontinu à la traversée de S. Pour calculer la dérivée $\frac{dI}{dt}$ (dérivée matérielle ou convective) nous suivons la progression de la surface S dans le feuillet. (Les volumes V_1 et V_2 qu'y sépare S varient). Désignons pas I_1 et I_2 les parties de I correspondant à ces 2 volumes variables. Dans le temps dt le déplacement d'une aire $d\omega$ de S fait disparaître un volume $c_1 \, dt \, d\omega$ dans V_1 et apparaître un volume $c_2 \, dt \, d\omega$ dans V_2. Par conséquent :

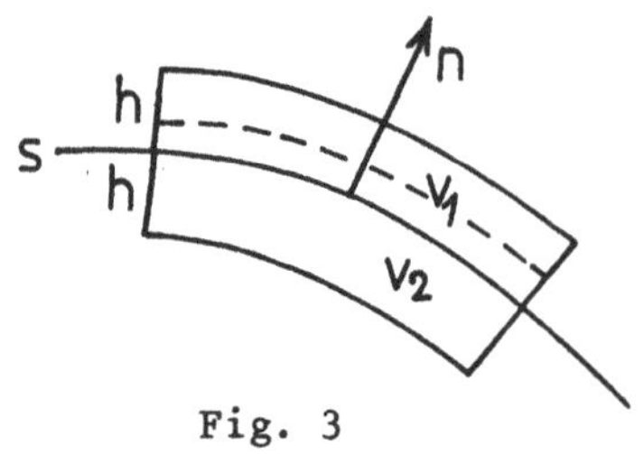

Fig. 3

$$\frac{dI_1}{dt} = \int_{V_1} \frac{\partial M}{\partial t} dV - \iint_S M_1 c_1 \, d\omega$$

$$\frac{dI_2}{dt} = \int_{V_2} \frac{\partial M}{\partial t} dV + \iint_S M_2 c_2 d\omega$$

On suppose $\partial M/\partial t$ borné dans V_1 et V_2. Les intégrales correspondantes tendent vers zéro lorsqu'on fait tendre h vers zéro. On obtient donc :

$$\lim_{h=0} \left(\frac{dI}{dt}\right) = \iint_S [M c] d\omega$$

Au second membre de 3-4-1 l'intégrale de volume tend vers zéro avec h. L'intégrale de surface comporte une partie relative à la surface latérale qui tend elle aussi vers zéro et une partie relative aux 2 faces du feuillet dont la limite est $-\iint_S [g] d\omega$.

Observant alors que l'aire S est arbitraire on obtient :

$$[M c] = -[g] \qquad 3\text{-}4\text{-}2$$

<u>Conservation de la masse</u>. La masse est $\int \rho \, dV$, donc ici $M = \rho$ et $f = g = 0$, d'où :

$$[\rho c] = 0 \qquad 3\text{-}4\text{-}3$$

On retrouve l'équation 3-2-4.

<u>Conservation de la quantité de mouvement</u>. Ici $M = \rho v$ et g est le vecteur contrainte sur la surface $\boldsymbol{\Sigma} = \boldsymbol{\sigma} . \mathbf{n}$, $\boldsymbol{\sigma}$ désignant le tenseur des contraintes de Cauchy, d'où :

$$\rho c [\mathbf{v}] = -[\boldsymbol{\sigma}] \cdot \mathbf{n} \qquad 3\text{-}4\text{-}4$$

<u>Conservation de l'énergie</u>. Ici $M = \rho\left(U + \frac{v^2}{2}\right)$, U désignant l'énergie interne par unité de masse et g est la somme de la puissance $\boldsymbol{\Sigma} \cdot \mathbf{v}$ du vecteur contrainte sur la surface et de la chaleur qui pénètre soit $-\mathbf{q} \cdot \mathbf{n}$ ($\mathbf{q}$ vecteur flux de chaleur), d'où :

$$\rho c \left[U + \frac{v^2}{2}\right] = [\mathbf{q} \cdot \mathbf{n} - \boldsymbol{\Sigma} \cdot \mathbf{v}] = [\mathbf{q} - \boldsymbol{\sigma} \cdot \mathbf{v}] \cdot \mathbf{n} \qquad 3\text{-}4\text{-}5$$

On pourra vérifier que le système des équations 3-4-3, 3-4-4, 3-4-5 est comme il se doit, indépendant du repère du mouvement (bien que $\mathbf{v}$ en dépende).

2ème principe de la thermodynamique. Dans 3-4-1 le signe $=$ est remplacé par $\geqslant$: il n'y a pas conservation, mais création d'entropie. Ici $M = \rho S$ (S, entropie par unité de masse), g est l'entropie qui pénètre soit $-\frac{\mathbf{q}}{T}\cdot\mathbf{n}$ (T température absolue), d'où :

$$\rho c\,[\,S\,] \geqslant [\,\tfrac{\mathbf{q}}{T}\,]\cdot\mathbf{n} \qquad 3\text{-}4\text{-}6$$

Remarques. 1) On a appliqué 3-4-2 en utilisant les variables d'Euler. On pouvait utiliser les variables de Lagrange. Grâce à la relation :

$$\mathbf{n}\,d\omega = (\det\mathbf{F})(\mathbf{F}^T)^{-1}\mathbf{n}_o\,d\omega_o \qquad (T : \text{transposé})$$

où $\mathbf{F}$ de coordonnées $\partial x_i/\partial X_\alpha$ est le gradient de l'application $X \to x$, les expressions $\boldsymbol{\sigma}\cdot\mathbf{n}\,d\omega$ et $\mathbf{q}\cdot\mathbf{n}\,d\omega$ des actions superficielles deviennent $\mathbf{B}\cdot\mathbf{n}_o\,d\omega_o$ et $\mathbf{q}_o\,\mathbf{n}_o\,d\omega_o$ avec :

$\mathbf{B} = (\det\mathbf{F})\,\boldsymbol{\sigma}(\mathbf{F}^T)^{-1}$ tenseur des contraintes de Boussinesq†

$\mathbf{q}_o = (\det\mathbf{F})\,q(\mathbf{F}^T)^{-1}$ vecteur flux de chaleur lagrangien

et l'on obtient à partir de 3-4-2 :

$$[\,\rho_o\,c_o\,] = 0$$

$$\rho_o\,c_o\,[\,\mathbf{v}\,] = -\,[\,\mathbf{B}\,]\cdot\mathbf{n}_o$$

$$\rho_o\,c_o\,[\,U + \tfrac{v^2}{2}\,] = [\,\mathbf{q}_o - \mathbf{v}\cdot\mathbf{B}\,]\cdot\mathbf{n}_o$$

$$\rho_o\,c_o\,[\,S\,] \geqslant [\,\tfrac{\mathbf{q}_o}{T}\,]\cdot\mathbf{n}_o$$

2) Il ne peut pas exister de différence de température entre les 2 faces de l'onde, à moins que la conductivité K_n suivant sa normale ne soit nulle. En effet assimilons l'onde à une couche d'épaisseur e. Puis appliquons le principe de conservation de l'énergie à un feuillet matériel d'épaisseur supérieure à e, pendant le temps e/c que l'onde met à

† first Piola-Kirchhoff stress tensor - non symétrique.

balayer l'une des faces du feuillet. Enfin faisons tendre e vers zéro. En admettant la loi de Fourier, la quantité de chaleur fournie par l'extérieur au feuillet tend vers $\frac{K_n}{c}$ [T]. Les autres termes de l'équation de l'énergie tendent vers zéro comme le temps e/c . Donc [T] = 0.

3.5- Discontinuités d'accélération. Continuité du tenseur contrainte

Avant d'appliquer la méthode des relations de compatibilité aux lois de conservation dans le cas des ondes d'accélération, on doit se demander si le tenseur contrainte reste ou non continu au passage de l'onde et pour répondre à cette question il est nécessaire d'introduire les relations de comportement.

Nous utilisons les variables de Lagrange. $\boldsymbol{\Delta}$ désigne le tenseur de déformation de Green, $\boldsymbol{\pi}$ le tenseur symétrique des contraintes de Kirchhoff. Si $\mathbf{F}$ est le gradient de l'application $X \to x$, on a :

$$\mathbf{1} + 2\,\boldsymbol{\Delta} = \mathbf{F}^T\mathbf{F} \qquad\qquad T = \text{transposé}$$

$$\boldsymbol{\pi} = (\det \mathbf{F})\ \mathbf{F}^{-1}\boldsymbol{\sigma}(\mathbf{F}^T)^{-1} = \mathbf{F}^{-1}\mathbf{B}$$

Il est clair que si, comme il est exact pour bon nombre de matériaux, la contrainte $\boldsymbol{\pi}$ (t) est une fonctionnelle de $\boldsymbol{\Delta}$ (τ), T(τ) (τ ⩽ t), faisant éventuellement intervenir d'une manière privilégiée les valeurs actuelles $\boldsymbol{\Delta}$ (t), T(t) de ces variables, mais non celles de leurs dérivées temporelles, alors la continuité de $\boldsymbol{\Delta}$, T† pour une onde d'accélération entraîne celle de $\boldsymbol{\pi}$ (t).

Mais cette représentation du comportement tombe en défaut dans des cas aussi simples que ceux du fluide visqueux ou du solide de Kelvin-Voigt. C'est pourquoi au lieu de $\boldsymbol{\Delta}$, T nous utiliserons comme variables indépendantes $\boldsymbol{\pi}$ et T , écrivant :

† pour un milieu conducteur. Si le milieu n'est pas conducteur, la température peut être éliminée grâce à la condition d'adiabaticité.

$$\boldsymbol{\Delta}(t) = \mathscr{F}(\boldsymbol{\pi}(\tau), T(\tau)) \qquad \tau \leqslant t \qquad 3\text{-}5\text{-}1$$

Sauf dans le cas (sur lequel nous reviendrons) des déformations plastiques instantanées, on peut dans la fonctionnelle $\mathscr{F}$ séparer l'influence de l'histoire passée ($\tau < t$) et celle des valeurs actuelles des variables c'est-à-dire écrire :

$$\boldsymbol{\Delta}(t) = \mathscr{F}(\boldsymbol{\pi}(\tau), T(\tau) ; \boldsymbol{\pi}(t), T(t)) \qquad \tau < t \qquad 3\text{-}5\text{-}2$$

en notant que seules les valeurs actuelles de $\boldsymbol{\pi}$, T peuvent jouer un rôle privilégié dans $\mathscr{F}$ à l'exclusion des valeurs actuelles de leurs dérivées temporelles (principe de non-dualité, J. Mandel [5]). Les 6 composantes du tenseur symétrique $\boldsymbol{\Delta}(t)$ sont des fonctions ordinaires de $\boldsymbol{\pi}(t)$. Il est possible qu'elles ne soient pas toutes indépendantes s'il y a des liaisons internes. Soit $p \leqslant 6$ le nombre des fonctions indépendantes (6-p liaisons internes). Les conditions :

$$[\boldsymbol{\Delta}] = 0 \qquad \text{et} \qquad [T] = 0$$

donnent pour les 6 composantes $[\pi_{\alpha\beta}]$ p relations satisfaites lorsque $[\pi_{\alpha\beta}] = 0$. En outre, puisqu'il n'y a pas de discontinuité de vitesse, la relation 3-4-4 donne :

$$[\boldsymbol{\sigma}].\mathbf{n} = 0 \qquad \text{ou} \qquad [\boldsymbol{\pi}].\mathbf{n}_o = 0$$

On a donc, pour les $6[\pi_{\alpha\beta}]$, $p + 3$ équations qui n'ont, sauf dans des cas exceptionnels†, d'autre solution que $[\pi_{\alpha\beta}] = 0$ si $p + 3 \geqslant 6$ ou $6 - p \leqslant 3$. Donc, dans l'hypothèse de séparabilité de l'influence des valeurs actuelles $\boldsymbol{\pi}(t)$, s'il n'y a pas plus de 3 liaisons internes entre les déformations instantanées, le tenseur contrainte est continu. Pour $p < 3$ (plus de 3 liaisons) nous verrons qu'il n'y a pas d'ondes.

Le cas de déformations plastiques instantanées est plus délicat,

† restriction qu'il semble difficile d'éliminer. Par exemple l'onde peut être parallèle à une direction suivant laquelle le milieu est inextensible. Dans ce cas le tenseur $\boldsymbol{\pi}$ n'est déterminé que modulo un tenseur uniaxial suivant la direction en question (cf. 6 p. 86). Il en est de même de $[\boldsymbol{\pi}]$.

parce qu'on ne peut pas dire que $\boldsymbol{\Delta}(t+)$ soit une fonction de $\boldsymbol{\pi}(t+)$. S'il y a une variation instantanée des contraintes, $\boldsymbol{\Delta}(t+)$ dépend du trajet de contraintes suivi entre t- et t+ . Cependant le trajet de contraintes est ici très particulier puisque, si l'on oriente l'axe des x parallèlement à la normale à l'onde les 3 composantes π_{xx}, π_{xy}, π_{xz} du tenseur des contraintes restent fixes et les 3 composantes qui ne leur sont pas associées $\dot{\Delta}_{yy}$, $\dot{\Delta}_{zz}$, $\dot{\Delta}_{yz}$ du tenseur des vitesses de déformation restent nulles. Nous invoquons alors les relations de l'élastoplasticité classique

$$\dot{\Delta}_{\alpha\beta} = \Lambda_{\alpha\beta\gamma\delta}\, \dot{\pi}_{\gamma\delta} + h_{\alpha\beta}\, \dot{T} + \frac{1}{M}\, \varphi_{\alpha\beta} \left(\frac{\partial f}{\partial \pi_{\gamma\delta}}\, \dot{\pi}_{\gamma\delta} + \frac{\partial f}{\partial T}\, \dot{T}\right) \qquad 3\text{-}5\text{-}3$$

où $\boldsymbol{\Lambda}$ désigne la matrice des complaisances élastiques, M le module d'écrouissage, $f(\boldsymbol{\pi}, T)$ le critère d'écoulement. Nous appliquons ces relations à une couche mince remplaçant l'onde et à l'intérieur de laquelle on aurait des vitesses de contraintes $\dot{\pi}_{yy}$, $\dot{\pi}_{zz}$, $\dot{\pi}_{yz}$ extrêmement grandes si le tenseur des contraintes était discontinu au passage de l'onde. Si M est différent de zéro $\dot{\Delta}_{yy}$, $\dot{\Delta}_{zz}$, $\dot{\Delta}_{yz}$ sont fonctions linéaires de ces vitesses. Du fait que ces vitesses de déformation restent finies quand l'épaisseur de la couche tend vers zéro, il résulte[†] qu'il en est de même pour les vitesses de contraintes $\dot{\pi}_{yy}$, $\dot{\pi}_{zz}$, $\dot{\pi}_{yz}$ et par suite le tenseur des contraintes est continu.

Reste le cas où le module d'écrouissage est nul[††] (corps parfaitement plastique). Le dernier terme du second membre de 3-5-3 devient un nombre positif arbitraire. En l'éliminant on n'obtient plus par les expressions de $\dot{\Delta}_{yy}$, $\dot{\Delta}_{zz}$, $\dot{\Delta}_{yz}$ que 2 équations linéaires pour les vitesses de contraintes $\dot{\pi}_{yy}$, $\dot{\pi}_{zz}$, $\dot{\pi}_{yz}$; mais il faut maintenant leur ajouter la condition (respect du critère) :

$$\frac{\partial f}{\partial \pi_{\gamma\delta}}\, \dot{\pi}_{\gamma\delta} + \frac{\partial f}{\partial T}\, \dot{T} = 0$$

[†] sauf si les 3 seconds membres des équations 3-5-3 ne sont pas des formes linéaires indépendantes ; cas à exclure (plus de 3 liaisons internes).

[††] D'une manière plus générale on peut supposer que dans 3-5-1 $\Delta(t)$ n'est déterminé que modulo un tenseur multiplié par un facteur arbitraire, mais qu'en compensation il existe une relation entre les contraintes.

Le résultat reste donc le même que lorsque M était différent de zéro.

3.6- Condition nécessaire pour l'existence de discontinuités du second ordre

Il sera commode dans la suite de remplacer une matrice symétrique de l'espace à 3 dimensions E 3 par un vecteur de E 6 en posant par exemple :

$$\Delta_{11} = \Delta_1,\ \Delta_{22} = \Delta_2,\ \Delta_{33} = \Delta_3,\ \Delta_{32} = \Delta_{23} = \frac{1}{2}\ \Delta_4,\ \text{etc...}$$

Remarque cinématique préliminaire

Supposons qu'il existe entre les $|\ \dot{\Delta}_\alpha\ |$ k relations linéaires que nous appellerons liaisons internes cinématiques pour les sauts :

k équations $\quad w_{\beta\alpha}\ [\ \dot{\Delta}_\alpha\ ] = 0$ 3-6-1

Puisque les six $[\ \dot{\Delta}_\alpha\ ]$ s'expriment en fonction linéaire des 3 composantes H_i du vecteur polarisation, si $k > 3$ il n'y a pas d'autre solution pour ces composantes que $H_i = 0$, sauf peut-être pour certaines directions exceptionnelles de la normale **n** à l'onde†. Donc :

Une condition nécessaire pour qu'un milieu déformable puisse propager des ondes de discontinuité ordinaires†† est qu'il y ait moins de trois liaisons internes cinématiques pour les sauts.

On verra plus loin (Exemples) que l'emploi de cette condition est très commode.

Mais toute liaison géométrique, c'est-à-dire vérifiée par des déformations instantanées finies, entraîne une liaison cinématique. Il doit donc y avoir moins de trois liaisons internes géométriques. Ceci entraîne, d'après le n° 3.5 que le tenseur contrainte est continu.

Ceci posé, la fonctionnelle $\mathscr{F}$ de 3-5-1 peut être dérivée par rapport à t sous la forme :

$$\dot{\Delta}_\alpha(t) = L_{\alpha\beta}\ \dot{\pi}_\beta(t) + b_\alpha\ \dot{T}(t) + c_\alpha \qquad \text{3-6-2}$$

† Pour ne pas alourdir l'exposé nous n'écrivons pas ces équations en H_1, H_2, H_3. Leurs coefficients sont fonctions linéaires de n_1, n_2, n_3;

†† Le raisonnement présenté ici pour les ondes d'ordre 2 s'étend aux ondes d'ordre > 2.

$L_{\alpha\beta}$, b_α, c_α étant comme $\mathscr{F}$ fonctions de l'histoire passée et des valeurs actuelles de π_β, T.

Lorsque 3-5-2 est valable (séparabilité des valeurs actuelles), $L_{\alpha\beta}$, b_α sont les dérivées $\partial \mathscr{F}_\alpha / \partial \pi_\beta(t)$, $\partial \mathscr{F}_\alpha / \partial T(t)$ de $\mathscr{F}_\alpha$ fonction ordinaire de $\pi_\beta(t)$, T(t), par rapport à ces variables. Mais la relation 3-6-2 a une validité plus générale que 3-5-2, puisque, comme le montre 3-5-3, elle s'applique même dans le cadre de déformations plastiques instantanées (avec des valeurs différentes de $L_{\alpha\beta}$. et b_α suivant qu'il y a "charge" ou "décharge"). c_α est la valeur de $\dot{\Delta}_\alpha$ à l'instant t+ lorsqu'on annule $\dot{\pi}$ et $\dot{T}$ à cet instant (vitesse de fluage).

La matrice 6 × 6 $L_{\alpha\beta}$ est la matrice des complaisances instantanées. Elle est en général non inversible†. Soit $m \leqslant 6$ son rang. C'est le nombre des déformations infiniment petites indépendantes qu'on peut obtenir par l'action des contraintes.

Il peut arriver (exemple : corps parfaitement plastique) qu'il existe entre les vitesses de contrainte et de température des relations n'introduisant pas les vitesses de déformation. Pour cette raison nous prendrons comme base une hypothèse plus générale encore que 3-6-2 :

Hypothèse : Il existe entre les vitesses de déformation, de contrainte et de température à l'instant t six relations affines indépendantes :

$$\mathscr{A}_{\alpha\gamma} \dot{\Delta}_\gamma(t) = \mathscr{L}_{\alpha\beta} \dot{\pi}_\beta(t) + \mathscr{B}_\alpha \dot{T}(t) + \mathscr{C}_\alpha \qquad 3\text{-}6\text{-}3$$

dont les coefficients sont fonctions de l'histoire passée et des valeurs actuelles de $\boldsymbol{\pi}$ et T .

Supposons les coefficients de 3-6-3 continus au passage de l'onde. On en déduit qu'il existe 6 relations linéaires indépendantes :

$$\mathscr{A}_{\alpha\gamma} [\dot{\Delta}_\gamma] = \mathscr{L}_{\alpha\beta} [\dot{\pi}_\beta] \qquad 3\text{-}6\text{-}4$$

†C'est ici que la non-dualité des variables joue un rôle décisif. L'exemple le plus simple est celui du modèle unidimensionnel de Kelvin-Voigt pour lequel $\sigma = G\varepsilon + \eta\dot{\varepsilon}$, d'où :

$$\varepsilon(t) = \mathscr{F}[\sigma(\tau)] \quad , \quad \dot{\varepsilon}(t) = \frac{1}{\eta}\{\sigma(t) - G\mathscr{F}[\sigma(\tau)]\}$$

Ici L=0. On ne peut pas inverser, i.e.exprimer $\dot{\sigma}$ en fonction affine de $\dot{\varepsilon}$

car on démontrera au n° 3-7-3 que pour un conducteur défini $[\dot{T}] = 0$, et pour un non-conducteur $\dot{T}$ peut être éliminé de 3-6-3 grâce à l'adiabaticité.

Il résulte de 3-6-4 que, si le rang m de la matrice $\mathscr{L}$ est inférieur à 6, il existe entre les $[\dot{\Delta}_\gamma]$ $k = 6 - m$ conditions de liaison internes de la forme 3-6-1. La remarque cinématique du début nous donne alors l'énoncé suivant [6,7] :

Une condition nécessaire pour qu'un milieu déformable, conducteur défini ou non-conducteur, dont les vitesses de déformation satisfont à des relations de la forme 3-6-3, puisse propager des ondes de discontinuité ordinaires est que <u>la matrice 6 × 6 des complaisances instantanées supposée continue† à la traversée de l'onde</u> (plus généralement la matrice $\mathscr{L}$) <u>soit de rang supérieur à 3</u>.

<u>Exemples</u> : 1) Dans un milieu <u>élastique</u> (ou simplement hypoélastique) il ne peut pas y avoir d'ondes si l'on a 3 liaisons internes, par exemple inextensibilité dans 2 directions et incompressibilité. Même résultat pour un milieu <u>viscoélastique de Maxwell</u> défini par :

$$\dot{\Delta}_\alpha = L_{\alpha\beta}\,\dot{\pi}_\beta + N_{\alpha\beta}\,\pi_\beta$$

La relation 3-6-2 est vérifiée avec $c_\alpha = 0$ dans le premier cas, $c_\alpha = N_{\alpha\beta}\,\pi_\beta$ dans le deuxième. La matrice L est de rang $m \leqslant 3$.

2) La relation 3-5-3 est un autre exemple de 3-6-2. Dans un milieu <u>rigide-plastique</u> ($\Lambda = 0$) il ne peut pas y avoir d'ondes parce que la matrice des complaisances instantanées est de rang 1. Cependant il y a des ondes dans un milieu <u>élastique-plastique</u> mais leurs célérités tendent vers l'infini en même temps que les modules d'élasticité.

†Pour les surfaces de discontinuité mobiles appelées en plasticité frontière de charge ou frontière de décharge (elles correspondent au franchissement du seuil de plasticité) la matrice des complaisances instantanées n'est pas continue. Cependant ses valeurs de part et d'autre de la surface de discontinuité sont bien déterminées indépendamment de la direction de la normale. On obtient dans ce cas, pour les H_i , 6 - m

3) Considérons un fluide visqueux newtonien, obéissant à l'équation :

$$\lambda \operatorname{tr} \mathscr{D} \ \delta_{ij} + 2\mu \ \mathscr{D}_{ij} = \sigma_{ij} + p\,\delta_{ij} \qquad \text{où} \quad p = f(\rho, T) \qquad 3\text{-}6\text{-}5$$

La matrice agissant sur les vitesses de déformation $\mathscr{D}_{ij}$ est la matrice classique des coefficients de viscosité. Son déterminant est $4\mu^5(3\lambda + 2\mu)$. Le nombre des liaisons internes pour les sauts est égal au rang de cette matrice (puisque le 2ème membre de 3-6-5 est continu), soit 6 si μ et $3\lambda + 2\mu$ sont différents de zéro, 5 si $3\lambda + 2\mu = 0$ et $\mu \neq 0$: dans ces 2 cas il n'y a pas d'ondes ordinaires ; 1 dans le cas (théorique) $\mu = 0 \quad 3\lambda + 2\mu \neq 0$, 0 dans le cas $\mu = 3\lambda + 2\mu = 0$ (fluide parfait) ; dans ces 2 derniers cas des ondes sont possibles.

Il était plus difficile de déduire ces résultats du rang de la matrice des complaisances instantanées. Contrairement aux apparences la relation 3-6-5 n'est pas de la forme 3-6-3, parce qu'elle introduit au 2ème membre par l'intermédiaire de p , la densité ρ , donc la déformation à partir d'une configuration de référence. Mais on peut l'y ramener. Pour cela nous utilisons les relations :

équation de continuité : $\dot{\rho} = -\rho \operatorname{tr} \mathscr{D}$ 3-6-6

déduite de 3-6-5 $(3\lambda + 2\mu) \operatorname{tr} \mathscr{D} = \operatorname{tr} \boldsymbol{\sigma} + 3p$ 3-6-7

i) Si $3\lambda + 2\mu \neq 0$ et $\mu \neq 0$ on tire $\operatorname{tr} \mathscr{D}$ de 3-6-7 et portant dans 3-6-5 :

$$2\mu \ \mathscr{D}_{ij} = \sigma_{ij} + p\,\delta_{ij} - \frac{\lambda}{3\lambda + 2\mu} (\operatorname{tr} \boldsymbol{\sigma} + 3p)\delta_{ij}$$

Le 2ème membre contient encore ρ par l'intermédiaire de p . Mais en éliminant $\operatorname{tr} \mathscr{D}$ et p entre 3-6-6, 3-6-7 et 3-6-5 on a pour ρ une équation différentielle qui le détermine en fonction de l'histoire de $\boldsymbol{\sigma}$ et T . Donc on a bien obtenu la forme 3-6-2 avec une matrice $\mathbf{L}$ identiquement nulle.

ii) Si $3\lambda + 2\mu = 0$ et $\mu \neq 0$, 3-6-7 donne $p = -\frac{1}{3} \operatorname{tr} \boldsymbol{\sigma}$. On en déduit

équations non homogènes, d'où la condition $m \geqslant 3$, m étant le rang de la matrice derrière la frontière.

ρ par l'équation d'état en fonction de tr $\boldsymbol{\sigma}$ et T , puis tr $\mathscr{D}$ par 3-6-6 en fonction de tr $\boldsymbol{\sigma}$ et $\dot{T}$, enfin reportant dans 3-6-5 :

$$2\mu\, \mathscr{D}_{ij} = \sigma_{ij} - \frac{1}{3} \operatorname{tr} \boldsymbol{\sigma} \quad \delta_{ij} + \frac{2\mu}{3\rho} \left(\frac{1}{3} \frac{\partial \rho}{\partial p} \operatorname{tr} \boldsymbol{\sigma} - \frac{\partial \rho}{\partial T} \dot{T}\right)\delta_{ij}$$

où $\quad p = g(p, T) \quad , \quad p = -\frac{1}{3} \operatorname{tr} \boldsymbol{\sigma}$

On est ainsi ramené à la forme 3-6-2, mais cette fois-ci la matrice $\mathbf{L}$ est de rang 1 .

iii) Dans le cas où $\mu = 0$ on montrerait qu'on peut se ramener à la forme 3-6-3 avec une matrice $\mathscr{L}$ de rang 5 si $\lambda \neq 0$, de rang 6 si $\lambda = 0$.

4) Milieu viscoélastique du type de Kelvin-Voigt défini par l'équation :

$$\eta_{\alpha\beta}\, \dot{\Delta}_\beta = \pi_\alpha - \lambda_{\alpha\beta}\, \Delta_\beta$$

Comme dans l'exemple précédent le nombre des liaisons internes pour les sauts est égal au rang de la matrice η . Pour que le milieu puisse propager des ondes il faut que ce rang soit inférieur à 3 .

La relation n'est pas de la forme 3-6-3, parce que le second membre dépend de la déformation. Mais il est inutile de se ramener à cette forme.

3.7- Expression des lois de conservation pour une discontinuité du 2ème ordre

On raisonnera ici sur les équations locales en faisant appel aux conditions de compatibilité cinématique.

3.7.1- Equation de continuité

D'après cette équation, écrite en variables de Lagrange (Eq. 3-2-3), la masse volumique ρ est continue, mais ses dérivées premières sont discontinues. Les discontinuités se déduisent de l'équation écrite en variables d'Euler

$$\dot{\rho} + \rho \frac{\partial v_i}{\partial x_i} = 0$$

$\mathbf{v}$ étant continu, on peut poser :

$$\left[\frac{\partial \mathbf{v}}{\partial x_i}\right] = \boldsymbol{\lambda} n_i \qquad , \qquad [\,\mathbf{a}\,] = -\,\boldsymbol{\lambda}\, c \qquad 3\text{-}7\text{-}1$$

d'où

$$[\,\dot{\rho}\,] = -\,\rho\,\boldsymbol{\lambda}.\mathbf{n} \qquad 3\text{-}7\text{-}2$$

3.7.2- Equations dynamiques

On a montré au N° 3-5 que le tenseur des contraintes est continu. D'après les équations dynamiques, ses dérivées premières sont discontinues, et l'on a, en variables d'Euler

$$[\,\sigma_{ij,j}\,] = \rho\,[\,a_i\,] = -\,\rho\, c\, \lambda_i$$

ou encore, en utilisant les relations 3-3-2, 3-3-3 :

$$[\,\dot{\sigma}_{ij}\,]\, n_j = \rho\, c^2\, \lambda_i = -\,\rho\, c\,[\,a_i\,] \qquad 3\text{-}7\text{-}3$$

analogue à 3-4-4.

En variables de Lagrange, les équations dynamiques donnent, en introduisant le tenseur de Boussinesq $\mathbf{B} = \mathbf{F}\,\mathbf{n}$

$$[\,B_{i\alpha,\alpha}\,] = \rho_o\,[\,a_i\,]$$

d'où

$$[\,\dot{B}_{i\alpha}\,]\, n^o_\alpha = -\,\rho_o\, c_o\,[\,a_i\,] \qquad 3\text{-}7\text{-}4$$

3.7.3- Equation de l'énergie

Nous l'appliquerons sous la forme globale 3-4-5 puis sous la forme locale.

Forme globale. Equation 3-4-5. Nous admettrons le postulat de l'état local, suivant lequel l'énergie interne et l'entropie massiques U, S ne dépendent pas des vitesses de transformation. La continuité de Δ entraîne donc celle de U,S si T est aussi continu.

i) Pour un conducteur (plus exactement si la conductivité suivant la normale est différente de zéro), on a montré (remarque 2, N° 3-4) que $[\,T\,] = 0$. Ceci entraîne $[\,U\,] = 0$ et, puisque $\mathbf{v}$ et $\boldsymbol{\sigma}.\mathbf{n}$ sont continus l'équation 3-4-5 se réduit à :

$$[\mathbf{q}]\,\mathbf{n} = 0 \qquad 3\text{-}7\text{-}5$$

Admettant la loi de Fourier†, on a :

$$q_i = - K_{ij} \frac{\partial T}{\partial x_j}$$

$\mathbf{K}$ tenseur de conductivité. D'après 3-3-2 :

$$\left[\frac{\partial T}{\partial x_j} \right] = \lambda\, n_j$$

et 3-7-5 s'écrit :

$$n_i\, K_{ij}\, n_j\, \lambda = 0$$

$n_i\, K_{ij}\, n_j$ est la conductivité suivant la normale. On l'a supposée non nulle. Donc $\lambda = 0$ et par conséquent :

$$[\nabla T] = 0 \quad , \quad [\dot{T}] = 0 \qquad 3\text{-}7\text{-}6$$

Si la forme quadratique $n_i\, K_{ij}\, n_j$ est définie, on dit que le conducteur est défini. La propriété précédente est alors vraie quelle que soit la direction de la normale à l'onde :

1er théorème de Duhem. Dans un conducteur défini , $\dot{T}$ et ∇T restent continus pour une discontinuité du 2ème ordre.

ii) Pour un non-conducteur (plus exactement si la conductivité suivant la normale est nulle), on a $[\mathbf{q}]. \mathbf{n} = 0$ et par conséquent l'équation 3-4-5 se réduit à $[\dot{U}] = 0$. On en déduit que††

$$[\dot{T}] = 0 \qquad 3\text{-}7\text{-}7$$

Forme locale. Sous la forme locale l'équation de l'énergie s'écrit :

$$\rho\, \dot{U} = \text{tr}\,(\boldsymbol{\sigma}\, \mathcal{D}) + \rho\, r - \text{div}_x\, \mathbf{q} \qquad 3\text{-}7\text{-}8$$

r dt dm représente l'énergie électromagnétique (rayonnement) transformée

† Les résultats demeurent valables pour des lois de conduction plus générales que la loi de Fourier. Il suffit d'admettre que q est une fonction dérivable de ∇T , pouvant dépendre de l'état thermodynamique actuel et de l'histoire (cf. B.D. Coleman et M.E. Gurtin [8]).

†† On vérifie que dans les 2 cas, conducteur ou non conducteur, l'inéga-

en chaleur par effet Joule dans la masse $dm = \rho dV$.

i) Pour un <u>conducteur</u> obéissant à la loi de Fourier

$$\mathrm{div}_x\, \mathbf{q} = - \frac{\partial}{\partial x_i} (K_{ij} \frac{\partial T}{\partial x_j})$$

$$[\, \mathrm{div}_x\, \mathbf{q}\,] = - K_{ij} \left[\frac{\partial^2 T}{\partial x_i\, \partial x_j} \right] = - \frac{K_{ij}\, n_i\, n_j}{c^2} [\, \ddot{T}\,]$$

Si la conductivité suivant la normale est différente de zéro, on a vu que $[\, \dot{T}\,] = 0$. L'équation sous forme locale donnera $[\, \ddot{T}\,]$.

Nous aurons besoin au N° 13 de l'expression de $[\, \ddot{T}\,]$ en variables de Lagrange. Nous allons donc écrire l'équation de l'énergie et la loi de Fourier avec ces variables :

$$\rho_o\, \dot{U} = \mathrm{tr}(\boldsymbol{\pi} \dot{\boldsymbol{\Delta}}) + \rho_o\, r - \mathrm{div}_X\, \mathbf{q}^o \qquad 3\text{-}7\text{-}9$$

$$q^o_\alpha = - K^o_{\alpha\beta} \frac{\partial T}{\partial X_\beta} \qquad \begin{array}{l} \mathbf{q}^o = \det \mathbf{F}\;\; \mathbf{F}^{-1}\, \mathbf{q} \\ \mathbf{K}^o = \det \mathbf{F}\;\; \mathbf{F}^{-1} \mathbf{K} (\mathbf{F}^T)^{-1} \end{array}$$

On a :

$$2\, [\, \dot{\Delta}_{\alpha\beta}\,] = - \frac{1}{c_o} (n^o_\alpha \frac{\partial x_i}{\partial X_\beta} + n^o_\beta \frac{\partial x_i}{\partial X_\alpha}) [\, a_i\,] \qquad 3\text{-}7\text{-}10$$

d'où :

$$K^o_{\gamma\delta}\, n^o_\gamma\, n^o_\delta\, [\, \ddot{T}\,] = (\rho_o \frac{\partial U}{\partial \Delta_{\alpha\beta}} - \pi_{\alpha\beta})\, c_o\, n^o_\alpha \frac{\partial x_i}{\partial X_\beta} [\, a_i\,] \qquad 3\text{-}7\text{-}11$$

ii) <u>Pour un non-conducteur</u>, $\mathrm{div}\, \mathbf{q} = 0$. En utilisant les variables de Lagrange 3-7-9 donne :

$$\rho_o\, [\, \dot{U}\,] = \mathrm{tr}\, \boldsymbol{\pi}\, [\, \dot{\boldsymbol{\Delta}}\,] \qquad 3\text{-}7\text{-}12$$

Ici $\dot{T}$ n'est pas continu ; l'équation 3-7-12 donne $[\, \dot{T}\,]$:

$$\rho_o \frac{\partial U}{\partial T} [\, \dot{T}\,] = (\rho_o \frac{\partial U(\Delta, T)}{\partial \Delta_{\alpha\beta}} - \pi_{\alpha\beta}) \frac{n^o_\alpha}{c_o} \frac{\partial x_i}{\partial X_\beta} [\, a_i\,]$$

lité 3-4-6 du second principe est satisfaite sous forme d'égalité (ses 2 termes sont nuls).

Si, au lieu de Δ , T , on utilise comme variables Δ , S on obtient de manière analogue :

$$\rho_o \frac{\partial U}{\partial S} [\dot{S}] = (\pi_{\alpha\beta} - \rho_o \frac{\partial U(\Delta,S)}{\partial \Delta_{\alpha\beta}}) [\dot{\Delta}_{\alpha\beta}] \qquad 3\text{-}7\text{-}13$$

Un cas intéressant est celui où les déformations instantanées sont réversibles (ou nulles). Dans ce cas le second membre de 3-7-13 est nul†, d'où :

$$[\dot{S}] = 0 \qquad 3\text{-}7\text{-}14$$

résultat que l'on peut encore justifier de la manière suivante :

Soit $$\psi = \mathrm{tr}\, \frac{\pi \dot{\Delta}}{\rho_o} - (\dot{U} - T\dot{S}) \qquad 3\text{-}7\text{-}15$$

la puissance dissipée. U , S , Δ étant des fonctionnelles de π , T supposées dérivables sous une forme analogue à 3-6-1, on peut écrire :

$$\psi = A_\alpha \dot{\pi}_\alpha + B\dot{T} + C \qquad 3\text{-}7\text{-}16$$

A_α, B, C étant des fonctionnelles de π , T . Si les déformations instantanées sont réversibles, A_α, B, C sont indépendants des signes de $\dot{\pi}_\alpha$, $\dot{T}$ et l'inégalité $\psi \geqslant 0$ (deuxième principe) quels que soient les signes et grandeurs de $\dot{\pi}_\alpha$, $\dot{T}$ exige alors

$$A_\alpha = B = 0$$

Il en résulte que $[\psi] = 0$

Alors, compte-tenu de l'expression 3-7-15 de ψ , l'équation de l'énergie 3-7-12 se réduit à 3-7-14. C'est le :

<u>2ème théorème de Duhem</u>. Dans un milieu non-conducteur dont les déformations instantanées sont réversibles ou nulles, $\dot{S}$ reste continu pour une discontinuité du second ordre. Si la discontinuité est mobile

†Le produit est nul, mais si les déformations instantanées ont moins de 6 degrés de liberté on n'a pas $\pi_{\alpha\beta} = \rho_o \frac{\partial U}{\partial \Delta_{\alpha\beta}}$, cf. 9 p. 289.

(onde) on en déduit par 3-3-2 et 3-3-3 que le gradient de S est aussi continu.

3.8- Un exemple : Discontinuités du second ordre dans une tige thermoélastique linéaire homogène infinie (chap. 2, éq. 2-3-1 et 2-3-2)

Si la tige est conductrice, nous savons (1er théorème de Duhem) que $\left[\frac{\partial \tau}{\partial x}\right] = 0$. Alors 2-3-1 donne :

$$M\left[\frac{\partial^2 \xi}{\partial x^2}\right] - \rho\left[\frac{\partial^2 \xi}{\partial t^2}\right] = 0$$

d'où (par les conditions de compatibilité) : $c_T^2 = \frac{M}{\rho}$

Si la tige n'est pas conductrice (K = 0), l'équation 2-3-2, qui équivaut alors à $S = C^{te}$, donne :

$$\tau = C^{te} - \frac{k\,T_o}{\rho\,C_\varepsilon}\,\frac{\partial \xi}{\partial x}$$

d'où en portant dans 2-3-1 :

$$M_S\left[\frac{\partial^2 \xi}{\partial x^2}\right] - \rho\left[\frac{\partial^2 \xi}{\partial t^2}\right] = 0 \qquad M_S = M + \frac{k^2 T_o}{\rho\,C_\varepsilon}$$

La célérité de la discontinuité est maintenant $c_S = \sqrt{\frac{M_S}{\rho}}$

Le passage d'un cas à l'autre soulève un paradoxe, puisque la célérité d'un front d'onde passe discontinûment de la valeur c_T (célérité isotherme) à une valeur différente c_S (célérité isentropique). Et ce qui paraît encore plus surprenant c'est que cette dernière est plus élevée que c_T. Ceci nous montre que l'étude des discontinuités ne suffit pas pour comprendre la propagation. Nous allons essayer d'éclaircir le paradoxe en étudiant d'une part les ondes sinusoïdales, d'autre part les lignes caractéristiques du système d'équations 2-3-1, 2-3-2.

Pour les ondes harmoniques, nous rappelons qu'il existe des ondes quasithermiques dont la célérité varie de 0 à l'infini et des ondes quasi-élastiques dont la célérité varie de c_T (pour $\omega = \infty$) à c_S (pour $\omega = 0$).

Le coefficient d'amortissement des ondes quasiélastiques est α défini par 2-3-7 chap. 2 pour les valeurs élevées de ω . On retrouvera au N° 15 le même coefficient pour une discontinuité isotherme. Il varie en raison inverse de K . Quand K tend vers 0 , pour toutes les fréquences (sauf zéro ou l'infini) la célérité des ondes quasiélastiques tend vers celle des ondes isentropiques (non amorties), celle des ondes quasithermiques tend vers zéro.

Quant aux lignes caractéristiques du système 2-3-1, 2-3-2, elles sont définies par :

$$K\, dt^2(M\, dt^2 - \rho\, dx^2) = 0$$

Nous trouvons donc les ondes de célérité $\frac{dx}{dt} = \pm\sqrt{\frac{M}{\rho}}$, comme on le prévoyait puisqu'une discontinuité d'ordre $n \geqslant 2$ ne peut avoir lieu que suivant une caractéristique - mais en outre les lignes $t = C^{te}$. Le long de ces dernières il ne peut pas y avoir de discontinuité d'ordre $n \geqslant 2$[†]. Cependant, pour la solution mathématique ces caractéristiques ont un rôle aussi important que les autres. Il est manifeste qu'elles correspondent à des ondes quasithermiques de pulsation infinie, tandis que les autres caractéristiques correspondent à des ondes quasiélastiques de pulsation infinie.

Soit alors une tige semi-infinie $x > 0$, au repos pour $t < 0$. A partir de l'instant 0 on impose à l'extrêmité gauche $x = 0$ un déplacement $\xi(0, t) = f(t)$, tout en maintenant par exemple la température constante. Pour éviter une discontinuité du 1er ordre on suppose $f(0) = f'(0) = 0$.

Du point 0 partent 2 caractéristiques :

i) la droite $t = 0$ sépare la zone de repos d'une zone perturbée, sans qu'il y ait discontinuité d'aucune dérivée le long de cette

[†] On peut le vérifier en partant du fait que $[\tau] = 0$ et $[\xi] = 0$ tout le long d'une telle ligne, ce qui entraîne $[\frac{\partial\tau}{\partial x}] = [\frac{\partial^2\xi}{\partial x^2}] = 0$. Alors 2-3-1 donne $[\frac{\partial^2\xi}{\partial t^2}] = 0$ d'où $[\frac{\partial^2\xi}{\partial x\partial t}] = 0$, puis 2-3-2 donne $[\frac{\partial\tau}{\partial t}]=0$ Repartant de là, on peut passer aux dérivées d'ordre plus élevé.

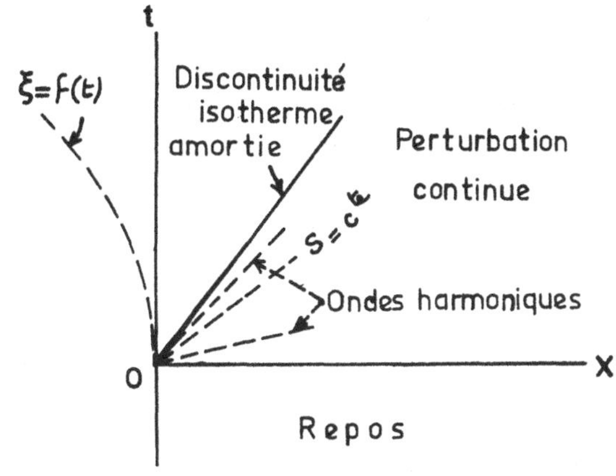

Fig. 4

ligne[†] (la solution n'est pas analytique pour $t = 0+$),

ii) la droite $x = c_T t$ est une onde d'accélération, mais la discontinuité correspondante ne pénètre pas dans un milieu au repos. Elle est précédée par une perturbation continue qui affecte chaque point de la tige dès l'instant zéro (d'autant moins qu'il est plus loin de 0).

Cette perturbation continue est produite par les ondes harmoniques quasiélastiques et une partie des ondes harmoniques quasithermiques. La discontinuité est amortie avec le coefficient α.

Si maintenant la conductivité K tend vers zéro, α tend vers l'infini, la discontinuité isotherme s'amortit instantanément. Il en est de même pour toutes les ondes harmoniques, à l'exception des ondes quasiélastiques isentropiques (non amorties). Ainsi la perturbation continue se condense sur la ligne $x = c_S t$ et donne lieu lorsque $K = 0$ à une discontinuité de célérité supérieure à c_T.

3.9 - Expression des relations de comportement. Le tenseur acoustique

Nous avons au N° 3.7 exprimé les lois de conservation. Il nous reste à leur associer les relations de comportement.

Pour commencer nous supposerons la matrice $\mathbb{L}$ des complaisances instantanées (plus généralement la matrice $\mathscr{L}$) de rang 6, donc inversible.

[†] Nouvel exemple de transmission instantanée d'un signal infinitésimal. Comme on l'a indiqué au N° 3-1, cette paradoxale transmission instantanée disparaît en même temps que la continuité de l'énergie.

En inversant les relations 3-6-4 nous obtenons :

$$[\dot{\pi}_{\alpha\beta}] = \lambda_{\alpha\beta\gamma\delta} [\dot{\Delta}_{\gamma\delta}] \qquad 3\text{-}9\text{-}1$$

ou, en introduisant le tenseur de Boussinesq **B** = **F** $\boldsymbol{\pi}$

$$[\dot{B}_{i\beta}] = M_{i\beta j\gamma} \left[\frac{\partial v_j}{\partial X_\gamma} \right] \qquad 3\text{-}9\text{-}2$$

avec

$$M_{i\beta j\gamma} = \frac{\partial x_i}{\partial X_\alpha} \lambda_{\alpha\beta\gamma\delta} \frac{\partial x_j}{\partial X_\delta} + \pi_{\beta\gamma} \delta_{ij} \qquad 3\text{-}9\text{-}3$$

Portant dans 3-7-4 on obtient alors

$$Q_{ij} [a_j] = \rho_o c_o^2 [a_i] \qquad 3\text{-}9\text{-}4$$

en posant

$$Q_{ij} = n_\beta^o n_\gamma^o M_{i\beta j\gamma} \qquad 3\text{-}9\text{-}5$$

Le tenseur $Q_{ij}(\mathbf{n}_o)$ est appelé <u>tenseur acoustique relatif à la direction de normale $\mathbf{n}_o$</u>. Comme l'indiquent ses indices (indices latins) c'est un <u>tenseur de la configuration actuelle</u>. Il ne dépend de la configuration de référence que par un facteur numérique†.

D'après 3-9-4, pour chaque direction $\mathbf{n}_o$, les ondes d'accélération, s'il en existe, correspondent aux valeurs propres Λ_o réelles positives du tenseur $\mathbf{Q}(\mathbf{n}_o)$, leurs célérités par rapport à la configuration de référence utilisée étant définies par

$$\rho_o c_o^2 = \Lambda_o$$

Lorsque les déformations instantanées sont réversibles, le tenseur acoustique est symétrique, grâce à la symétrie de la matrice $\boldsymbol{\lambda}$ des modules d'élasticité. Il en est de même dans le cas où il y a des déforma-

† On peut vérifier que dans un changement de configuration de référence $\mathbf{Q}(n_o) \rho_o (dS_o)^2$ reste invariant, en accord avec la relation 3-2-1.

tions plastiques instantanées, si et seulement si ces déformations dérivent d'un potentiel plastique [10].

Lorsque le tenseur acoustique est symétrique, il possède 3 valeurs propres réelles et les vecteurs propres correspondants $[\mathbf{a}]$ (vecteurs de la configuration actuelle) sont orthogonaux entre eux. Les célérités c_o n'existent que pour les valeurs propres non négatives. La condition pour qu'on ait pour chaque direction de normale 3 célérités réelles est que la forme quadratique $Q_{ij}\ m_i\ m_j$ soit semi-définie positive, d'où

$$m_i\ n_\beta\ M_{i\beta j\gamma}\ n_\gamma\ m_j \geqslant 0 \qquad 3\text{-}9\text{-}6$$

On sait que dans le cas d'un solide élastique en équilibre monotherme, cette condition, qui doit être satisfaite quels que soient les vecteurs $\mathbf{m}$ et $\mathbf{n}$, est une condition nécessaire de stabilité de l'équilibre (théorème d'Hadamard). Si elle est vérifiée, une discontinuité $[\mathbf{a}]$ suivant une surface de normale $\mathbf{n}$ se décompose en 3 vecteurs orthogonaux qui se propagent avec 3 célérités différentes (en général).

Dans le cas général, la condition 3-9-6 peut n'être pas satisfaite. Par exemple, dans un milieu élastique-parfaitement plastique, la plus petite des 3 valeurs propres Λ_o peut être négative (cf. [11]). On peut penser que dans la direction correspondante une discontinuité d'accélération imposée à un certain instant donne lieu à une discontinuité de la déformation elle-même (formation d'une bande de Piobert ou d'une fissure), tandis que dans les 2 autres directions propres elle subsiste et se propage.

Envisageons maintenant le cas où la matrice des complaisances instantanées (plus généralement la matrice $\mathscr{L}$) est de rang 5. Alors il existe une condition

$$w_{\alpha\beta}\ [\ \dot{\Delta}_{\alpha\beta}\ ] = 0 \qquad 3\text{-}9\text{-}7$$

entre les vitesses de déformation instantanées et il en résulte, d'après la relation 3-7-10, qu'il existe un vecteur $\mathbf{N}\ (\mathbf{n}_o)$ de la configuration actuelle, défini par

$$N_i = \frac{\partial x_i}{\partial X_\alpha}\ w_{\alpha\beta}\ n^o_\beta \qquad 3\text{-}9\text{-}8$$

auquel la discontinuité $[\mathbf{a}]$ doit être perpendiculaire.

Exemple : Matériau instantanément incompressible. En prenant la configuration actuelle comme configuration de référence, la condition 3-9-7 s'écrit :

$$[\dot{\Delta}_{11}] + [\dot{\Delta}_{22}] + [\dot{\Delta}_{33}] = 0$$

Le vecteur $\mathbf{N}$ coincide donc avec la normale à l'onde dans la configuration actuelle. La discontinuité d'accélération est purement transversale.

On montre [12] que la discontinuité $[\mathbf{a}]$ satisfait à une relation de la forme 3-9-4 dans le sous-espace perpendiculaire à $\mathbf{N}$. La particularité du cas actuel est donc qu'il existe une direction propre (celle de $\mathbf{N}$) pour laquelle c_o^2 devient infini. Mais dans cette direction une discontinuité d'accélération ne peut pas subsister : ou bien il est impossible de la provoquer, ou bien elle s'étale et disparaît instantanément (il y a diffusion de la perturbation).

Si maintenant la matrice $\mathscr{L}$ est de rang 4, il y a 2 conditions 3-9-7. Exemple : matériau instantanément incompressible et en outre inextensible dans la direction Ox_3. Il y a 2 vecteurs $\mathbf{N}$, l'un est normal à l'onde, l'autre parallèle à Ox_3. Lorsque ces 2 directions ne coïncident pas, la direction du vecteur $[\mathbf{a}]$, perpendiculaire aux 2 précédentes, se trouve fixée ; il n'y a qu'une onde. Lorsque la normale $\mathbf{n}$ est parallèle à Ox_3 on peut avoir 2 ondes, transversales.

Si la matrice est de rang inférieur à 4 toute possibilité de propagation d'ondes d'accélération disparaît (sauf pour des directions particulières de la normale). Ce résultat est le théorème du N° 3.6. Nous pouvons actuellement préciser ce théorème en disant : le nombre des ondes possibles est 3 diminué du nombre des liaisons internes cinématiques sous réserve que les valeurs propres correspondantes soient réelles positives.

3.10- Extension aux discontinuités d'ordre supérieur à 2

On suppose $\boldsymbol{\xi}$, $\dot{\boldsymbol{\xi}}$, $\ddot{\boldsymbol{\xi}}$, continus, d'où T, $\dot{T}$ continus, mais $\dddot{\boldsymbol{\xi}} = \dot{\mathbf{a}}$ et $\ddot{T}$ discontinus. En utilisant 3-6-3 et éventuellement 3-7-4 (lorsque la matrice $\mathscr{L}$ est de rang inférieur à 6) on montre que $\boldsymbol{\pi}$ est continu. En dérivant 3-6-3 par rapport à t et tenant compte de la continuité de $\boldsymbol{\pi}$, T, $\boldsymbol{\pi}$, $\dot{T}$ on obtient alors

$$\mathscr{A}_{\alpha\gamma}\,[\ddot{\Delta}_\gamma] = \mathscr{L}_{\alpha\beta}\,[\ddot{\pi}_\beta] + \mathscr{B}_\alpha\,[\ddot{T}]$$

En dérivant par rapport à t les équations dynamiques on obtient

$$\dot{B}_{i\alpha,\alpha} = \rho_o\,\dot{a}_i$$

d'où

$$[\ddot{B}_{i\alpha}]\,n^o_\alpha = -\,\rho_o\,c_o\,[\dot{a}_i]$$

C'est l'équation 3-7-4 dans laquelle $\mathbf{B}$ et $\mathbf{a}$ sont remplacés par leurs dérivées temporelles.

Compte-tenu de la continuité de ρ, $\boldsymbol{\sigma}$, $\mathscr{D}$, $\dot{U}^{\bullet}$, $\dot{T}$, $\dot{S}$ l'équation de l'énergie 3-7-8 se réduit à

$$[\,\mathrm{div}_x\ \mathbf{q}\,] = 0$$

Venons-en aux théorèmes de Duhem.

Si le milieu est conducteur, l'équation précédente s'écrit (en adoptant la loi de Fourier)

$$K_{ij}\left[\frac{\partial^2 T}{\partial x_i\,\partial x_j}\right] = K_{ij}\,\frac{n_i\,n_j}{c^2}\,[\ddot{T}] = 0$$

Pour un conducteur défini $K_{ij}\,n_i\,n_j > 0$ d'où $[\ddot{T}] = 0$; la discontinuité est du 3ème ordre pour T.

Si le milieu n'est pas conducteur $(\mathrm{div}_x\ \mathbf{q} = 0)$, en dérivant l'équation de l'énergie par rapport à t, on obtient

$$\rho_o\,[\ddot{U}] = \mathrm{tr}\,\boldsymbol{\pi}\,[\ddot{\boldsymbol{\Delta}}]$$

d'où $[\ddot{T}]$, ou encore $[\ddot{S}]$ par une relation analogue à 3-7-13, qui se réduit à

$$[\ddot{S}] = 0$$

lorsque les déformations instantanées sont réversibles.

Nous avons ainsi transposé toutes les relations utilisées pour les ondes d'accélération. Il en résulte que les résultats obtenus notamment au N° 3.9 s'étendent aux discontinuités d'ordre supérieur à 2.

3.11- Les rayons acoustiques

D'après 3-9-4, 3-9-5 les paramètres directeurs n^o_α, $n^o_4 = - c_o$ du plan tangent à une onde vérifient l'équation

$$\det \left[M_{i\beta j\alpha} \, n^o_\beta \, n^o_\alpha - \rho_o \, (n^o_4)^2 \, \delta_{ij} \right] = 0 \qquad i,j,\alpha,\beta = 1,2,3 \qquad 3\text{-}11\text{-}1$$

Dans l'espace à 3 dimensions, mais en coordonnées homogènes, 3-11-1 est une équation tangentielle. L'enveloppe du plan A

$$n^o_1 \, \xi + n^o_2 \, \eta + n^o_3 \, \zeta + n^o_4 \, \tau = 0 \qquad 3\text{-}11\text{-}2$$

assujetti à la condition 3-11-1 représente la position atteinte à l'instant $t + \tau$ par une perturbation ponctuelle émise en P_o à l'instant t. C'est la surface de l'onde de l'optique cristalline. Ici l'équation tangentielle étant du 6ème degré, on a une enveloppe du 6ème ordre, symétrique par rapport à l'origine P_o, formée de 3 nappes, dont chacune correspond à l'une des valeurs propres du tenseur acoustique†. Si K est le point de contact du plan A avec son enveloppe (E), la droite P_oK est le rayon. Pour une même direction de plan si les 3 valeurs propres du tenseur acoustique sont réelles, distinctes, on a 3 rayons en général distincts. Dans le cas d'une valeur propre réelle double on a une infinité de rayons situés sur un cône (cf. [13] p. 145)††.

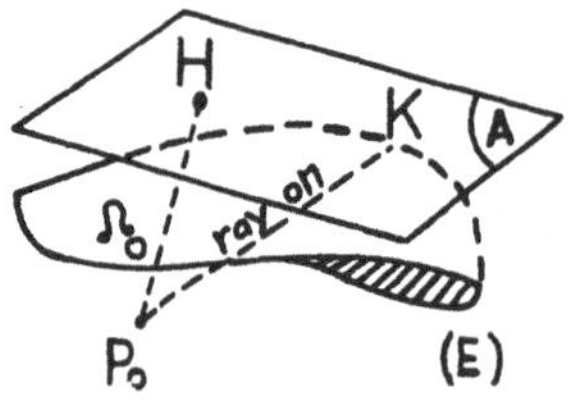

Fig. 5

† Dans le cas de l'optique l'une des 3 valeurs propres est nulle. Le degré s'abaisse à 4. Il n'y a plus que 2 nappes.

†† en optique, cas de la réfraction conique.

La forme de l'enveloppe E peut être surprenante (cf. [13] p. 123). La figure 6 montre le cas d'un corps élastique-parfaitement plastique en déformation plane, lorsque la limite d'écoulement est atteinte (critère de von Misès ou de Tresca). σ_I, σ_{II} sont les 2 contraintes principales du plan de déformation. L'enveloppe est formée d'un ovale et d'une sorte d'astroïde ayant 4 points de rebroussement dont les tangentes passent par P_o. Ces tangentes correspondent donc à des ondes de <u>célérité nulle</u>, c'est-à-dire aux caractéristiques du problème statique de déformation plane. Ainsi qu'il est bien connu ces caractéristiques sont dirigées suivant les directions de cission maximale.

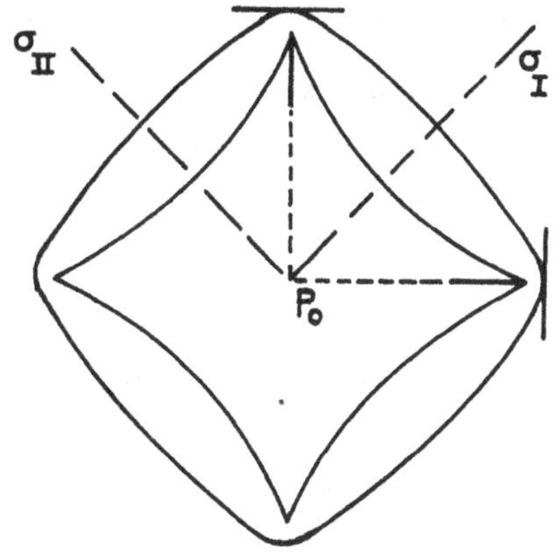

Fig. 6

L'intérêt des rayons est que pour toutes les surfaces d'onde ayant le même plan tangent en P_o, la direction du rayon en P_o est la même. On peut déduire cette propriété de la construction géométrique d'Huyghens, mais elle résulte d'une manière beaucoup plus claire de la définition analytique qui va être donnée des rayons.

Le problème posé est de suivre la progression de la surface de discontinuité S (l'état thermodynamique étant supposé connu en tout point en avant de l'onde). Dans l'espace à 4 dimensions $(X_4 = t)$ on obtiendra une hypersurface Σ d'équation

$$t = \varphi\,(X_1,\ X_2,\ X_3) \qquad \text{3-11-3}$$

telle que

$$\frac{\partial \varphi}{\partial X_\alpha} = \frac{n^o_\alpha}{c_o} \qquad \text{3-11-4}$$

D'après 3-11-1 c'est une hypersurface intégrale de l'équation aux dérivées partielles du 1er ordre non linéaire :

$$G(X_\alpha, \frac{\partial \varphi}{\partial X_\alpha}) \equiv \det | M_{i\beta j\alpha} \frac{\partial\varphi}{\partial X_\alpha} \frac{\partial \varphi}{\partial X_\beta} - \rho_o \delta_{ij} | = 0$$

$$i,j,\alpha,\beta = 1,2,3 \qquad 3\text{-}11\text{-}5$$

dans laquelle la matrice **M** est une fonction qu'on suppose connue des coordonnées X_1, X_2, X_3, t . Elle est fonction de ces coordonnées peut-être directement (non homogénéité), mais aussi indirectement par l'intermédiaire de l'état thermodynamique (en chaque point atteint par l'onde on suppose l'histoire connue jusqu'à l'instant t).

L'enveloppe (E) considérée ci-dessus (fig. 5) n'est autre que la section de l'hypercône de Monge de l'équation 3-11-5 par un plan $t = C^{te}$.

L'hypersurface Σ est engendrée par les multiplicités caractéristiques qui s'appuient sur la surface S_o de E 3 (sa section par le plan $X_4 = t_o$). Celles-ci sont définies (dans E 7 : X_1, X_2, X_3, t, φ_1, φ_2, φ_3) par l'intégration du système d'équations différentielles

$$\frac{dX_\alpha}{\partial G/\partial\varphi_\alpha} = \frac{dt}{\varphi_\alpha \, \partial G/\partial\varphi_\alpha} = - \frac{d\varphi_\alpha}{\partial G/\partial X_\alpha} \qquad \alpha = 1,2,3 \qquad 3\text{-}11\text{-}6$$

où l'on a posé :

$$\varphi_\alpha = \frac{\partial \varphi}{\partial X_\alpha}$$

Pour obtenir la multiplicité caractéristique passant par le point P_o de S_o avec le plan T_o tangent à S_o de normale unitaire n_1^o, n_2^o, n_3^o , on cherche l'hyperplan tangent au cône de Monge contenant T_o , c'est-à-dire la valeur $n_4^o = - c_o$ telle que 3-11-1 soit vérifiée. C'est le problème de détermination des valeurs propres du tenseur acoustique correspondant à n_o . La valeur propre étant choisie, on obtient φ_α par 3-11-4 d'où par 3-11-6

$$\frac{dX_\alpha}{dt} = k^{-1} \frac{\partial G}{\partial\varphi_\alpha} \qquad \text{où} \quad k = \varphi_\sigma \frac{\partial G}{\partial\varphi_\sigma} \qquad 3\text{-}11\text{-}7$$

3 équations définissant la direction du rayon issu de P_o et la vitesse suivant ce rayon.

D'après la définition des multiplicités caractéristiques, ces éléments sont les mêmes pour toutes les surfaces de discontinuité qui ont en commun à l'instant t le point P_o et le plan tangent en ce point.

Cela ne veut pas dire que pour 2 telles surfaces le même rayon sera parcouru tout au long du temps. Ce n'est pas exact en général parce que la direction du rayon et la vitesse radiale dépendent de l'état thermodynamique dans l'onde, état qui ne restera pas le même pour 2 solutions différentes. Cependant c'est exact lorsque la matrice M est indépendante de l'état (petits mouvements), ou bien lorsque l'état devant l'onde est prescrit à l'avance (onde progressant dans un milieu au repos). Dans le cas général on ne peut pas intégrer les équations 3-11-6 faute de connaître l'état en tout point de la caractéristique. Ces équations donnent seulement des renseignements locaux.

Pour la suite il est utile d'expliciter davantage la relation 3-11-7. Afin de calculer $\frac{\partial G}{\partial \varphi_\alpha}$, nous introduisons avec T.C.T. Ting [14], les vecteurs propres à droite $\mathbf{r}$ (polarisation) et à gauche $\boldsymbol{\ell}$ pour le tenseur acoustique relatif à la normale $\mathbf{n}_o$ et pour la célérité c_o. Ces vecteurs vérifient

$$(M_{i\beta j\alpha}\ \varphi_\alpha\ \varphi_\beta - \rho_o\ \delta_{ij})\ r_j = 0 \qquad 3\text{-}11\text{-}8$$

$$\ell_i\ (M_{i\beta j\alpha}\ \varphi_\alpha\ \varphi_\beta - \rho_o\ \delta_{ij}) = 0 \qquad 3\text{-}11\text{-}9$$

En différenciant 3-11-8, puis multipliant à gauche par ℓ_i ce qui élimine le terme en dr_j d'après 3-11-9, il vient :

$$\ell_i\ r_j\ (M_{i\beta j\alpha} + M_{i\alpha j\beta})\ \varphi_\beta\ d\varphi_\alpha = 0$$

relation vérifiée quels que soient les $d\varphi_\alpha$ tels que $\frac{\partial G}{\partial \varphi_\alpha}\, d\varphi_\alpha = 0$, d'où

$$\frac{\partial G}{\partial \varphi_\alpha} = \lambda\ \ell_i\ r_j\ (M_{i\beta j\alpha} + M_{i\alpha j\beta})\ \varphi_\beta$$

λ étant un scalaire. On en déduit

$$\frac{dX_\alpha}{dt} = \frac{1}{h}\ \ell_i\ r_j (M_{i\beta j\alpha} + M_{i\alpha j\beta})\ \varphi_\beta\ ,$$

$$h = 2\ \ell_i\ r_j\ M_{i\beta j\alpha}\ \varphi_\beta\ \varphi_\alpha \qquad 3\text{-}11\text{-}10$$

Le vecteur $\mathbf{c}_o$ de E 3 de composantes $c^o_\alpha = \frac{dX_\alpha}{dt}$ est appelé célérité radiale. On a

$$\mathbf{c}_o \cdot \mathbf{n}_o = c_o$$

3.12- Discontinuités des dérivées d'une fonction discontinue

A présent nous pouvons (supposant connus l'état thermodynamique et son gradient†) suivre l'évolution de la surface de discontinuité et de la direction de polarisation. Mais l'amplitude de la discontinuité reste encore indéterminée. Pour voir comment elle varie au cours du temps quand on suit un rayon, on doit pousser un peu plus loin les considérations cinématiques du n° 3.

Dans un espace euclidien à 4 dimensions on considère une hypersurface Σ le long de laquelle une fonction $\varphi(X_1, X_2, X_3, X_4)$ présente une discontinuité donnée $[\varphi] = D(q^1, q^2, q^3)$. q^1, q^2, q^3 sont les coordonnées curvilignes fixant un point de l'hypersurface. On étudie la discontinuité du gradient de φ (cf. [15] p. 252-256).

La composante tangentielle de $[\nabla\varphi]$ est connue par la donnée de D . C'est le gradient de D dans l'hypersurface soit $\frac{\partial D}{\partial q^i}\mathbf{g}^i$ (les vecteurs $\mathbf{g}^i$ constituent la base duale de la base naturelle formée par les vecteurs $\mathbf{g}_j = \frac{\partial \mathbf{P}_o}{\partial q^j}$ en un point P_o de Σ). En retranchant de $[\nabla\varphi]$ sa composante tangentielle connue on obtient un vecteur normal à Σ . Donc

$$[\varphi_{,\alpha}] - \frac{\partial D}{\partial q^i} g^i_\alpha \quad \lambda\, \nu_\alpha \qquad \begin{array}{l} i = 1, 2, 3 \\ \alpha = 1, 2, 3, 4 \end{array} \tag{3-12-1}$$

ν_α désignant les coordonnées du vecteur normal unitaire dans E_4 .

Pour D = 0 on retrouve les relations de compatibilité cinématique 3-3-1.

† Le gradient intervient dans le calcul de $d\varphi_\alpha$ par 3-11-6, car $\frac{\partial G}{\partial X_\alpha}$ en dépend.

Soit maintenant $u(X_1, X_2, X_3, X_4)$ une fonction continue à la traversée de Σ, mais dont les dérivées premières sont discontinues. On pose

$$D_\alpha = [u,_\alpha] = \mu\, \nu_\alpha \qquad 3\text{-}12\text{-}2$$

μ est la discontinuité de la dérivée normale première.

Appliquant la relation 3-12-1 à D_β, on obtient :

$$[u,_{\beta\alpha}] = \frac{\partial D_\beta}{\partial q^i} g^i_\alpha + \lambda_\beta\, \nu_\alpha \qquad 3\text{-}12\text{-}3$$

Mais on a aussi, en partant de D_α :

$$[u,_{\alpha\beta}] = \frac{\partial D_\alpha}{\partial q^i} g^i_\beta + \lambda_\alpha\, \nu_\beta \qquad 3\text{-}12\text{-}4$$

Egalons les seconds membres de 3-12-3 et 3-12-4 et sommons par rapport à β après les avoir multipliés par ν_β. Notant que $g^i_\beta\, \nu_\beta = 0$ parce que le vecteur ν est orthogonal au vecteur g^i et posant $H = \lambda_\beta\, \nu_\beta$ il vient

$$\lambda_\alpha = \frac{\partial \mu}{\partial q^i} g^i_\alpha + H\, \nu_\alpha \qquad 3\text{-}12\text{-}5$$

En reportant dans 3-12-4 on obtient

$$[u,_{\alpha\beta}] = \frac{\partial \mu}{\partial q^i} (\nu_\alpha\, g^i_\beta + \nu_\beta\, g^i_\alpha) + \mu \frac{\partial \nu_\alpha}{\partial q^i} g^i_\beta + H\, \nu_\alpha\, \nu_\beta \qquad 3\text{-}12\text{-}6$$

H est la discontinuité de la dérivée normale seconde.

Le deuxième terme s'écrit encore sous une forme plus symétrique (cf. [1] § 119) $\mu p,_{\alpha\beta}$ si $p(X_1, X_2, X_3, X_4)$ est la distance d'un point X_α à l'hypersurface.

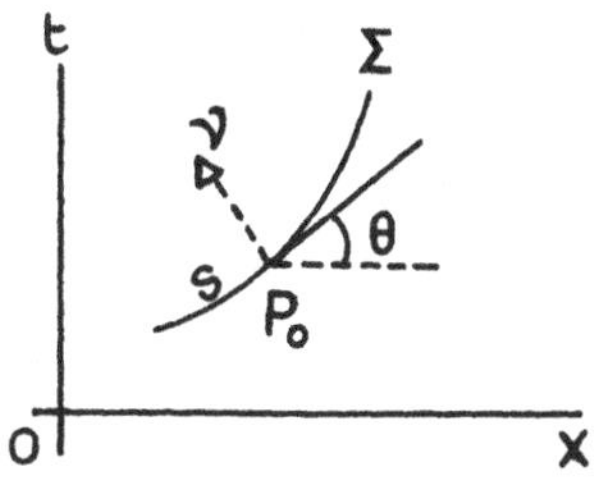

Fig. 7

Dans le cas de deux dimensions (une dimension spatiale X + le temps t), on peut prendre comme variable q l'abscisse curviligne s sur la ligne de discontinuité Σ, par exemple. On a alors pour g^1 le vecteur unitaire tangent à Σ en P_o, de composantes $\cos\theta$, $\sin\theta$, et pour ν le vecteur normal de composantes $-\sin\theta$, $\cos\theta$. $u(X, t)$ étant une fonction continue mais dont les dérivées premières sont discontinues :

$$[u,_X] = -\mu \sin\theta \qquad [u,_t] = \mu \cos\theta \tag{3-12-7}$$

$$\left.\begin{aligned}
[u,_{XX}] &= -2\sin\theta\cos\theta\frac{d\mu}{ds} - \mu\cos^2\theta\frac{d\theta}{ds} + H\sin^2\theta \\
[u,_{Xt}] &= (\cos^2\theta-\sin^2\theta)\frac{d\mu}{ds} - \mu\sin\theta\cos\theta\frac{d\theta}{ds} - H\sin\theta\cos\theta \\
[u,_{tt}] &= 2\sin\theta\cos\theta\frac{d\mu}{ds} - \mu\sin^2\theta\frac{d\theta}{ds} + H\cos^2\theta
\end{aligned}\right\} \tag{3-12-8}$$

3.13- Evolution de la discontinuité au cours du temps

En désignant par $\mathbf{r}$ le vecteur polarisation normalisé on peut poser

$$[a_i] = J\,\mathbf{r}_i \tag{3-13-1}$$

Le vecteur $\mathbf{r}$ est déterminé en tout point de l'hypersurface Σ du n° 3.11, mais l'amplitude J de la discontinuité est restée indéterminée jusqu'ici. On va montrer que, connaissant sa valeur en un point P_o de Σ on peut calculer sa dérivée temporelle suivant le rayon $\frac{dJ}{dt}$ en P_o.

$\frac{dJ}{dt}$ introduit les discontinuités des dérivées troisièmes de ξ_1, ξ_2, ξ_3, mais dans une direction intérieure† à l'onde de E 4 , autrement dit n'introduit que des composantes tangentielles de $[\nabla \mathbf{a}]$. C'est pourquoi on peut le calculer à partir de données concernant la discontinuité d'accélération. En outre d'après la propriété du rayon d'être ligne caractétistique, cette dérivée ne dépend pas des valeurs de J en dehors du point P_o , mais seulement de sa valeur en P_o .

Pour établir ce résultat nous partons des équations dynamiques dérivées par rapport à t

$$\dot{B}_{i\alpha,\alpha} - \rho_o \frac{\partial^2 v_i}{\partial t^2} = 0 \qquad i,\alpha = 1,2,3 \quad v_i = \frac{\partial \xi_i}{\partial t} \tag{3-13-2}$$

† cette dérivée est prise en suivant l'onde de E 3 dans son mouvement, donc en restant dans l'onde de E 4 .

En supposant les relations 3-6-2 inversibles, on a

$$\dot{B}_{i\alpha} = M_{i\alpha j\beta} \frac{\partial v_j}{\partial X_\beta} - k_{i\alpha} \dot{T} + \dot{h}_{i\alpha} \qquad 3\text{-}13\text{-}3$$

M , **k** , **h** étant des fonctionnelles de $\nabla\xi$, T qui peuvent dépendre des valeurs actuelles de ces variables. Donc

$$M_{i\alpha j\beta} \frac{\partial^2 v_j}{\partial X_\alpha \partial X_\beta} - k_{i\alpha} \frac{\partial \dot{T}}{\partial X_\alpha} + \frac{dM_{i\alpha j\beta}}{dX_\alpha} \frac{\partial v_j}{\partial X_\beta} - \frac{dk_{i\alpha}}{dX_\alpha} \dot{T} + \frac{dh_{i\alpha}}{dX_\alpha} - \rho_o \frac{\partial^2 v_i}{\partial t^2} = 0$$

La notation d/dX_α signifie qu'on dérive **M** , **k** ou **h** par rapport à X_α en tenant compte du fait que **M** , **k** , ou **h** peuvent dépendre de X_α directement, mais aussi indirectement par l'intermédiaire des valeurs actuelles de $\nabla\xi$,T et de leur histoire :

$$\frac{d}{dX_\alpha} = \frac{\partial}{\partial\left(\frac{\partial \xi_i}{\partial X_\beta}\right)} \quad \frac{\partial^2 \xi_i}{\partial X_\beta \partial X_\alpha} + \frac{\partial}{\partial T} \quad \frac{\partial T}{\partial X_\alpha} + \frac{\partial}{\partial X_\alpha} \qquad 3\text{-}13\text{-}4$$

(le dernier terme qui rend compte de l'hétérogénéité actuelle englobe l'effet de l'histoire).

En prenant les discontinuités et notant que $[\,\dot{T}\,] = 0$ pour un milieu conducteur défini†, il vient

$$M_{i\alpha j\beta} \left[\frac{\partial^2 v_j}{\partial X_\alpha \partial X_\beta}\right] - \rho_o \left[\frac{\partial^2 v_i}{\partial t^2}\right] - k_{i\alpha} \left[\frac{\partial \dot{T}}{\partial X_\alpha}\right] + \left[\frac{dM_{i\alpha j\beta}}{dX_\alpha} \frac{\partial v_j}{\partial X_\beta}\right] - \left[\frac{dk_{i\alpha}}{dX_\alpha}\right]\dot{T} + \left[\frac{dh_{i\alpha}}{dX_\alpha}\right]$$

$$= 0 \qquad 3\text{-}13\text{-}5$$

En tenant compte de 3-7-11, le troisième terme de 3-13-5 s'évalue en fonction linéaire des $[\,a_i\,]$, donc de J (rappelons que la direction de polarisation est supposée connue). Le 5ème et le 6ème termes sont aussi fonctions linéaires de J . Le 4ème terme donne la somme d'une fonction linéaire et éventuellement (lorsque la matrice **M** dépend de

† Pour un non-conducteur on doit supposer T éliminé au moyen de la condition d'adiabaticité.

$\nabla\xi$) d'une fonction quadratique de J , en vertu de la relation

$$[fg] = (fg)_2 - (fg)_1 = [f][g] + f_1 [g] + g_1 [f] \qquad 3\text{-}13\text{-}6$$

Ce 4ème terme fait intervenir en facteur de J , par l'intermédiaire de f_1 , g_1 , non seulement les dérivées premières de ξ , mais aussi les dérivées secondes (celles qui sont discontinues) en avant de l'onde, c'est-à-dire le gradient de l'état.

Quant aux 2 premiers termes de 3-13-5, ils introduisent les dérivées secondes de v_j pour les discontinuités desquelles (v_j étant continu, mais non ses dérivées premières) on utilise la formule 3-12-6 avec $u=v_j$, d'où

$$[v_{j,\alpha\beta}] = \frac{\partial \mu_j}{\partial q^h} (\nu_\alpha g^h_\beta + \nu_\beta g^h_\alpha) + \mu_j p_{,\alpha\beta} + H_j \nu_\alpha \nu_\beta \qquad 3\text{-}13\text{-}7$$

$j = 1,2,3$

$\alpha = 1,2,3,4$

$\nu_1, \nu_2, \nu_3, \nu_4$ est la normale unitaire à Σ dans E 4 , n^o_1 , n^o_2 , n^o_3 la normale unitaire à S_o dans E 3 . On a

$$\nu_1 = \frac{n^o_1}{\sqrt{1+c_o^2}}, \quad \nu_2 = \frac{n^o_2}{\sqrt{1+c_o^2}}, \quad \nu_3 = \frac{n^o_3}{\sqrt{1+c_o^2}}, \quad \nu_4 = -\frac{c_o}{\sqrt{1+c_o^2}}$$

Les termes en H introduisent le tenseur acoustique **Q** . Ils donnent en effet en tenant compte de 3-9-5, après report dans 3-13-5 :

$$\frac{1}{1+c_o^2} (Q_{ij} H_j - \rho_o c_o^2 H_i)$$

Les termes en μ de 3-13-7 donnent à nouveau des fonctions linéaires de J puisque (d'après 3-12-2 et 3-13-1) :

$$[a_j] = \mu_j \nu_4 = J r_j$$

Notons que ces termes contiennent l'influence de la courbure de l'onde.

On obtient ainsi 3 équations linéaires en H_i (i = 1, 2, 3) :

$$Q_{ij} H_j - \rho_o c_o^2 H_i = A_i J + Z_i J^2 - (1+c_o^2) M_{i\alpha j\beta} \frac{\partial \mu_j}{\partial q^h} (\nu_\alpha g^h_\beta + \nu_\beta g^h_\alpha) \qquad 3\text{-}13\text{-}8$$

dont le déterminant est nul d'après 3-9-4. Soit $\boldsymbol{\ell}$ le vecteur propre à gauche de la matrice Q_{ij}. Les 3 équations n'ont de solution que si

$$\ell_i \{A_i J + Z_i J^2 - (1+c_o^2) M_{i\alpha j\beta} \frac{\partial \mu_j}{\partial q^h} (\nu_\alpha g_\beta^h + \nu_\beta g_\alpha^h)\} = 0 \qquad 3\text{-}13\text{-}9$$

et dans ce cas la composante du vecteur $\mathbf{H}$ suivant la direction de polarisation en P_o reste indéterminée.

Puisque $\mu_j = J \frac{r_j}{\nu_4}$ les dérivées $\frac{\partial \mu_j}{\partial q^h}$ introduisent à nouveau des termes linéaires en J et font apparaître en outre le terme :

$$-\frac{1+c_o^2}{\nu_4} \ell_i r_j (M_{i\alpha j\beta} + M_{i\beta j\alpha}) \nu_\beta g_\alpha^h \frac{\partial J}{\partial q^h}$$

Or d'après 3-11-10 :

$$\ell_i r_j (M_{i\alpha j\beta} + M_{i\beta j\alpha}) \nu_\beta = k_1 \frac{dX_\alpha}{dt}$$

et $g_\alpha^h dX_\alpha = dq^h$

de sorte que le terme en question s'écrit $k_2 \frac{dJ}{dt}$, k_1, k_2 étant des facteurs qui dépendent de l'état et de la direction de la normale à l'onde. Finalement on obtient une relation, dite <u>équation de transport</u>, de la forme :

$$\frac{dJ}{dt} + A J + Z J^2 = 0 \qquad 3\text{-}13\text{-}10$$

A, Z dépendant de l'état thermodynamique en P_o. A dépend en outre de son gradient en avant de l'onde et de la courbure de l'onde.

Ce résultat a été obtenu pour les corps viscoélastiques (par des méthodes différentes de la précédente) par E. Varley [16] et par T.C.T. Ting [14] et dans le cas unidimensionnel par B.D. Coleman et M.E. Gurtin[17†]

T.C.T. Ting a précisé aussi les équations de transport pour le saut de l'accélération seconde et plus généralement pour le saut de $\frac{d^n \mathbf{V}}{dt^n}$.

† Coleman et Gurtin utilisent l'hypothèse de mémoire évanescente et la notion de dérivée de Fréchet d'une fonctionnelle. Varley et Ting utilisent la représentation d'une fonctionnelle proposée par Green et Rivlin, en laissant de côté les effets thermiques.

3.14- Cas unidimensionnel

La relation 3-13-3 se réduit ici à

$$\dot{B} = M \frac{\partial v}{\partial X} - k \dot{T} + h \qquad 3\text{-}14\text{-}1$$

$\varepsilon = \frac{\partial \xi}{\partial X}$ désignant la déformation, on a

$$\frac{\partial v}{\partial X} = \frac{\partial \varepsilon}{\partial t} \qquad 3\text{-}14\text{-}2$$

M , k , h sont fonctions des valeurs actuelles de ε , T et de l'histoire.

L'application à l'instant t d'un échelon de déformation infiniment petit $H(t' - t)\, d\varepsilon$ entraîne à l'instant t+ un accroissement de contrainte $M\, d\,\varepsilon (M > 0)$ et une variation de vitesse de contrainte, égale à $\frac{\partial h}{\partial \varepsilon} d\varepsilon$, de sens opposé à la variation de contrainte (relaxation)†, d'où $\frac{\partial h}{\partial \varepsilon} \leqslant 0$.

L'équation 3-13-5 prend ici la forme

$$M \left[\frac{\partial^2 v}{\partial X^2}\right] - \rho_o \left[\frac{\partial^2 v}{\partial t^2}\right] - k \left[\frac{\partial T}{\partial X}\right] + \frac{\partial M}{\partial \varepsilon} \left[\frac{\partial \varepsilon}{\partial X} \frac{\partial v}{\partial X}\right] + \frac{\partial M}{\partial T} \frac{\partial T}{\partial X} \left[\frac{\partial v}{\partial X}\right]$$

$$+ \frac{\partial M}{\partial X} \left[\frac{\partial v}{\partial X}\right] - \frac{\partial k}{\partial \varepsilon} \left[\frac{\partial \varepsilon}{\partial X}\right] \dot{T} + \frac{\partial h}{\partial \varepsilon} \left[\frac{\partial \varepsilon}{\partial X}\right] = 0 \qquad 3\text{-}14\text{-}3$$

Les 2 premiers termes peuvent se calculer au moyen des relations cinématiques 3-12-8. En notant que $M = \rho_o\, c_o^2 = \rho_o \cot g^2\theta$ (fig. 7) et $\mu = J/\cos\theta$, on obtient en remplaçant ds par $dt/\sin\theta$:

$$M\, [\, v,_{XX}\,] - \rho_o\, [\, v,_{tt}\,] = - \rho_o \left(2 \frac{dJ}{dt} - \frac{J}{c_o} \frac{dc_o}{dt}\right) \qquad 3\text{-}14\text{-}4$$

Cette équation peut s'obtenir plus rapidement de la manière suivante (Coleman et Gurtin [17]).

† -h est, d'après 3-14-1, la vitesse de relaxation à t+ . $-\frac{\partial h}{\partial \varepsilon} d\varepsilon$ est l'augmentation de cette vitesse de relaxation qui résulte de l'application de l'échelon $d\varepsilon$.

En posant

$$\frac{d}{dt} = \frac{\partial}{\partial t} + c_o \frac{\partial}{\partial X} \qquad \text{dérivée/t en restant dans l'onde}$$

on a

$$\frac{d}{dt}\left(\frac{\partial^2 \xi}{\partial t^2}\right) = \frac{\partial^3 \xi}{\partial t^3} + c_o \frac{\partial^3 \xi}{\partial X \partial t^2}$$

$$\frac{d}{dt}\left(\frac{\partial^2 \xi}{\partial X \partial t}\right) = \frac{\partial^3 \xi}{\partial X \partial t^2} + c_o \frac{\partial^3 \xi}{\partial X^2 \partial t}$$

d'où :

$$\frac{d}{dt}\left(\frac{\partial^2 \xi}{\partial t^2} - c_o \frac{\partial^2 \xi}{\partial X \partial t}\right) = \frac{\partial^3 \xi}{\partial t^3} - c_o^2 \frac{\partial^3 \xi}{\partial X^2 \partial t} - \frac{dc_o}{dt} \frac{\partial^2 \xi}{\partial X \partial t}$$

En observant que $\left[\frac{du}{dt}\right] = \frac{d}{dt} \cdot [\, u \,]$ et que la discontinuité de $- c_o \frac{\partial^2 \xi}{\partial X \partial t}$ est égale à J, on obtient la relation cinématique

$$2 \frac{dJ}{dt} = \left[\frac{\partial^3 \xi}{\partial t^3}\right] - c_o^2 \left[\frac{\partial^3 \xi}{\partial X^2 \partial t}\right] + \frac{1}{c_o} \frac{dc_o}{dt} J$$

équivalente à 3-14-4.

Revenons à l'équation 3-14-3. En y portant l'expression obtenue en 3-14-4 pour les 2 premiers termes et développant le saut de $\frac{\partial \varepsilon}{\partial X} \frac{\partial v}{\partial X}$, on obtient bien la relation 3-13-10 avec

$$Z = \frac{1}{2\, c_o\, M} \frac{\partial M}{\partial \varepsilon} \qquad \text{3-14-5}$$

La forme de A est plus compliquée. Bornons-nous au cas d'une <u>onde pénétrant dans un milieu homogène en équilibre</u> à température uniforme, en négligeant les effets thermodynamiques†. Le seul terme en J provient dans ce cas de $\frac{\partial h}{\partial \varepsilon} \left[\frac{\partial \varepsilon}{\partial X}\right]$ d'où

$$A = - \frac{1}{2M} \frac{\partial h}{\partial \varepsilon} \geqslant 0 \qquad \text{3-14-6}$$

† Si l'on introduit les effets thermodynamiques, l'onde est précédée par une perturbation continue (cf. n° 8), donc elle ne pénètre pas dans un milieu homogène en équilibre à température uniforme.

A et Z sont ici des constantes et l'équation 3-13-10 est pour $J(t)$ une équation de Ricatti. Son intégration donne†

$$\frac{1}{J} = \frac{1}{\lambda} + \left(\frac{1}{J_o} - \frac{1}{\lambda}\right) e^{At} \quad , \; A \geqslant 0 \qquad \text{3-14-7}$$

en posant

$$\lambda = -\frac{A}{Z} \quad , \quad J_o = J(0) \qquad \text{3-14-8}$$

Il y a 2 cas possibles :

a) $1/J$ s'annule pour une valeur positive de t définie par

$$e^{At} = \frac{J_o}{J_o - \lambda}$$

Ceci exige que J_o et λ soient du même signe, donc que J_o et $\frac{\partial M}{\partial \varepsilon}$ soient de signes opposés <u>et</u> que $|J_o| > |\lambda|$. Dans ce cas J tend vers l'infini pour une valeur finie de t. Il y a formation d'une <u>onde de choc</u>.

b) Si J_o et $\frac{\partial M}{\partial \varepsilon}$ sont du même signe <u>ou</u> si $|J_o| < |\lambda|$, $\frac{1}{J}$ tend monotonement vers l'infini, donc J vers zéro quand t tend vers $+\infty$. Il y a atténuation progressive de la discontinuité.

Dans le cas limite $J_o = \lambda$ l'amplitude de la discontinuité ne varie pas. λ est appelé <u>amplitude critique</u>. Pour un corps viscoélastique linéaire, $Z = 0$ donc λ est infini (pas d'onde de choc). Pour un corps élastique non linéaire, $\frac{\partial M}{\partial \varepsilon} \neq 0$ et $\frac{\partial h}{\partial \varepsilon} = 0$, donc $\lambda = 0$; une onde de choc se forme quand J_o est de signe opposé à $\frac{\partial M}{\partial \varepsilon}$ (exemple : naissance d'onde de choc dans un gaz). Ainsi, dans le cas de non linéarité $(\frac{\partial M}{\partial \varepsilon} \neq 0)$, la présence de viscosité n'implique pas toujours atténuation de l'onde.

Ces intéressants résultats sont dûs à B.D. Coleman et M.E. Gurtin [17] Ils s'étendent bien entendu aux milieux élastoviscoplastiques (qui, ici

† $\frac{1}{J} = \frac{1}{J_o} + Z\,t$ dans le cas où $A = 0$.

du moins, ne se distinguent pas des viscoélastiques).

Si l'on passe maintenant aux milieux susceptibles de déformations instantanées irréversibles (milieux plastiques nos visqueux), on doit noter que M et $\frac{\partial M}{\partial \varepsilon}$ ne sont pas les mêmes à la charge et à la décharge. De ce fait la formation d'une onde de choc peut se trouver exclue quel que soit le signe de J_o .

3.15- Exemples simples

Nous donnons quelques exemples simples unidimensionnels. Dans les 3 premiers on suppose les déplacements infiniment petits, ce qui permet de remplacer ρ_o par ρ , X par x , B par σ.

i) Tige viscoélastique linéaire homogène. On utilise la relation 2-2-1 du chapitre 2

$$\sigma(x,t) = R(0) \frac{\partial \xi}{\partial x} (x,t) + \int_{-\infty}^{t} R' (t-\tau) \frac{\partial \xi}{\partial x} (x,\tau)d\tau$$

d'où

$$\dot{\sigma}(x,t) = R(0) \frac{\partial^2 \xi}{\partial x \partial t} + R'(0) \frac{\partial \xi}{\partial x} (x,t) + \int_{-\infty}^{t} R''(t-\tau) \frac{\partial \xi}{\partial x} (x,\tau)\, d\tau$$

ce qui signifie que dans 3-14-1 on a ici

$$M = R(0) \quad , \quad k = 0 \ , \quad h = R'(0) \frac{\partial \xi}{\partial x} + \int_{-\infty}^{t} R''(t-\tau)\frac{\partial \xi}{\partial x} d\tau \ , \ \frac{\partial h}{\partial \varepsilon} = R'(0)$$

L'équation dynamique (dérivée par rapport à t) s'écrit

$$R(0) \frac{\partial^3 \xi}{\partial x^2 \partial t} - \rho \frac{\partial^3 \xi}{\partial t^3} + R'(0) \frac{\partial^2 \xi}{\partial x^2} + \int_{-\infty}^{t} R''(t-\tau) \frac{\partial^2 \xi}{\partial x^2} (x,\tau)d\tau = 0$$

D'après 3-14-4 le saut des 2 premiers termes se réduit à $- 2\rho \frac{dJ}{dt}$ (puisque $c_o^2 = \frac{M}{\rho}$ est constant). Le saut du 3ème terme est $R'(0) \frac{J}{c^2}$. Le 4ème terme est continu. Donc

$$2 \frac{dJ}{dt} = \frac{R'(0)}{R(0)} J$$

$$J = J_o \exp \left(\frac{R'(0)}{2R(0)} t\right)$$

$R(0)$ étant positif et $R'(0)$ négatif, la discontinuité s'atténue exponentiellement au cours du temps (Coleman et Gurtin [17]).

On a ainsi retrouvé la célérité et par unité de longueur le coefficient d'amortissement $\beta = -\frac{1}{2c}\frac{R'(0)}{R(0)}$ obtenus au chapitre 2 pour une onde sinusoïdale de pulsation infinie.

ii) Tige thermoélastique linéaire homogène. On utilise les équations 2-3-1 et 2-3-2. De 2-3-1, puisque $\left[\frac{\partial\tau}{\partial x}\right] = 0$, on déduit d'abord que $c^2 = \frac{M}{\rho}$.

Puis en dérivant par rapport à t :

$$M \frac{\partial^3\xi}{\partial x^2\partial t} - \rho \frac{\partial^3\xi}{\partial t^3} = k \frac{\partial^2\tau}{\partial x\partial t}$$

D'après 3-14-4 le saut du 1er membre est $-2\rho\frac{dJ}{dt}$.

Le saut du 2ème membre est :

$$k\left[\frac{\partial^2\tau}{\partial x\partial t}\right] = -kc\left[\frac{\partial^2\tau}{\partial x^2}\right]$$

Or, de 2-3-2, $\frac{\partial\tau}{\partial t}$ étant continu, on déduit

$$K\left[\frac{\partial^2\tau}{\partial x^2}\right] = k\,T_o\left[\frac{\partial^2\xi}{\partial x\partial t}\right] = -\frac{kT_o}{c}J$$

Donc (Coleman et Gurtin [17])

$$2\rho\frac{dJ}{dt} = -\frac{k^2T_o}{K}J$$

$$J = J_o \exp\left(-\frac{k^2T_o}{2\rho K}t\right)$$

On a ainsi retrouvé la célérité et par unité de longueur le coefficient d'amortissement α obtenus au chapitre 2 pour les grandes valeurs du produit fréquence × conductivité.

iii) Tige élastique linéaire non homogène. L'équation dynamique est l'équation 1-3 du chapitre 1. Elle devient

$$\frac{\partial^2\xi}{\partial z^2} - M\rho S^2\frac{\partial^2\xi}{\partial t^2} = 0$$

par le changement de variable

$$z = \int_o^x \frac{du}{S(u)M(u)}$$

qui n'affecte pas ξ , t ni $v = \frac{\partial \xi}{\partial t}$. La célérité <u>en z</u> est

$U = (M \rho S^2)^{-1/2}$ fonction de z

En dérivant l'équation dynamique par rapport à t , on obtient, puisque U ne dépend pas de t ,

$$U^2 \left[v,_{zz} \right] - \left[v,_{tt} \right] = 0$$

On peut, pour calculer le premier membre de cette équation, utiliser 3-14-4 en remplaçant c_o par U . On en déduit

$$2 \frac{dJ}{dt} - \frac{J}{U} \frac{dU}{dt} = 0$$

d'où $J^4 \rho M S^2 = C^{te}$

iv) <u>Tige homogène élastique non linéaire ou élastoplastique (sans viscosité)</u>. Nous ne supposons plus ici les déplacements infiniment petits. Dans les 2 cas envisagés la relation de comportement (dans le cas de "charge") est la même :

$$B = f \left(\frac{\partial \xi}{\partial X}\right) \qquad B = \frac{\text{force actuelle}}{\text{section initiale}}$$

et l'équation dynamique :

$$\frac{\partial B}{\partial X} - \rho_o \frac{\partial^2 \xi}{\partial t^2} = 0$$

donne :

$$\frac{\partial^2 \xi}{\partial t^2} - c^2 \left(\frac{\partial \xi}{\partial X}\right) \frac{\partial^2 \xi}{\partial X^2} = 0 \qquad \text{avec} \quad c^2 = \frac{1}{\rho_o} f'\left(\frac{\partial \xi}{\partial X}\right)$$

On reconnaît l'équation d'Hugoniot de la dynamique des gaz.

En dérivant par rapport à t , et posant $\frac{\partial \xi}{\partial X} = \varepsilon$, on obtient

$$\frac{\partial^3 \xi}{\partial t^3} - c_o^2 \frac{\partial^3 \xi}{\partial X^2 \partial t} - \frac{dc_o^2}{d\varepsilon} \frac{\partial^2 \xi}{\partial X \partial t} \frac{\partial^2 \xi}{\partial X^2} = 0$$

d'où en utilisant 3-14-4

$$2 \frac{dJ}{dt} - \frac{1}{c_o} \frac{dc_o}{dt} J - \frac{dc_o^2}{d\varepsilon} \left[\frac{\partial^2 \xi}{\partial X \partial t} \frac{\partial^2 \xi}{\partial X^2} \right] = 0$$

On transforme la discontinuité du produit en utilisant la formule 3-13-6. Supposons que l'onde pénètre dans un milieu au repos, mais sous tension. La configuration dans cet état étant prise comme configuration de référence, on aura :

$$c_o^2 = \frac{1}{\rho_o} f'(0) \quad , \quad \frac{dc_o}{dt} = 0 \quad , \quad \frac{dc_o^2}{d\varepsilon} = \frac{f''(0)}{\rho_o}$$

$$\left[\frac{\partial^2 \xi}{\partial X \partial t} \frac{\partial^2 \xi}{\partial X^2} \right] = - \frac{J^2}{c_o^3}$$

d'où

$$\frac{dJ}{dt} = - Z\, J^2 \qquad \text{avec} \qquad Z = \frac{f''(0)}{2\rho_o\, c_o^3}$$

(en accord avec 3-14-5, 3-14-6).

En général $f''(0) < 0$, d'où $Z < 0$, $\frac{dJ}{dt} > 0$. Mais si on augmente la tension (donc ε), on a $\left[\frac{\partial^2 \xi}{\partial X \partial t} \right] > 0$, donc $J_o < 0$. La discontinuité s'atténue au cours du temps, aussi bien pour le milieu élastoplastique que pour le milieu élastique non linéaire. L'inverse se produit à la décharge (formation d'une onde de choc) pour le milieu élastique non linéaire. Le cas est différent pour le milieu élastoplastique : à la décharge la fonction f n'est pas la même qu'à la charge ; si la décharge est élastique linéaire la discontinuité garde une amplitude constante.

3.16- Rapprochement avec les ondes sinusoïdales

On étudie ici les petites perturbations par rapport à un état d'équilibre. $\hat{u}(X_1, X_2, X_3, t)$ désigne la variation subie par une grandeur u . Les variables d'Euler et de Lagrange peuvent être ici confondues. Sauf dans le cas où des déformations plastiques instantanées interviennent†, les équations pour les perturbations sont linéaires. On postule l'existence de solutions (complexes dont on prend seulement la partie réelle) de la forme :

†Dans le cas de déformations plastiques instantanées la différence des comportements à la charge et à la décharge met en défaut la linéarité. Il n'y a pas d'ondes harmoniques élastoplastiques.

$$\hat{u} = u_\omega(x_1, x_2, x_3)\ e^{(-a + i\omega)\ \{t - \varphi_\omega(x_1, x_2, x_3)\}} \qquad 3\text{-}16\text{-}1$$

où a est fonction de ω. Les fonctions u_ω (complexe) et φ_ω (réelle) sont séparément déterminées pour les grandes valeurs de ω par la condition (qui fait partie de l'hypothèse) que les gradients de u_ω et φ_ω restent finis quand ω tend vers l'infini.

Considérant une perturbation harmonique de la forme 3-16-1, nous voulons montrer que, lorsque ω tend vers l'infini, les surfaces équiphase:

$$t - \varphi(x_1, x_2, x_3) = C^{te} \qquad 3\text{-}16\text{-}2$$

et, dans une surface équiphase, les fonctions $\hat{u}(x, t)$, obéissent aux mêmes équations que les surfaces de discontinuité ordinaires et les sauts correspondants $[\ u\ ]$.

Il est nécessaire de supposer que, lorsque ω tend vers l'infini, la perturbation envisagée tend vers zéro comme une certaine puissance de ω^{-1} †. Si $\hat{u}$ est de l'ordre de ω^{-n}, $\dot{\hat{u}}$ sera de l'ordre de ω^{-n+1}, $\ddot{\hat{u}}$ de l'ordre de ω^{-n+2}, etc...

Le résultat paraît intuitif. Pour l'établir nous passerons en revue les différentes équations simplifiées en ne retenant que les termes du plus haut degré en ω.

On définit la célérité c d'une onde de phase comme au n° 3-2. Elle est égale à l'inverse du module de $\nabla\varphi$. En effet la forme linéaire $\varphi_{,i}\, dx_i - dt$ s'annulant en même temps que la forme $n_i\, dx_i - \tau\, dt$, on a :

$$\varphi_{,i} = \frac{n_i}{c}$$

Pour une perturbation $\hat{u}$ dont l'intensité décroît comme ω^{-n}, $n \geqslant 1$ quand ω tend vers l'infini, on a :

$$\dot{\hat{u}} = p\ \hat{u} \qquad\qquad p = -a + i\omega$$

† Tel est le cas lorsqu'on a une perturbation complexe représentée par une intégrale en $d\omega$ formée à partir des solutions 3-16-1.

$$\hat{u}_{,i} = \left(\frac{\partial u_\omega}{\partial x_i} - p\, u_\omega \frac{\partial \varphi}{\partial x_i}\right) e^{p(t - \varphi)}$$

donc, en ne retenant que le terme en $p\, u_\omega$:

$$\hat{u}_{,i} = - p\, \hat{u}\ \varphi_{,i}$$

Par conséquent $\exists\ \lambda$ tel que :

$$\hat{u}_{,i} = \lambda\, n_i \quad , \qquad \dot{\hat{u}} = - \lambda\, c \qquad \text{3-16-3}$$

et ceci est la transposition des relations de compatibilité 3-3-2.

Considérons alors une perturbation pour laquelle $\hat{\Delta}$ ou $\hat{v}$ sont d'ordre ω^{-n} , $n \geqslant 1$. D'après l'équation de continuité :

$$\rho \text{ dét } F = \rho_o$$

d'où :

$$\hat{\rho} + \rho_o \operatorname{div} \hat{\xi} = 0 \qquad \text{3-16-4}$$

il en est de même de $\hat{\rho}$. Cette équation 3-16-4 dérivée par rapport à t, donne, en remplaçant $\operatorname{div} \hat{v}$ par $-\frac{n_i \hat{a}_i}{c}$ d'après 3-16-3 :

$$\dot{\hat{\rho}} = \rho_o \frac{n_i\, \hat{a}_i}{c} \qquad \text{3-16-5}$$

transposition de l'équation 3-7-2.

Les équations dynamiques s'écrivent :

$$\hat{\sigma}_{ij,j} = \rho_o\, \hat{a}_i$$

ou, en utilisant les relations 3-16-3 :

$$\dot{\hat{\sigma}}_{ij}\, n_j = - \rho_o\, c\, \hat{a}_i \qquad \text{3-16-6}$$

transposition de 3-7-4.

L'équation de l'énergie donne :

$$\rho_o \left(\operatorname{tr}\left(\frac{\partial U}{\partial \Delta} \dot{\hat{\Delta}}\right) + \frac{\partial U}{\partial T} \dot{\hat{T}}\right) = \operatorname{tr}(\sigma_o\, \dot{\hat{\Delta}}) - \operatorname{div} \hat{q} \qquad \text{3-16-7}$$

Si le milieu est conducteur :

$$\operatorname{div} \hat{q} = - K_{ij}\, \hat{T}_{,ij}$$

$\hat{T}_{,ij}$ étant prépondérant vis-à-vis de $\dot{\hat{T}}$, 3-16-7 montre que $\dot{\hat{T}}$ est de l'ordre de $\hat{\Delta}$ ou $\hat{T}$ de l'ordre de $\omega^{-(n+1)}$. Ceci correspond au 1er théorème de Duhem.

Si le milieu est non conducteur, en utilisant Δ , S (entropie) comme variables au lieu de Δ , T , l'équation de l'énergie devient :

$$\rho_o \left[\left(\frac{\partial U(\Delta,S)}{\partial \Delta_{ij}}\right)_o - \sigma^o_{ij} \right] \hat{\dot{\Delta}}_{ij} + \left(\frac{\partial U}{\partial S}\right)_o \hat{\dot{S}} = 0 \qquad 3\text{-}16\text{-}8$$

On a éliminé au départ le cas des déformations instantanées irréversibles. Alors le 1er terme du 1er membre de 3-16-8 est nul. Il en résulte $\hat{\dot{S}}$ est, non pas nul, mais de l'ordre des quantités négligées en écrivant le 1er terme, c'est-à-dire de l'ordre de $\hat{\ddot{\Delta}}$, ou $\hat{S}$ de l'ordre de $\omega^{-(n+1)}$. Ceci correspond au 2ème théorème de Duhem.

Venons-en aux relations de comportement. Pour une valeur donnée de ω , on peut écrire :

$$\hat{\Delta}_i = L_{ij}(\omega)\, \hat{\sigma}_j + b_i(\omega)\, \hat{T} \qquad 3\text{-}16\text{-}9$$

La matrice L n'est pas toujours régulière (par suite de résonances internes, certaines fréquences *ne passent pas*). En particulier ceci peut avoir lieu pour ω infini. De toute manière, en utilisant les relations 3-16-9 et les équations dynamiques 3-16-6 on montre que si m , rang de la matrice L , est supérieur à 3, le tenseur des contraintes $\hat{\sigma}$ est du même ordre que $\hat{\Delta}$ (soit ω^{-n}) et il y a m-3 ondes. Si $m \leqslant 3$ il n'y a plus d'ondes harmoniques de pulsation infinie. Tel est par exemple le cas pour le fluide visqueux ; le calcul montre que, lorsque ω augmente indéfiniment, il en est de même de la célérité et de l'amortissement des ondes harmoniques ; elles ne peuvent donc pas subsister, elles disparaissent immédiatement.

Toutes les équations ont maintenant été passées en revue. La possibilité d'assimiler une onde de discontinuité à une onde harmonique de pulsation infinie est établie.

BIBLIOGRAPHIE

1. Hadamard J., *Leçons sur la propagation des ondes et les équations de l'hydrodynamique*, Gauthier-Villars, Paris, 1903.
2. Clements D.L. et Rogers C., Int. J. Solids Structures, vol. 10, 661-669, 1974.
3. Chadwick P., Thermoelasticity. The dynamic theory dans *"Progress in solid mechanics"*, vol. I, 265, 1960.
4. Chadwick P. et Sneddon I.N., J. Mech. Phys. Solids, 6, 223, 1958.
5. Mandel J., C.R. Acad. Sc., Paris, t. 264 A, 133, 1967.
6. Mandel J., *Introduction à la mécanique des milieux continus déformables*, P W N Varsovie, 1974.
7. Mandel J., C.R. Acad. Sc., Paris, t. 270 A, 399 et 1535, 1970.
8. Coleman B.D. et Gurtin M.E., Arch. Rat. Mech. Anal., vol. 19, 22, 1965.
9. Mandel J., Thermodynamics and plasticity dans *"Foundations of continuum thermodynamics"*, Mac Millan 1974.
10. Mandel J., C.R. Acad. Sc., Paris, t. 278 A, 1143, 1974.
11. Mandel J., J. Mech. Phys. Solids, vol. 17, 125, 1969.
12. Mandel J. et Brun L., J. Mech. Phys. Solids, vol. 16, 33, 1967.
13. Musgrave M.J.P., *Crystal acoustics*, Holden Day Series in Mathematical Physics, Holden Day, San Francisco 1970.
14. Ting T.C.T., p. 84 in *Mechanics of Viscoelastic Media*, Springer 1975.
15. Hill R., Chapitre VI dans *"Progress in solid mechanics"*, vol. II, 1961.
16. Varley E., Arch. Rational Mech. Anal., vol. 19, 215, 1965.
17. Coleman B.D. et Gurtin M.E., Arc. Rational Mech. Anal., vol. 19, 239, 1965.

ONDES DE CHOC FINIES
DANS
LES SOLIDES ELASTIQUES

Louis BRUN
Commissariat à l'Energie Atomique
Centre d'Etudes de Limeil
Boîte Postale 27
94190 Villeneuve-Saint-Georges (France)

INTRODUCTION

Convenons d'appeler "multiplicité d'Hugoniot" l'ensemble $\mathcal{H}$ des états instantanément accessibles au départ d'un état *donné*, par ondes de choc mécaniques de direction de propagation également *donnée*. Si le matériau est un fluide parfait, $\mathcal{H}$ dépend des deux seuls paramètres, la masse volumique ρ et l'entropie massique S par exemple, qui fixent l'état amont, mais $\mathcal{H}$ ne dépend pas de la direction de propagation $\mathbf{n}$. L'image de $\mathcal{H}$ que décrit l'extrémité du vecteur vitesse - baptisons la "profil cinématique" - est une demi-droite parallèle à $\mathbf{n}$. Le cas du solide élastique, auquel est consacré cette monographie, est, dans l'ensemble, nettement plus complexe : la multiplicité d'Hugoniot dépend de l'état amont par 7 paramètres. Elle en dépend encore par 4 paramètres dans l'hypothèse d'isotropie du solide. Quant au profil cinématique, il se compose généralement de 3 branches distinctes issues de l'origine tangentiellement aux directions acoustiques, et il se déforme lorsque $\mathbf{n}$ tourne....

En 1920, plusieurs Notes aux Comptes-Rendus de E. Jouguet[1-4] établissent les équations fondamentales des chocs dans les solides élastiques non conducteurs, ainsi que les premiers résultats sur les chocs faibles. Après une longue éclipse la théorie prend un nouveau départ, dont témoignent, entre autres, des articles de D.R. Bland[5,6], W.D. Collins[7,8], L. Davison[9] et G. Duvaut[10,11]. La théorie des ondes de choc en solide élastique conducteur n'a pas enregistré, tant s'en faut, les mêmes progrès. Les références qui paraissent, aujourd'hui encore, les plus proches du sujet ont trait au problème voisin du mouvement des fluides conducteurs. Ce problème a bénéficié de nombreuses recherches, à commencer par le classique mémoire de Rayleigh[12] sur les ondes stationnaires. L'ouvrage de Zel'dovitch et Raizer[13] en donne une vision d'ensemble fort utile.

Le présent travail est issu d'un cours professé à l'Ecole d'Eté d'Udine sous l'égide du Centre International des Sciences Mécaniques. Il est divisé en 4 chapitres. Le premier chapitre expose le formalisme et les notions générales nécessaires à la suite. Nous apportons un soin particulier à la description Lagrangienne des mouvements par ondes planes et des ondes stationnaires, en raison de leur importance tant expérimentale que théorique.

Les chapitres II et III étudient le solide élastique non conducteur. Après avoir établi les équations différentielles de $\mathcal{H}$ (ici "adiabatique dynamique"), nous démontrons l'équivalence deux à deux dans le cas des chocs faibles des trois conditions : respect du second principe, choc subsonique aval, supersonique amont. Le reste du second chapitre est consacré au solide isotrope. La discussion de l'aptitude du solide à propager un type de discontinuité non dissipative du 1er ordre qui n'existe pas chez les fluides, le pseudo-choc, met au jour deux classes remarquables de solides : Si le solide est "simple" (l'énergie interne massique U ne dépend, en dehors de S, que de ρ et de la trace I_1 du tenseur de Cauchy à droite), le profil cinématique comprend un cercle. S'il est en outre "développable" [U satisfait identiquement l'équation aux dérivées partielles : $\partial U/\partial\rho - F(\partial U/\partial I_1) \equiv 0$], le profil cinématique comprend une sphère.

Le chapitre III introduit le point de vue global, avec le rappel du concept d'onde simple plane et l'application sommaire au cas où l'onde se propage "sur une configuration isotrope" d'un solide isotrope. La seconde partie du chapitre fait une large place aux considérations de stabilité. S'y trouve énoncée une *condition d'évolution* (C.E) qui impose à toute discontinuité "forte" que le *résultat de son interaction avec une discontinuité faible arbitraire existe et soit unique*. Cette condition, plus générale que celles proposées dans le même esprit par Lax, Jeffrey et Tanuiti etc., s'applique indépendamment du type du système d'équations qui régissent le mouvement. Auparavant, la discussion des possibilités de choc longitudinal fini, reprise à la base dans la section 13, a établi la supériorité des arguments de stabilité sur les arguments traditionnels de thermodynamique. L'exemple des ondes planes centrées longitudinales dans un matériau complexe démontre, à son tour, les limites de la C.E. et l'utilité du concept d'"indicatrice" dans la perspective d'une délimitation de l'adiabatique dynamique. D'où l'idée d'étendre ce concept aux ondes planes non longitudinales, puis d'imposer que le processus de formation du choc obéisse à un schéma continu et causal. La *condition de formation continue* (C.F.C.) stipulera donc que *l'adiabatique dynamique fait partie de l'indicatrice*. Une conséquence importante de cette conjecture est que les célérités des chocs correspondant aux diverses branches de $\mathcal{H}$ couvrent des intervalles disjoints. C'est ainsi que la célérités d'un choc quasi-transversal principal, partant son amplitude, sont nécessairement bornées. La conjecture précédente s'étend à tous les systèmes hyperboliques quasilinéaires de lois de conservation.

Le chapitre IV porte sur le solide élastique conducteur défini. Nous établissons que les célérités acoustiques adiabatiques ne sont pas inférieures aux célérités isothermes de même rang. Nous retrouvons ensuite, à partir de la C.E., l'analogue pour la multiplicité d'Hugoniot (ici "isotherme dynamique") des propriétés établies au chapitre III dans l'approximation adiabatique. C'est, à notre connaissance, le premier exemple de mise en oeuvre d'arguments de stabilité des chocs à propos de systèmes d'équations de type mixte hyperbolique - parabolique. La fin du chapitre aborde la question des ondes stationnaires. Si la structure de l'onde longitudinale faible est toujours continue, le contre-exemple de l'onde quasi-transversale est la preuve que la conduction thermique ne suffit pas toujours à étaler continûment un choc adiabatique, ce dernier fût-il infiniment faible.

Cette étude ne prétend pas refléter, dans toutes les directions, l'état actuel des connaissances sur les chocs dans les solides élastiques. Des sujets tels que l'interaction des chocs, leur transmission aux interfaces ne sont pas abordés. Sur certains aspects des problèmes globaux avec chocs, que le chapitre III est loin de couvrir, nous renvoyons le lecteur à Collins[8], Duvaut[11] etc...

Notations. Nous appliquons généralement la convention de sommation des indices muets. Nous étendons cette convention au cas où les indices sont répétés 3 fois. Exemple : $\Gamma_i N_i \lambda_i$ pour $\sum_{i=1}^{3} \Gamma_i N_i \lambda_i$.

Les δ_{ij} sont les symboles de Kronecker (1 si $i = j$, 0 si $i \neq j$)

Vecteurs et tenseurs sont représentés en caractères gras.

Le signe "■" marque la fin d'une démonstration.

L'abréviation (s.s.) signifie : sans sommation.

CHAPITRE I
GENERALITES SUR LA REPRESENTATION DU MOUVEMENT

1 Point de vue eulérien

1-1 Equations continues du mouvement

Le mouvement est observé dans un repère galiléen. Le repère est rapporté à un système de coordonnées rectangulaires x_i, $i = 1,2,3$. Aux principes de conservation globale de la matière, de la quantité de mouvement et de l'énergie correspondent, en tout point de dérivabilité des grandeurs en jeu, les équations locales :

$$\dot{\rho} + \rho v_{i,i} = 0, \tag{1.1}$$

$$\rho \dot{v}_i - \sigma_{ij,j} - \rho f_i = 0, \tag{1.2}$$

$$\rho \dot{U} - \sigma_{ij}\, v_{i,j} + q_{j,j} - \rho r = 0. \tag{1.3}$$

Par combinaison, on en déduit la forme équivalente à (1.3)

$$\rho\frac{d}{dt}(U + \frac{1}{2}\,|\mathbf{v}|^2) + (-v_i\sigma_{ij} + q_j)_{,j} - \rho f_i v_i - \rho r = 0. \tag{1.4}$$

$\boldsymbol{\sigma} = (\sigma_{ij})$ est le tenseur de Cauchy, ρ la masse volumique, $\mathbf{v}$ vitesse, U l'énergie interne massique, $\mathbf{q}$ le flux de chaleur par conduction tel que la puissance calorifique traversant l'élément d'aire unité dans le sens de la normale $\mathbf{n}$ soit $\mathbf{q}.\mathbf{n} = q_n$. Aux chapitres suivants la force $\mathbf{f}$ et la puissance r déposée par unité de masse seront supposées nulles ou négligeables. Les notations $\frac{\partial}{\partial x_j}(\ ) \equiv (\ )_{,j}$, $\frac{d}{dt}(\ ) \equiv (\dot{\ }) \equiv (\frac{\partial}{\partial t} + v_i\,\frac{\partial}{\partial x_i})(\ )$ sont classiques.

Les équations précédentes se mettent encore sous la forme "divergence" :

$$\frac{\partial\rho}{\partial t} + (\rho v_i)_{,i} = 0, \tag{1.5}$$

$$\frac{\partial}{\partial t}\,(\rho v_i) + (\rho v_i v_j - \sigma_{ij})_{,j} - \rho f_i = 0, \tag{1.6}$$

$$\frac{\partial}{\partial t}(\rho(U + \frac{1}{2}|\mathbf{v}|^2)) + (\rho(U + \frac{1}{2}\,|\mathbf{v}|^2)v_j - v_i\sigma_{ij} + q_j)_{,j} - \rho f_i v_i - \rho r = 0. \tag{1.7}$$

1-2 Relations de saut

Supposons que le modèle de comportement autorise des discontinuités de certaines des grandeurs introduites précédemment à la traversée de surfaces h_t d'équation :

$$\phi\ (\mathbf{x},t) = 0.$$

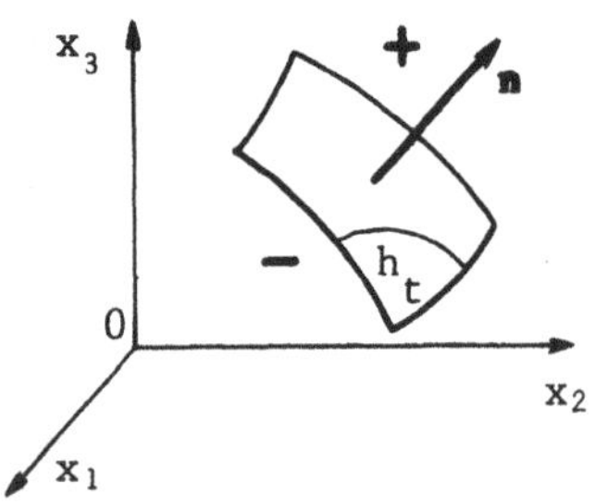

Fig. 1

Au point $\mathbf{x} \in h_t$ nous choisissons une normale unitaire $\mathbf{n}$ orientée du (-) vers le (+). Il n'y a pas à ce stade de direction privilégiée de normale. On peut toujours supposer, en changeant ϕ en $-\phi$ si nécessaire que :

$$\mathbf{n} = |\nabla_{\mathbf{x}}\phi|^{-1}\ \nabla_{\mathbf{x}}\phi.$$

Notons respectivement :

$$W = \mathbf{n}.\ \frac{d\mathbf{x}}{dt} = -\ |\nabla_{\mathbf{x}}\phi|^{-1}\ \frac{\partial\phi}{\partial t}\ ,$$

$$[G] = G^- - G^+,$$

la vitesse algébrique de l'intersection de la surface d'onde avec la normale et le saut de la grandeur G, supposée localement continue, de part et d'autre de h_t.

Divers procédés existent pour écrire les relations de saut associées aux équations d'évolution : raisonnement physique dans le repère du choc dans l'approximation du régime quasi-permanent, recours à la notion de surface de contrôle (voir, par exemple, J. Mandel[14]). Ce dernier procédé, rigoureux, montre qu'à l'expression locale :

$$\frac{\partial g}{\partial t} + f_{i,i} + h = 0, \qquad (1.8)$$

d'une loi de conservation correspond la condition de saut :

$$[\mathbf{f}\ .\ \mathbf{n}] = W\ [g]. \qquad (1.9)$$

Posons :

$$c_D^{\pm} = W - \mathbf{v}^{\pm}.\mathbf{n}\ ,$$

$$\boldsymbol{\sigma}_n = \boldsymbol{\sigma}\ .\mathbf{n}\ ,$$

contrainte sur la facette de normale $\mathbf{n}$. L'application de la formule précédente aux équations (1.5-7) donne successivement les 3 relations de saut :

$$(\rho c_D)^+ = (\rho c_D)^- = \mu, \tag{1.10}$$

$$\mu\ [\mathbf{v}] + [\boldsymbol{\sigma}_n] = 0, \tag{1.11}$$

$$\mu\ [\,U + \frac{1}{2}\,|\mathbf{v}|^2\,] = -\,[\,\mathbf{v}\,.\,\boldsymbol{\sigma}_n\,] + [\,q_n\,]\,. \tag{1.12}$$

Le signe de μ dépend du sens de $\mathbf{n}$. Nous levons maintenant l'arbitraire sur le choix de $\mathbf{n}$ en imposant la condition

$$\mu > 0. \tag{1.13}$$

Le vecteur $\mathbf{n}$ définit alors la "direction de propagation" de l'onde. Les grandeurs positives $c_D^{\pm}$ deviennent les "célérités" de l'onde par rapport à la matière dans les états (+) ou (-) ; l'onde pénètre dans la matière du côté (+) ou côté "amont", le côté (-) devient l'"aval" ; μ est le débit de matière. Enfin, le scalaire W devient la "vitesse de déplacement" de l'onde. Son signe est a priori quelconque. Lorsqu'il existe un repère galiléen dans lequel W = 0 à tout instant et en chaque point, l'onde est dite "stationnaire".

Les deux premières relations de saut n'introduisent que des discontinuités indépendantes du repère. Il n'en va pas de même de la dernière. En vertu du principe d'objectivité, celle-ci doit rester invariante, lorsque l'on change $\mathbf{v}$ en $\mathbf{v} + \mathbf{w}$ sans toucher aux autres grandeurs. Choisissons en particulier : $\mathbf{w} = -\,2\bar{\mathbf{v}}$, où la notation : $\bar{G} = \frac{1}{2}\,(G^- + G^+)$ désigne la moyenne de G. Cette opération revient à changer $\mathbf{v}^{\pm}$ en $-\,\mathbf{v}^{\mp}$. Par conséquent :

$$\mu\,[\,U - \frac{1}{2}\,|\mathbf{v}|^2\,] = \mathbf{v}^+\,.\,\boldsymbol{\sigma}_n^- - \mathbf{v}^-\,.\,\boldsymbol{\sigma}_n^+ + [\,q_n\,], \tag{1.14}$$

relation qui équivaut à la relation de conservation de l'énergie (1.12). En voici deux applications immédiates :

- On ajoute membre à membre (1.12) et (1.14) :

$$\mu\,[\,U\,] = -\,[\,\mathbf{v}\,]\,.\,\bar{\boldsymbol{\sigma}}_n + [\,q_n\,]. \tag{1.15}$$

Il ne reste plus que des quantités objectives. C'est l'extension à un corps quelconque de la *relation d'Hugoniot* des gaz parfaits.

- On se place dans le repère coïncidant de l'état (+) : $\mathbf{v}^+ = \mathbf{0}$.

Alors :

$$\mu\,([\,U\,] - \frac{1}{2}\,|\mathbf{v}^-|^2) = -\,\mathbf{v}^-\,.\,\boldsymbol{\sigma}_n^+ + [\,q_n\,]\,. \tag{1.16}$$

Cette formule permet de comparer les sauts d'énergies interne et cinétique, lorsque le choc pénètre dans un corps au repos. Pour prendre l'exemple du fluide parfait non conducteur : $\boldsymbol{\sigma}_n^+ = - p^+ \mathbf{n}$ (p : pression) $\mathbf{q} = \mathbf{0}$, on sait que la mise en mouvement s'effectue dans la direction de propagation ($\mathbf{v}^- . \mathbf{n} > 0$) : le fluide gagne au moins autant d'énergie interne que d'énergie cinétique.

Autre exemple. Le choc est "transparent" : $[q_n] = 0$, et se propage dans une direction de contrainte nulle : $\boldsymbol{\sigma}_n^+ = \mathbf{0}$. Dans ce cas l'énergie s'équipartit et l'énergie interne augmente.

Remarque : nous laisserons de côté la "discontinuité de contact" : $\mu = 0$. Ce n'est pas une onde mécanique puisqu'elle ne se propage pas par rapport à la matière ($c_D^\pm = 0$). Nous verrons que le débit à travers une onde n'est jamais inférieur à la quantité $(\rho c)^+$, où c^+ est une célérité acoustique. On ne passe donc pas continûment de l'onde de discontinuité à la discontinuité de contact ; les deux types de discontinuité sont irréductibles l'un à l'autre.

1-3 Discontinuité longitudinale, transversale.

Par définition, le saut de vitesse à travers une discontinuité "longitudinale" est normal à la surface d'onde : $[\mathbf{v}] \times \mathbf{n} = \mathbf{0}$. La relation (1.11) et celles qui précèdent montrent que, dans un fluide parfait, toute discontinuité est longitudinale et s'accompagne nécessairement d'un saut de densité.

Par contraste, le saut de vitesse qui accompagne une discontinuité "transversale" est tangent à la surface d'onde : $[\mathbf{v}] . \mathbf{n} = 0$ et la densité continue : $[\rho] = 0$. Inversement, toute discontinuité à l'intérieur d'un corps obéissant au schéma limite incompressible est transversale. Ce type de discontinuité se rencontre également dans des solides compressibles sous le nom de pseudo-choc (cf. chapitre II).

2 Point de vue lagrangien

2-1 Equations du mouvement continu

Effectuons le changement de variables, quelconque pour commencer :

$$x_i = \chi_i(\mathbf{X}, T) \qquad t = T, \tag{2.1}$$

où $\mathbf{X}$ désigne le triplet X_α, $\alpha = 1,2,3$. On suppose positif le jacobien $D\mathbf{x}/D\mathbf{X}$ de l'application : $\mathbf{X} \to \mathbf{x}$. Nous nous appuierons sur l'identité fondamentale de la divergence :

$$a_{i,i} \equiv \frac{D\mathbf{X}}{D\mathbf{x}} \left(\frac{D\mathbf{x}}{D\mathbf{X}} X_{\alpha,i} a_i\right)_{,\alpha} , \tag{2.2}$$

au premier membre de laquelle les a_i sont fonctions de $\mathbf{x}$, tandis que la parenthèse est considérée comme fonction de $\mathbf{x}$. En outre : $(\ )_{,\alpha} = (\ )/\partial X_\alpha$. Manifestement cette identité équivaut à :

$$\left(\frac{D\mathbf{x}}{D\mathbf{X}} X_{\alpha,i}\right)_{,\alpha} \equiv 0, \qquad i = 1,2,3. \tag{2.3}$$

Appliquée à l'équation de continuité sous la forme (1.1) en tenant compte de (2.2) et (2.3), la transformation (2.1) conduit à une relation simple(1). Si l'on suppose que :

$$\dot{\mathbf{X}} = \mathbf{0}, \tag{2.4}$$

cette relation se réduit à l'équation différentielle

$$\frac{\partial}{\partial T} \left(\rho \frac{D\mathbf{x}}{D\mathbf{X}}\right) = 0,$$

qui s'intègre :

$$\rho \frac{D\mathbf{x}}{D\mathbf{X}} = \rho\ (\mathbf{X}) = \rho_{\mathbf{X}} . \tag{2.5}$$

L'hypothèse (2.4) revient à dire que $\mathbf{X}$ est constant pour une particule matérielle fixée : les X_α sont *les variables de Lagrange* ; $\rho_{\mathbf{X}}$ est la "densité" dans la configuration lagrangienne (ou fixe) de référence $(\mathbf{X})$. On peut du reste toujours paramétrer cette dernière pour que la densité y soit uniforme, et cela sans modifier le groupe d'isotropie du corps. Nous supposerons donc désormais, sans restreindre la généralité, que :

$$\rho_{\mathbf{X}} = C^{te}. \tag{2.6}$$

Les équations (1.2) de la dynamique et (1.4) de l'énergie se transforment sans difficulté à partir de l'identité de la divergence. Si l'on

(1) $(\partial/\partial T)\ (\rho D\mathbf{x}/D\mathbf{X}) + (\rho D\mathbf{x}/D\mathbf{X}\ \dot{X}_\alpha)_{,\alpha} = 0.$

pose :

$$B_{i\alpha} = \frac{1}{\rho} X_{\alpha,j}\sigma_{ij}, \tag{2.7}$$

$$\varphi_\alpha = \frac{1}{\rho} X_{\alpha,j}\, q_j, \tag{2.8}$$

et que l'on revienne à la notation t pour le temps, elles s'écrivent :

$$\frac{\partial}{\partial t} v_i - B_{i\alpha,\alpha} - f_i = 0, \tag{2.9}$$

$$\frac{\partial}{\partial t} (U + \frac{1}{2} |v|^2) + (-v_i B_{i\alpha} + \varphi_\alpha)_{,\alpha} - f_i v_i - r = 0. \tag{2.10}$$

Par combinaison on a encore la forme équivalente :

$$\dot{U} - B_{i\alpha}\dot{X}_{i,\alpha} + \varphi_{\alpha,\alpha} - r = 0. \tag{2.11}$$

Le tenseur dissymétrique $\mathbf{B}$ est lié au classique tenseur de Boussinesq $\mathscr{B}$ (first Piola-Kirchhoff stress tensor) par la relation :

$$\mathbf{B} = \frac{1}{\rho_X} \mathscr{B}.$$

Définis localement sur le produit des variétés linéaires tangentes en deux points homologues $\mathbf{x}, \mathbf{X}$, ces tenseurs sont à cheval sur l'espace physique et la configuration matérielle.

2-3 Relations de saut

A la surface d'onde h_t correspond par l'application (2.1) la surface H_t, mobile dans la configuration fixe, d'équation :

$$t = \phi\ (\mathbf{X}).$$

Vu que : $D\mathbf{x}/D\mathbf{X}^{\pm} \neq 0$ l'application est un homéomorphisme local de *part et d'autre de* H_t. Nous choisissons :

$$\mathbf{N} = |\nabla_X \phi|^{-1} \nabla_X \phi \tag{2.12}$$

pour normale unitaire à H_t. Le scalaire

$$c_D = |\nabla_X \phi|^{-1} = \mathbf{N}.\frac{d\mathbf{X}}{dt} > 0, \tag{2.13}$$

où $\mathbf{X}$ est un point qui accompagne l'onde dans son déplacement, définit la *célérité de l'onde* dans la configuration $(\mathbf{X})$; $\mathbf{N}$ devient la direction de

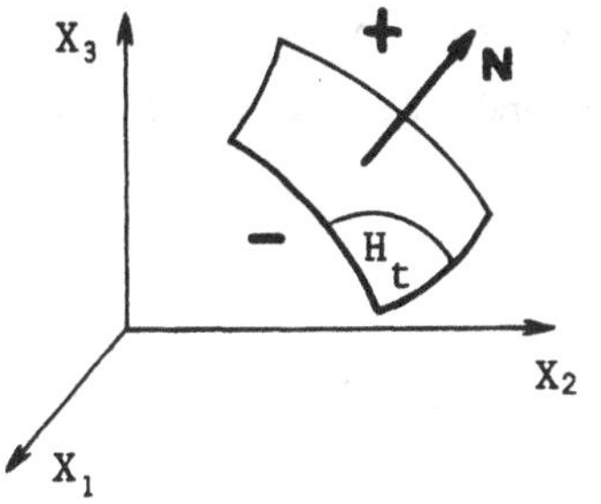

Fig. 2

propagation qui détermine des côtés (+) et (-). La condition : $D\mathbf{x}/D\mathbf{X} > 0$ assure l'accord avec la définition antérieure des côtés (+) et (-) de h_t(2).

Aux équations (2.9-10), qui ont la forme "divergence", sont associées les relations de saut :

$$c_D\,[v_i] = -\,[B_{i\alpha}N_\alpha], \tag{2.14}$$

$$c_D\,[U] = -\,[v_i]\,\overline{B_{i\alpha}}\,N_\alpha + [\varphi_N]. \tag{2.15}$$

Nous pouvons, une fois de plus, nous appuyer sur l'invariance galiléenne pour déduire de (2.10) la dernière formule.

La continuité du déplacement se traduit par les conditions de compatibilité :

$$c_D\,[x_{i,\alpha}] = -\,[v_i]\;N_\alpha. \tag{2.16}$$

Posons :

$$F_i^\pm = x_{i,\alpha}^\pm N_\alpha, \tag{2.17}$$

$$b_i^\pm = B_{i\alpha}^\pm N_\alpha. \tag{2.18}$$

On obtient, pour finir, les relations de saut :

$$c_D^2\,[\mathbf{F}] = [\mathbf{b}], \tag{2.19}$$

$$[U] = [\mathbf{F}].\overline{\mathbf{b}} + c_D^{-1}\,[\varphi_{\mathbf{N}}]. \tag{2.20}$$

Les vecteurs $\mathbf{F}^\pm$ sont images dans l'espace physique du vecteur matériel $\mathbf{N}$ immédiatement avant ou après le passage de l'onde. La *polarisation* $[\mathbf{F}]$ s'identifie à un facteur près, qui ne dépend que de la configuration de référence fixe, au vecteur objectif $-[\mathbf{v}]$. Les formules précédentes relient les sauts de contrainte et de déformation et ne font plus apparaître de quantité relative au mouvement. Elles se prêteront donc naturellement à l'introduction de la loi de comportement.

(2) La propriété $\mathbf{n}.d\mathbf{x} = 0 \leftrightarrow \mathbf{N}.d\mathbf{X} = 0$ donne les formules de passage :

$$\mathbf{N} = (|\nabla_{\mathbf{X}}\,\mathbf{x}.\mathbf{n}|^{-1}\;\nabla_{\mathbf{X}}\mathbf{x}.\mathbf{n})^\pm, \quad = (|\nabla_{\mathbf{x}}\mathbf{X}.\mathbf{N}|^{-1}\;\nabla_{\mathbf{x}}\mathbf{X}.\mathbf{N})^\pm$$

3 Chocs et pseudo-chocs

Toute discontinuité qui obéit aux relations de saut n'est pas acceptable. Elle doit en premier lieu satisfaire le second principe, d'expression lagrangienne locale (S : entropie massique) :

$$\dot{S} + (T^{-1}\varphi_\alpha)_{,\alpha} - T^{-1}\, r \geqslant 0. \qquad (3.1)$$

Le procédé de la surface de contrôle lui associe l'inégalité de saut :

$$[S] - c_D^{-1}\, [T^{-1}\varphi_N] \geqslant 0. \qquad (3.2)$$

Nous conviendrons d'appeler "choc" une discontinuité qui, correspondant à l'inégalité stricte, suppose l'intervention de mécanismes dissipatifs. Le "pseudo-choc", non dissipatif, correspondra à l'égalité.

Des arguments de stabilité imposent par ailleurs à c_D des contraintes de genre :

$$c_D \geqslant c^+, \qquad (3.3)$$

$$c_D \leqslant c^-, \qquad (3.4)$$

où $c^\pm$ désignent des célérités acoustiques convenables. Il est remarquable que dans le domaine des discontinuités de faible intensité il y ait équivalence deux à deux de ces inégalités et de l'inégalité du second principe (voir 6-3 et 19-1).

Lorsque le contexte les rattache à un système d'équations hyperboliques quasilinéaires, (3.3-4) portent le nom d'"inégalités de Lax". On les appelle parfois aussi "conditions d'évolution". Nous verrons (15-1 et 19-2) comment les étendre à des systèmes non complètement hyperboliques, tel celui qui décrit le solide élastique conducteur défini, en formulant convenablement l'exigence de stabilité.

Les exemples examinés confirmeront le fait, maintenant bien connu, que les conditions d'évolution sont plus contraignantes que l'inégalité du second principe. Cependant, les conditions d'évolution sont à leur tour insuffisantes. En invoquant un principe assez naturel de formation continue et causale des chocs, nous obtiendrons des délimitations supplémentaires intéressantes (section 16).

4 Ondes planes et mouvements permanents

Ces deux types de perturbations se propagent dans des corps homogènes. Un corps est "homogène" s'il existe une configuration fixe de référence ($\mathbf{X}$) dans laquelle ses propriétés ne dépendent pas de $\mathbf{X}$.

4-1 L'onde plane

Dans une onde plane la trajectoire d'une particule est de la forme :

$$x_i = \Gamma_{i\alpha} X_\alpha + \xi_i(X,t), \tag{4.1}$$

$$X = N_\alpha X_\alpha, \tag{4.2}$$

tandis que les grandeurs présentes dans les équations lagrangiennes du mouvement ne dépendent que de $\mathbf{X}$ et de t. Naturellement, la condition : $D\mathbf{x}/D\mathbf{X} > 0$ doit être satisfaite. On peut toujours supposer (3), si nécessaire, que :

$$\text{Dét } (\Gamma_{i\alpha}) \neq 0. \tag{4.3}$$

Le vecteur $\mathbf{N}$ est la "direction de propagation" de l'onde par rapport à la matière.

La propriété de définition (4.1-2) n'est valable que dans un certain système de variables lagrangiennes et ceux qui s'en déduisent par transformation affine. Ainsi, rapporté à la configuration (o) définie par les nouvelles variables :

$$x_i^{(o)} = \Gamma_{i\alpha} X_\alpha,$$

le mouvement s'écrit simplement :

$$x_i = x_i^{(o)} + \xi_i \, (x^{(o)},t),$$

où $\quad x^{(o)} = m_j x_j^{(o)}, \; m_j = N_\alpha \Gamma^{-1}_{\alpha j}, \; \Gamma^{-1}_{\alpha j}\Gamma_{j\beta} = \delta_{\alpha\beta}.$

En choisissant convenablement le repère cartésien du mouvement, on peut symétriser la matrice des $\Gamma_{i\alpha}$. La famille des ondes planes dépend

(3) ξ_i et $\Gamma_{i\alpha}$ sont définis à des termes $k_i X$ et $- k_i N_\alpha$ additifs près. On peut donc choisir k_i de façon à satisfaire (4.3).

dans ces conditions des 2 paramètres qui fixent la direction de propagation et, au plus, des 6 paramètres de déformation. Ce dernier nombre s'abaisse (4), lorsque la matière possède des symétries, si l'on convient d'identifier deux mouvements qui se correspondent dans un déplacement d'ensemble.

Les définitions eulérienne et lagrangienne sont équivalentes. En effet, la résolution de (4.1) par rapport aux X_α montre qu'en variables d'Euler les grandeurs physiques ne dépendent que de t et du scalaire $x = \mathbf{m}.\mathbf{x}$: On retrouve la définition eulérienne classique de l'onde plane. Inversement, aux termes de cette définition la vitesse $\mathbf{v}$ est de la forme : $\mathbf{v} = \mathbf{V}\ (t,\mathbf{x})$ soit, en choisissant l'axe des x_1 parallèle à $\mathbf{m}$:

$$v_1 = V_1\ (t,x_1) \qquad v_2 = V_2\ (t,x_1) \qquad v_3 = V_3\ (t,x_1).$$

Intégrons successivement chaque équation :

$$x_1 = \chi_1\ (t,X_1), \qquad x_i = X_i + \xi_i\ (t,X_1), \qquad i = 2,3.$$

Ces expressions sont de la forme (4.1). ■

Le vecteur $\mathbf{m}$ définit la direction de propagation de l'onde dans l'espace. L'onde plane est "longitudinale" lorsque la vitesse matérielle $\mathbf{v} = \dot{\boldsymbol{\xi}}$ est en tout point parallèle à $\mathbf{m}$. Elle est "transversale" lorsque : $\mathbf{v}.\mathbf{m} = 0$. Définitions qui rappellent celles données en 1-3. Cela n'a rien de surprenant si l'on convient d'assimiler l'onde de discontinuité à une onde plane d'épaisseur infinitésimale.

4-2 Le mouvement permanent ou stationnaire

Par définition de ce type de mouvement, il existe un repère galiléen R' et un vecteur $\mathbf{V}$ tels que dans le mouvement rapporté à R' les grandeurs attachées à l'onde ne dépendent de X et t que par la combinaison :

$$\mathbf{X}' = \mathbf{X} - t\mathbf{V}. \tag{4.4}$$

En particulier :

$$\mathbf{x}' = x'\ (\mathbf{X}') \qquad \text{avec } \frac{D\mathbf{x}'}{D\mathbf{X}'} > 0. \tag{4.5}$$

(4) jusqu'à 3 pour le solide isotrope (cf. chapitre III).

$\mathbf{V}$ est la vitesse de l'onde *dans la configuration fixe* ($\mathbf{X}$).

La définition n'est valable que dans la configuration ($\mathbf{X}$) et celles qui s'en déduisent par transformation affine.

Les équations de la dynamique [5]

$$V_\alpha v'_{i,\alpha} + B'_{i\alpha,\alpha} = 0 \tag{4.6}$$

se ramènent, compte tenu des relations :

$$v'_i + V_\alpha x'_{i,\alpha} = 0, \tag{4.7}$$

au système :

$$V_\alpha V_\beta x'_{i,\alpha\beta} - B'_{i\alpha,\alpha} = 0, \tag{4.8}$$

lequel ne comprend plus que des quantités liées aux déformations et aux contraintes. L'équation de l'énergie devient [5]

$$(V_\alpha(U + \frac{1}{2}\,|\mathbf{v}'|^2) + v'_i B'_{i\alpha} - \varphi_\alpha)_{,\alpha} = 0. \tag{4.9}$$

Aux relations générales de saut (2.19-20) vient s'adjoindre la condition cinématique :

$$c_D - \mathbf{V}\cdot\mathbf{N} = 0 \tag{4.10}$$

déduite de (4.7) et des conditions de compatibilité (2.16).

Après résolution de (4.5) par rapport à $\mathbf{X}'$, toutes les grandeurs s'expriment en fonction de $\mathbf{x}'$ seul par l'intermédiaire de $\mathbf{X}'$: on retombe sur la définition eulérienne classique du mouvement stationnaire.
Inversement, nous allons montrer qu'à tout mouvement permanent au sens eulérien on peut associer localement un triplet de variables lagrangiennes X_α et un vecteur $\mathbf{V}$ tels que : $\mathbf{x}' = \boldsymbol{\chi}'(\mathbf{X}')$. En d'autres termes

les définitions eulérienne et lagrangienne sont localement équivalentes.

En effet, sous réserve que $v'_1 \neq 0$ dans un voisinage du point x' considéré, on peut toujours décrire les trajectoires dans ce même voisinage par les formules :

$$x'_1 = x'_1 \qquad x'_2 = \chi_2\,(x'_1,\, X_2,\, X_3),\; x'_3 = \chi_3\,(x'_1, X_2, X_3). \tag{4.11}$$

---

(5) On suppose : $\mathbf{f} = \mathbf{0}$ et $r = 0$.

La famille des trajectoires dépend de deux paramètres X_2 et X_3 qui, gardant une valeur constante le long de chacune d'elles, jouent le rôle de variables de Lagrange. L'équation différentielle du mouvement :

$$\frac{dx'_1}{dt} = v'_1\ (x'_1,\ x'_2,\ x'_3) \tag{4.12}$$

va nous permettre à présent de préciser l'horaire de la trajectoire. Le report de (4.11) dans (4.12) nous ramène en effet à une équation du genre :

$$\frac{dx'_1}{dt} = \tilde{v}'_1\ (x_1,\ X_2,\ X_3). \tag{4.13}$$

Or, cette équation admet une intégrale de la forme :

$$x'_1 = f(X_1 - t,\ X_2,\ X_3), \tag{4.14}$$

où le paramètre X_1, constant le long de la trajectoire, tient lieu de troisième variable de Lagrange. Il suffit pour cela que la fonction $f(X'_1,X_2,X_3)$ satisfasse l'équation :

$$\frac{\partial f}{\partial X'_1} + \tilde{v}'_i\ (f,X_2,X_3) = 0$$

qui résulte de la substitution de (4.14) dans (4.13). L'ensemble (4.14) (4.11) est bien en accord avec la définition lagrangienne (4.5).■

Remarque : la continuité de la vitesse n'est pas indispensable au raisonnement : l'équivalence locale des deux définitions subsiste en présence de choc.

4-3 L'onde plane stationnaire

Elle participe à la fois de l'onde plane et du mouvement stationnaire. On peut donc lui associer un repère galiléen R' tel que dans la configuration homogène (**X**) on sait :

$$x'_i = \Gamma_{i\alpha} X'_\alpha + \xi_i\ (X') \tag{4.15a}$$

$$X' = \mathbf{N}.\mathbf{X}' \quad \mathbf{X}' = \mathbf{X} - t\mathbf{V}, \tag{4.15b}$$

les grandeurs dans l'onde ne dépendant que de X'. L'onde se propage à la vitesse $V = \mathbf{N}.\mathbf{V}$ dans la direction $\mathbf{N}$ par rapport à la configuration fixe.

Nous nous limiterons au seul cas intéressant où, à X fixé : $\lim_{t \to -\infty} \boldsymbol{\xi}(X') = \mathbf{0}$, soit encore :

$$\boldsymbol{\xi}(+\infty) = \mathbf{0} \tag{4.16}$$

L'onde vient alors *perturber un état uniforme*. Si l'on choisit le paramétrage de façon que : $\Gamma_{i\alpha} = \delta_{i\alpha}$, ce qui revient à indexer une particule par la position qu'elle occupait avant le passage de l'onde, il vient :

$$\mathbf{x}' = \mathbf{X}' + \boldsymbol{\xi}\,(X')$$

avec, naturellement, la condition :

$$\frac{D\mathbf{x}'}{D\mathbf{X}'} = 1 + \mathbf{N}.\,\frac{d}{dX'}\,\boldsymbol{\xi} > 0.$$

La définition eulérienne repose sur la variable :

$$x' = \mathbf{N}.\mathbf{x}'$$

liée à X' par : $x' = X' + \mathbf{N}.\,\boldsymbol{\xi}\,(X')$. Comme $dx'/dX' = D\mathbf{x}'/D\mathbf{X}'$, la correspondance entre x' et X' est bijective, et l'état dans l'onde ne dépend que de x'.

Dans les problèmes de *structure de choc* x' varie de $-\infty$ à $+\infty$, tandis que la densité, et par conséquent dx'/dX', varient entre des limites fixées. Il s'ensuit que l'onde est bien paramétrée sur toute son étendue par la variable X' variant de $-\infty$ à $+\infty$. De locale qu'elle était en 4-2 la représentation lagrangienne est devenue *globale*. Si l'on pose, en accord avec la notation ultérieure de la polarisation d'un choc :

$$\boldsymbol{\lambda} = \frac{d}{dX'}\,\boldsymbol{\xi}\,(X'), \qquad \boldsymbol{\lambda}\,(+\infty) = \mathbf{0}, \tag{4.17}$$

les équations de la structure s'écrivent simplement :

$$\mathbf{b} - V^2\boldsymbol{\lambda} = \mathbf{b}^+ \;\; (=\mathbf{b}(+\infty)) \tag{4.18}$$

$$U - \boldsymbol{\lambda}.\mathbf{b} + \frac{V^2}{2}\,|\boldsymbol{\lambda}|^2 - V^{-1}\varphi_N = U^+(=U(+\infty)) \tag{4.19a}$$

ou encore :

$$V^{-1}\varphi_{N^{\cdot}} = U - U^+ - \frac{1}{2}\boldsymbol{\lambda}.(\mathbf{b} + \mathbf{b}^+)^{\cdot} \tag{4.19b}$$

La dernière est combinaison des deux précédentes, lesquelles proviennent de l'intégration en X' de (4.8-9). Nous avons utilisé la condition d'équilibre à l'infini : $\boldsymbol{\varphi}\,(+\infty) = \mathbf{0}$

CHAPITRE II
- LE SOLIDE ELASTIQUE NON CONDUCTEUR -
POINT DE VUE LOCAL

5 Généralités sur le solide non conducteur

Sans porter atteinte à la généralité des résultats nous supposons dans toute la suite qu'il existe une configuration homogène de référence $(\mathbf{X})$.

5-1 Le comportement élastique

Il se caractérise par une énergie interne U, fonction du gradient de la transformation et de l'entropie :

$$U = U\,(\nabla_{\mathbf{X}}\mathbf{x}\ ;\ S), \tag{5.1}$$

dont contraintes et température dérivent par les formules :

$$B_{i\alpha} = \frac{\partial U}{\partial x_{i,\alpha}} \qquad T = \frac{\partial U}{\partial S}\ . \tag{5.2}$$

Si l'on suppose de plus le solide non conducteur

$$\boldsymbol{\varphi} = \mathbf{0}, \tag{5.3}$$

le modèle précédent est en accord avec l'inégalité fondamentale

$$B_{i\alpha}\dot{x}_{i,\alpha} + T\dot{S} - \dot{U} - T^{-1}\,\varphi_\alpha\, T_{,\alpha} \geqslant 0 \tag{5.4}$$

telle qu'elle résulte de la combinaison des deux principes (2.11) et (3.1).

L'hypothèse de non conduction qui se traduit par un système hyperbolique, donc particulièrement simple, est de nature à faciliter la compréhension des mécanismes de transfert d'énergie par voie inertielle. C'est une approximation légitime dans l'étude des régimes transitoires consécutifs à des sollicitations mécaniques rapides au cours desquels l'énergie thermique échangée avec l'extérieur reste relativement faible. On ne perdra pas de vue que ce modèle ne décrit pas convenablement le retour à l'équilibre, puisqu'il s'accomode de températures non uniformes dans l'état de repos. Il ne rend pas compte non plus de ceux des régimes transitoires rapidement variables au cours desquels la conduction joue un rôle moteur.

5-2 Le tenseur acoustique

En l'absence de force de masse et du terme de dépôt d'énergie r le report des hypothèses ci-dessus dans les équations du mouvement continu (2.9) et (2.11) donne :

$$\ddot{x}_i - \frac{\partial^2 U}{\partial x_{i,\alpha} \partial x_{j,\beta}} x_{j,\alpha,\beta} - \frac{\partial T}{\partial x_{i,\alpha}} S_{,\alpha} = 0,$$

$$\dot{S} = 0. \tag{5.5}$$

La nature de ce système de 4 équations aux 4 inconnues x_i, S est sous la dépendance du *tenseur acoustique* $\mathbf{Q}$ relatif à la direction $\mathbf{N}$

$$Q_{ij}(\mathbf{N}) = \frac{\partial^2 U}{\partial x_{i,\alpha} x_{j,\beta}} N_\alpha N_\beta. \tag{5.6}$$

Nous supposons essentiellement, $\forall \mathbf{N}$, la forme quadratique associée $Q_{ij} x_i x_j$ non négative sur le domaine des valeurs de $\{\nabla_X \mathbf{x}, S\}$ balayé au cours du mouvement. C'est la *condition d'Hadamard* qui exprime une exigence fondamentale de *stabilité locale* (voir également 17-1). Aux trois valeurs propres $\mu_i \geq 0$ de la matrice symétrique $\mathbf{Q}$ on peut associer un système (au moins) de trois vecteurs propres $\boldsymbol{\delta}_i$, les *directions acoustiques*, orthogonaux deux à deux :

$$\mathbf{Q} . \boldsymbol{\delta}_i = \mu_i \boldsymbol{\delta}_i \quad \text{(s.s)} \tag{5.7}$$

$$\boldsymbol{\delta}_i . \boldsymbol{\delta}_j = 0 \quad \text{si } i \neq j.$$

Le solide est apte à propager en chaque point et dans toute direction $\mathbf{N}$, à la célérité acoustique (adiabatique)

$$c_i = \mu_i^{\ 0,5}, \tag{5.8}$$

une discontinuité $[\ddot{\mathbf{x}}]$ de l'accélération parallèle à un $\boldsymbol{\delta}_i$.

Remarque : Des valeurs propres nulles peuvent se présenter ; elles n'ont pas de signification physique, car une discontinuité de $\ddot{\mathbf{x}}$ se propage nécessairement. C'est le cas du fluide parfait qui possède un tenseur acoustique de la forme $Q_{ij} = \lambda n_i n_j$. Par abus de langage, nous parlerons encore de célérités nulles associées à l'espace propre orthogonal à $\mathbf{n}$.

5-3 Relations de saut

Comme en dynamique des fluides la détermination des états (-) accessibles par discontinuité forte de direction $\mathbf{N}$ fixée à partir d'un état (+) donné revêt un intérêt particulier. L'ensemble de ces états constitue "l'adiabatique dynamique" $\mathcal{H}_{(\nabla\mathbf{x}^+ ;\, S^+ ;\mathbf{N})}$ de l'état (+) relative à la direction $\mathbf{N}$. Les $\nabla\mathbf{x}$ correspondants sont définis par la "polarisation" : $\boldsymbol{\lambda} = -c_D^{-1}\,[\mathbf{v}]$ au moyen des formules :

$$x_{i,\alpha} = x^+_{i,\alpha} + \lambda_i N_\alpha . \tag{5.9}$$

Nous noterons brièvement :

$$\hat{U} = \hat{U}\,(\boldsymbol{\lambda}\,;\, s), \qquad s = [S]$$

l'application : $(\boldsymbol{\lambda},s) \to U$ à état (+) et direction $\mathbf{N}$ fixés.

On observera que :

$$b_i \equiv B_{i\alpha} N_\alpha = \frac{\partial U}{\partial x_{i,\alpha}} N_\alpha = \frac{\partial \hat{U}}{\partial \lambda_i} \tag{5.10}$$

et $$Q_{ij} = \frac{\partial^2 U}{\partial \lambda_i \partial \lambda_j} . \tag{5.11}$$

Les relations de saut (2.19-20) et la relation d'Hugoniot prennent alors les formes propres au solide élastique :

$$\mu_D \lambda_i = \frac{\partial \hat{U}}{\partial \lambda_i} - b^+_i , \tag{5.12}$$

$$\mu_D = c_D^2 ,$$

$$\hat{U} - U^+ = \frac{1}{2}\,\lambda_i\,\Big(\frac{\partial \hat{U}}{\partial \lambda_i} + b^+_i\Big). \tag{5.13}$$

Ces relations très simples sont dues à Emile Jouguet[3].

5-4 Relations différentielles le long de l'adiabatique dynamique

Recopions la relation d'Hugoniot sous la forme :

$$2(\hat{U} - U^+) - \lambda_i\,(b_i - b^+_i) - 2\lambda_i b^+_i = 0,$$

et différentions-la le long de l'adiabatique dynamique sachant que : $dU = b_i d\lambda_i + T ds$. Il vient

$$2T ds + (b_i - b^+_i)\, d\lambda_i - \lambda_i d(b_i - b^+_i) = 0.$$

Tenons compte de (5.12). On obtient la formule générale :

$$Tds = \frac{1}{2} \ |\boldsymbol{\lambda}|^2 \ d\mu_D. \tag{5.14}$$

Différentions maintenant la relation de saut (5.12). On obtient :

$$\mu_D d\lambda_i - Q_{ij} d\lambda_j = - \lambda_i d\mu_D + \frac{\partial^2 U}{\partial\lambda_i \partial s} ds,$$

et, après transformation du second membre à l'aide de la relation thermodynamique (5.2) et de (5.14),

$$(\mu_D \delta_{ij} - Q_{ij}) \ d\lambda_j = (-\lambda_i + \frac{|\boldsymbol{\lambda}|^2}{2T} \ \frac{\partial T}{\partial \lambda_i}) \ d\mu_D. \tag{5.15a}$$

En projetant sur les trois vecteurs propres $\boldsymbol{\delta}_i$ de $\boldsymbol{Q}$, cette relation se met sous la forme équivalente (sans sommation) :

$$(\mu_i - \mu_D) \ \boldsymbol{\delta}_i . d\boldsymbol{\lambda} = (\boldsymbol{\delta}_i . \boldsymbol{\lambda} - \frac{|\boldsymbol{\lambda}|^2}{2T} \ \boldsymbol{\delta}_i . \nabla_{\boldsymbol{\lambda}} T) \ d\mu_D. \tag{5.15b}$$

6 Propriétés générales des chocs faibles

6-1 Le choc faible est "quasi-acoustique"

Considérons une famille différentiable à un paramètre (arc de l'espace des λ_i,S) de chocs de faible intensité "passant" par l'état (+) que nous qualifierons d'"origine". L'arc est supposé bien paramétré au moyen d'une variable σ qui s'annule à l'origine. Divisons les deux membres de (5.15a) par $d\sigma$ et faisons tendre σ vers zéro. Il vient :

$$\lim_{\sigma \to 0} \boldsymbol{Q} . \frac{d}{d\sigma} \boldsymbol{\lambda} = \lim_{\sigma \to 0} \mu_D \frac{d}{d\sigma} \boldsymbol{\lambda}. \tag{6.1}$$

En conséquence, le choc infinitésimal tend à se confondre avec une discontinuité acoustique de célérité c^+ et de vecteur caractéristique associé $\boldsymbol{\delta}^+$:

$$c_D = c^+ + O \ (\sigma) \tag{6.2}$$

$$\boldsymbol{\lambda} = \sigma \boldsymbol{\delta}^+ + \boldsymbol{O} \ (\sigma). \tag{6.3}$$

Le vecteur caractéristique de la formule (5.7), qui n'était alors déterminé qu'à un facteur près, a été fixé ici par la condition commode :

$$\boldsymbol{\delta}^+ = \lim_{\sigma \to 0} \frac{d}{d\sigma} \boldsymbol{\lambda}.$$

6-2 Le saut d'entropie est au moins du 3ème ordre

Caractérisons l'amplitude ou intensité de la discontinuité par le module $|\boldsymbol{\lambda}|$ du vecteur polarisation. On doit à E. Jouguet[3] le résultat général suivant : le saut d'entropie est au moins du troisième ordre par rapport à $|\boldsymbol{\lambda}|$. Plus précisément[6] :

$$T^+ s = \frac{1}{12} \left(\frac{\partial^3 U^+}{\partial\lambda_i \partial\lambda_j \partial\lambda_h} \right)^+ \lambda_i \lambda_j \lambda_h + O(|\boldsymbol{\lambda}|^4) . \tag{6.4}$$

Démonstration : Admettons que U possède un développement analytique de la forme :

$$\hat{U} - U^+ = \sum_{n=1}^{\infty} u_{o,n} + s \sum_{n=0}^{\infty} u_{i,n} + \ldots + \frac{s^p}{p!} \sum_{n=0}^{\infty} u_{p,n} \ldots \tag{6.5}$$

Les $u_{p,n}$, fonctions de $\boldsymbol{\lambda}$ seul, sont des polynômes homogènes de *degré n en* λ_i, qui satisfont donc l'identité d'Euler :

$$n u_{p,n} \equiv \lambda_i \frac{\partial}{\partial \lambda_i} u_{p,n}, \forall p, \ \forall n \geqslant 0 .$$

Remarquons que $U_{o,1} = \lambda_i b_i^+$, $u_{1,0} = T^+$. La relation d'Hugoniot prend la forme développée utile pour le calcul :

$$2T^+ s = u_{0,3}(\boldsymbol{\lambda}) + \sum_{n\geqslant 4} (n-2) u_{o,n}$$
$$+ s \sum_{n\geqslant 1} (n-2) u_{1,n} + \ldots + \frac{1}{p!} s^p \sum_{n\geqslant 0} (n-2) u_{p,n} \tag{6.6}$$

La formule annoncée n'est autre que (6.6) limitée au premier terme du second membre.■

6-3 Le choc faible est "supersonique amont", "subsonique aval"

Comme $c_D \boldsymbol{\lambda} = -[\mathbf{v}]$ est un vecteur de l'espace physique la famille à un paramètre : σ de chocs prélevée en 6-1 sur l'adiabatique dynamique se projette selon une courbe $\mathscr{A}$ de l'espace, lieu de l'extrémité du vecteur $\boldsymbol{\lambda}$ qui caractérise la déformation après choc[7]. En son origine $\mathscr{A}$ est tangente à $\boldsymbol{\delta}^+$. Soit $\boldsymbol{\delta}(\sigma)$ celle des 3 familles de $\boldsymbol{\delta}_i$ qui renferme $\boldsymbol{\delta}^+$:

$$\boldsymbol{\delta}^+ = \lim_{\sigma \to 0} \boldsymbol{\delta}(\sigma) .$$

Reportons (6.3) et (5.14) dans (5.15). En faisant choix de $\boldsymbol{\delta}_i = \boldsymbol{\delta}$ et tenant compte des ordres de grandeur respectifs, il vient :

(6) La notation $\frac{\partial(\ )}{\partial\lambda_i}^+$ signifie $\frac{\partial(\ )}{\partial\lambda_i}$ $(\boldsymbol{\lambda} = \mathbf{o})$.

(7) un changement de configuration fixe de référence se traduit par une simple homothétie sur $\mathscr{A}$.

$$c^2 - c_D^2 = |\delta^+|^{-2} \frac{2T^+ ds}{\sigma d\sigma} (1 + O(\sigma)). \tag{6.7}$$

Supposons s fonction analytique de σ. Le théorème de Jouguet nous dit que s est de la forme :

$$s = A_n \sigma^{n+3} + O(\sigma^{n+4}), \qquad n \geqslant 0. \tag{6.8}$$

De (6.3,6,7) on déduit successivement que :

$$c_D^2 - c^{+2} = \frac{n+3}{n+1} |\delta^+|^{-2} 2T^+ \sigma^{n+1} A_n (1+O(\sigma)) \tag{6.9}$$

$$c_D^2 - c_D^2 = (n+3) |\delta^+|^{-2} 2T^+ \sigma^{n+1} A_n (1+O(\sigma)). \tag{6.10}$$

Ces formules commandent les conclusions générales suivantes relatives au choc faible :

i)- *Si n est pair* l'inégalité du second principe

$$s \geqslant 0 \tag{6.11}$$

et les conditions d'évolution (4.3-4) sont simultanément satisfaites pour sgn $\{\sigma\}$ = sgn $\{A_n\}$: le choc a lieu "en direction" des $A_n \sigma > 0$. *L'une quelconque des trois conditions : respect du second principe, choc subsonique par rapport à l'état (-), supersonique par rapport à l'état (+) entraîne d'office les deux autres.*

ii)- *Si n est impair,* et selon que $A_n < 0$ ou $A_n > 0$, le choc faible est ou bien *impossible* ou bien *autorisé dans les deux sens :* $\sigma \gtrless 0$. Le second principe et les conditions d'évolution jouent, ici encore, le même rôle vis-à-vis de ces conclusions.

iii)- En outre,

$$\frac{c^- - c_D}{c_D - c^+} \simeq n + 1. \tag{6.12}$$

Lorsque n = 0, circonstance la plus générale, la célérité du choc est sensiblement la moyenne des célérités acoustiques extrêmes. On retrouve une propriété classique chez les fluides.

L'analyse qui précède suppose, il convient de le souligner, $A_n \neq 0$ pour au moins un n. Dans l'hypothèse inverse on a : s = 0, $\forall\sigma$; la courbe $\mathscr{A}$ est alors un lieu de pseudo-chocs. Nous revenons plus loin en détail sur ce cas.

6-4 Aspect de l'adiabatique dynamique au voisinage de l'origine

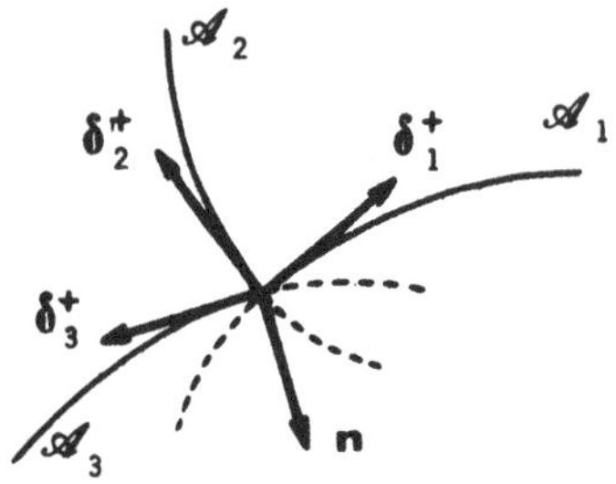

Fig. 3

En règle générale, les célérités acoustiques amont sont distinctes : $c_I^+ > c_{II}^+ > c_{III}^+$. L'adiabatique dynamique (8) se compose alors de 3 branches $\mathscr{A}_i$. Chacune d'elles est tangente en l'origine à une direction principale du tenseur acoustique $\mathbf{Q}^+$. Cette propriété permet de débuter l'intégration du système différentiel des quatre équations (5.14-15) qui les détermine dans la direction qui convient pour chaque $\mathscr{A}_i$.

A titre de comparaison, le gaz parfait, dont le tenseur acoustique a deux valeurs propres nulles, voit son adiabatique dynamique réduite à un segment de droite parallèle à la direction $\mathbf{n}$ de propagation dans l'espace physique.

7 Choc principal faible dans le solide isotrope

7-1 Expression de l'energie interne dans l'etat aval

Le principe d'objectivité, auquel nous n'avons pas encore fait appel, impose à l'énergie interne de dépendre de $\nabla_X \mathbf{x}$ par l'intermédiaire du tenseur de Cauchy (à droite), de composantes :

$$P_{\alpha\beta} = x_{i,\alpha}\, x_{i,\beta}. \tag{7.1}$$

Si le solide admet une configuration lagrangienne privilégiée, dans laquelle il est à la fois homogène et isotrope, U ne dépend que de S et des invariants :

$$I_1 = \frac{1}{2} P_{\alpha\alpha} \quad I_2 = I_1^2 - \frac{1}{4} P_{\alpha\beta} P_{\beta\alpha} \quad J = \frac{D\mathbf{x}}{D\mathbf{X}} = (\text{Dét}\, \mathbf{P})^{1/2}. \tag{7.2}$$

En choisissant convenablement les axes, dans l'espace d'une part, dans la configuration matérielle d'isotropie d'autre part, on peut diagonaliser la matrice de la transformation immédiatement *à l'amont* du choc de façon

---

(8) Sans risque de confusion, nous désignons du même nom l'adiabatique dynamique et sa projection sur l'espace des $\boldsymbol{\lambda}$.

à avoir dans l'état aval (sans sommation) :

$$x_{i,\alpha} = \Gamma_i^+ \delta_{i\alpha} + \lambda_i N_\alpha \qquad |\mathbf{N}| = 1. \tag{7.3}$$

On fera apparaître dans les formules la direction de propagation $\mathbf{n}$ par rapport à l'espace en remarquant que (s.s.) :

$$N_\alpha = \left(\sum_1^3 \Gamma_i^{+2} n_i^2\right)^{-1/2} \Gamma_\alpha^+ n_\alpha . \tag{7.4}$$

Après report de (7.3) dans les relations du début et abandon des exposants (+) des Γ_i^+ on obtient :

$$\hat{U}(\boldsymbol{\lambda} ; s) = \cup(I_1(\boldsymbol{\lambda}), I_2(\boldsymbol{\lambda}), j(\boldsymbol{\lambda}) ; S^+ + s) \tag{7.5}$$

avec :

$$J(\boldsymbol{\lambda}) = J^+(1 + \sum_1^3 \Gamma_i^{-1} N_i \lambda_i), \tag{7.6a}$$

$$I_1(\boldsymbol{\lambda}) = I_1^+ + \frac{1}{2} |\lambda|^2 + \sum_1^3 \Gamma_i N_i \lambda_i, \tag{7.6b}$$

$$I_2(\boldsymbol{\lambda}) = I_2^+ + \frac{1}{2} \left(\sum_1^3 \Gamma_i^2 (1 - N_i^2)\right) |\boldsymbol{\lambda}|^2 + \frac{1}{2} \left(\sum_1^3 \Gamma_i N_i \lambda_i\right)^2$$

$$- \frac{1}{2} \sum_1^3 \Gamma_i^2 \lambda_i^2 + |\boldsymbol{\Gamma}|^2 \sum_1^3 \Gamma_i N_i \lambda_i - \sum_1^3 \Gamma_i^3 N_i \lambda_i, \tag{7.6c}$$

$$J^+ = \Gamma_1 \Gamma_2 \Gamma_3 \qquad 2I_1^+ = \Sigma \Gamma_i^2 \qquad 2I_2^+ = \sum_{i<j}\sum (\Gamma_i \Gamma_j)^2. \tag{7.7}$$

Enfin, on peut toujours supposer que

$$\Gamma_i > 0. \tag{7.8}$$

7-2 Le choc principal

Il se propage, par définition, selon une direction principale, ox_1 pour fixer les idées, du tenseur des contraintes de Cauchy $\boldsymbol{\sigma}^+$.
En conséquence :

$$n_1 = 1, \qquad n_2 = n_3 = 0. \tag{7.9}$$

On constate sur la formule (7.5) que $\hat{U}$ est paire en λ_2 et λ_3 :

$$\hat{U}(\boldsymbol{\lambda} ; s) - U^+ = \Omega(\lambda_1, \lambda_2^2, \lambda_3^2 ; s) . \tag{7.10}$$

Cette propriété caractérise le choc principal. Les relations de saut (5.12), dans lesquelles $b_2^+ = b_3^+ = 0$, s'écrivent :

$$\mu_D \lambda_1 = \frac{\partial \Omega}{\partial \lambda_1} - b_1^+, \qquad (7.11a)$$

$$\mu_D \lambda_i = 2\lambda_i \frac{\partial \Omega}{\partial (\lambda_i)^2} \qquad i = 2,3. \qquad (7.11b)$$

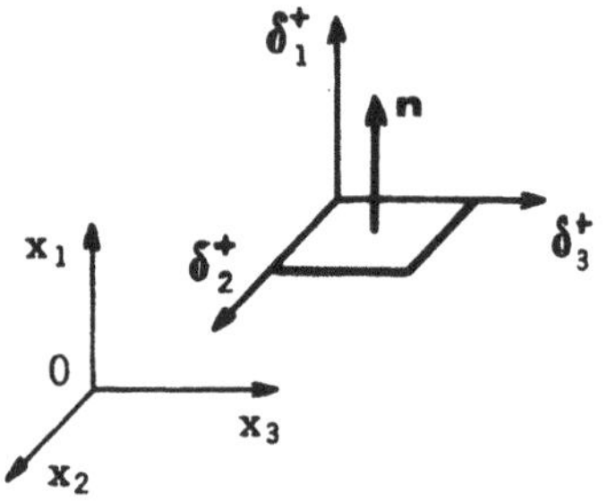

Fig.4 Le choc principal

Toute branche d'adiabatique existant au voisinage de l'"origine" s'y raccordera tangentiellement à l'un des δ_i^+ : δ_1^+ direction acoustique "longitudinale" parallèle à ox_1, δ_i^+ $i = 2,3$, directions acoustiques "transversales" parallèles à ox_i.

Le choix $\lambda_2 = \lambda_3 = 0$ est compatible avec la forme des relations (7.11). Il en va de même du choix $\lambda_3 = 0$, $\lambda_2 \neq 0$. Toutefois, une variation de λ_2 induit en général(9) une variation de l'ordre de λ_2^2 du second membre de (7.11a), donc de λ_1. Cette propriété est signalée par Davison[9]. Conclusion :

le choc principal est, soit longitudinal, soit quasi-transversal et polarisé dans un plan principal.

Pour $\Gamma_2 = \Gamma_3$ le système est de révolution autour de la direction ox_1, Ω ne dépendant de λ_2 et λ_3 que par la combinaison $\lambda_2^2 + \lambda_3^2$: l'ensemble des deux branches $\mathcal{A}_2$ et $\mathcal{A}_3$ dégénère en une surface de révolution. C'est le cas, en particulier, du choc sur une configuration isotrope : $(\Gamma_1 = \Gamma_2 = \Gamma_3)$.

Ceci établi, nous pouvons nous limiter aux chocs polarisés dans le plan ox_1x_2. Compte tenu de la parité en λ_2, les premiers termes du développement (6.5) de $\hat{U} - U^+$ s'écrivent :

$$\Omega = b_1^+ \lambda_1 + \frac{1}{2}\mu_1^+ \lambda_1^2 + \frac{1}{2}\mu_2^+ \lambda_2^2 \,(=u_{o,2}) + a_{11}\lambda_1^3 + a_{12}\lambda_1\lambda_2^2 \,(=u_{0,3})$$
$$+ b_{11}\lambda_1^4 + b_{12}\lambda_1^2\lambda_2^2 + b_{22}\lambda_2^4 \,(=u_{0,4}) + \ldots + s(T^+ + G\lambda_1 + \ldots) + \ldots \qquad (7.12)$$

---

(9) Le cas d'exception est sans intérêt, sauf évidemment si le solide est *incompressible*, Ω ne dépendant plus alors de λ_1.

avec $b_1^+ = \sigma_{11}^+/\Gamma_1\rho^+$, $\mu_i^{+0,5} = c_i^+$ célérités acoustiques amont longitudinale (i = 1) et transversale (i = 2) dans la configuration ($\mathbf{X}$).

7-3 Le choc longitudinal

La relation d'Hugoniot :

$$\Omega = \frac{1}{2}\lambda_1 (b_1 + b_1^+) \qquad b_1 = \frac{\partial\Omega}{\partial\lambda_1}(\lambda_1,0,0;s) \tag{7.13}$$

se prête chez les fluides à une représentation commode dans le plan : pression p, volume massique $\nu = \rho_X\rho^{-1}$. Par souci d'homogénéité nous choisissons ici de raisonner dans le plan (λ_1,b_1) ; à des facteurs positifs près, $b_1 = \sigma_{11}/\Gamma_1\rho^+$ et λ_1 coïncident avec -p et $\nu - \nu^+$. La "courbe d'Hugoniot" $\mathcal{H}_L$, lieu des chocs physiquement admissibles, est portée par la courbe (7.13).

Quant à elle, la relation

$$\mu_{D_1}\lambda_1 = b_1 - b_1^+ \tag{7.14}$$

définit la "droite de Rayleigh" (ou d'Earnshaw) $\mathcal{R}$ lieu des chocs longitudinaux de célérité μ_{D_1}. Un choc donné est à l'intersection de $\mathcal{R}$ et $\mathcal{H}_L$. Le problème de la délimitation de $\mathcal{H}_L$ revient à situer $\mathcal{H}_L$ par rapport au réseau des isentropiques $\mathcal{S}$: $b_1 = \frac{\partial\Omega}{\partial\lambda_1}$ (s = cte). Reportant au chapitre III l'examen du problème global, nous nous contenterons ici de concrétiser et vérifier les résultats généraux relatifs aux chocs faibles. D'après (7.12) et (6.6) :

$$2T^+s = a_{11}\lambda_1^3 + 2b_{11}\lambda_1^4 + O(\lambda_1^5).$$

Le long de $\mathcal{H}_L$ la contrainte b_1 admet l'expression :

$$b_1 = b_1^+ + \mu_1^+\lambda_1 + 3a_{11}\lambda_1^2 + \left(4b_{11} + \frac{G}{2T} + a_{11}\right)\lambda_1^3 + O(\lambda_1^4) . \tag{7.15}$$

D'où

$$\mu_1 = \partial b/\partial\lambda_1 = \mu_1^+ + 6a_{11}\lambda_1 + 12b_{11}\lambda_1^2 + O(\lambda_1^3), \tag{7.16}$$

$$\mu_{D_1} = (b_1 - b_1^+)/\lambda_1 = \mu_1^+ + 3a_{11}\lambda_1 + \left(4b_{11} + \frac{G}{2T} + a_{11}\right)\lambda_1^2 + O(\lambda_1^3) . \tag{7.17}$$

Les conséquences que nous allons en tirer découlent indifféremment des conditions : $s > 0$ ou $\mu_{D_1} > \mu_1^+$.

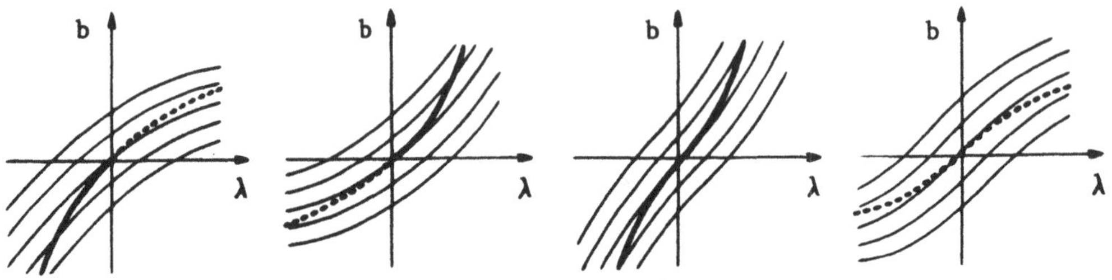

Profil C.B. (a) Profil C.H. (b) Profil C.B.-C.H. (c) Profil C.H.-C.B. (d)

Fig. 5 Courbes d'Hugoniot en trait fort, isentropiques en trait fin.

Supposons d'abord $a_{11} \neq 0$. Si $a_{11} < 0$ les isentropiques sont localement C.B. (concaves vers le bas). Le choc est de compression : $\lambda_1 < 0$. Si $a_{11} > 0$ les profils sont C.H. (concaves vers le haut). Le choc est de *détente*.

Supposons maintenant $a_{11} = 0$. Les isentropiques présentent un point d'inflexion au voisinage de, et à l'origine. Selon que b_{11} est > 0 (profil CB - CH) ou < 0 (profil CH - CB) le choc faible est, soit *possible* dans les deux sens, soit *impossible*.

Enfin, dans les deux cas : $a_{11} \neq 0$ ou $a_{11} = 0$, les formules (7.16-17) conduisent à une estimation du rapport $(c_1 - c_{D_1})/(c_{D_1} - c_1^+)$ en accord avec (6.12).

La première circonstance (figure 5 (a)) est représentée chez les fluides et les solides élastiques au voisinage de l'état naturel. L'existence du choc de traction(figure 5 (b)), longtemps mise en doute, a été établie par Kolsky[15] dans des expériences sur fil de caoutchouc préalablement tendu. On connaît (cf. Duvall[16] par exemple) des illustrations des deux autres types de comportement (fig. (c) et (d)). Toutefois, les matériaux cités manifestent en général des propriétés anélastiques marquées : plasticité, viscosité, changements de phase etc... Ceci ne fait pas obstacle, naturellement, à la possibilité de tels comportements chez les solides élastiques soumis à des chocs longitudinaux.

7-4 Le choc quasi-transversal (Q.T.)

Le long de la famille à un paramètre $\sigma = \lambda_2$ d'états aval de chocs Q.T. la déformation λ_1, de même que Ω, s etc... sont fonctions paires de λ_2. Limitons le développement (7.12) de Ω au 4ème ordre en λ_2 :

$$\Omega = \overset{+}{b}_1 \lambda_1 + \frac{1}{2} \overset{+}{\mu}_1 \lambda_1^2 + \frac{1}{2} \overset{+}{\mu}_2 \lambda_2^2 + a_{12} \lambda_1 \lambda_2^2 + b_{22} \lambda_2^4 + \overset{+}{T} s + O(\lambda_2^6). \quad (7.18)$$

A l'approximation considérée les modes longitudinal et transversal sont couplés par une seule constante : a_{12}.

Les équations (7.11) se réduisent respectivement à :

$$\mu_{D_2} \lambda_1 = \overset{+}{\mu}_1 \lambda_1 + a_{12} \lambda_2^2 + O(\lambda_2^4) \quad (7.19)$$

$$\mu_{D_2} = \overset{+}{\mu}_2 + 2a_{12} \lambda_1 + 4b_{22} \lambda_2^2 + O(\lambda_2^4). \quad (7.20)$$

La relation d'Hugoniot (6.6) sous sa forme limitée :

$$2\overset{+}{T} s = u_{0,3} + 2u_{0,4} + O(\lambda_2^6) \quad (7.21)$$

devient

$$2\overset{+}{T} s = a_{12} \lambda_1 \lambda_2^2 + 2b_{22} \lambda_2^4 + O(\lambda_2^6). \quad (7.22)$$

On vérifie à ce stade que $\mu_{D_2} - \overset{+}{\mu}_2$ et s sont *simultanément* positifs, comme le veut la théorie générale du choc faible.

E. Jouguet[4] avait déjà observé que le saut d'entropie à travers le choc Q.T. est du 4ème ordre en $|\boldsymbol{\lambda}|$ et donné l'expression correcte de s dans l'hypothèse d'un état amont isotrope[(10)].

On combine (7.19-20) pour obtenir successivement :

$$\lambda_1 = \frac{a_{12}}{\overset{+}{\mu}_2 - \overset{+}{\mu}_1} \lambda_2^2 + O(\lambda_2^4), \quad (7.23)$$

$$\mu_{D_2} - \overset{+}{\mu}_2 = 2a\lambda_2^2 + O(\lambda_2^4) \qquad 2\overset{+}{T} s = a\lambda_2^4 + O(\lambda_2^6), \quad (7.24)$$

(10) Il s'est malheureusement glissé une erreur dans la suite des calculs. Jouguet conclut en effet que le choc Q.T. est toujours subsonique par rapport à l'amont.

avec :

$$a = -\frac{a_{12}^2}{\overset{+}{\mu}_1-\overset{+}{\mu}_2} + 2b_{22}.$$

Le choc faible n'est possible que si :

$$a > 0. \tag{7.25}$$

C'est un fait d'expérience que la différence $\overset{+}{\mu}_1 - \overset{+}{\mu}_2$, présente dans l'expression de a, est toujours > 0 si l'état amont est naturel.

Les célérités acoustiques c_i dans l'état aval résultent de l'équation :

$$\text{dét}\ (\mu\delta_{ij} - \frac{\partial^2\Omega}{\partial\lambda_i\partial\lambda_j}) \equiv \mu^2 - \mu(\overset{+}{\mu}_1+\overset{+}{\mu}_2+2a_{12}\lambda_1+12b_{22}\lambda_2^2)$$

$$+\overset{+}{\mu}_1\ \overset{+}{\mu}_2 + \overset{+}{\mu}_1\ (2a_{12}\lambda_1+12b_{22}\lambda_2^2) - 4a_{12}^2\ \lambda_2^2 + O\ (\lambda_2^4) = 0.$$

La racine proche de $\overset{+}{\mu}_2$ est donnée par : $\mu_2 - \overset{+}{\mu}_2 = 6a\lambda_2^2 + O\ (\lambda_2^4)$.

D'où : $(c_2 - c_{D_2})/(c_{D_2} - \overset{+}{c}_2) \simeq 2$, en accord avec (6.12).

8 Le solide élastique incompressible

8-1 Cas général

Chez le solide élastique incompressible la contrainte de Cauchy $\boldsymbol{\sigma}$ est définie à partir de la contrainte thermodynamique $\boldsymbol{\sigma}^{th}$ à un tenseur isotrope près :

$$\sigma_{ij} = \sigma_{ij}^{th} - p\delta_{ij}. \tag{8.1}$$

La formule (2-7) lui associe le tenseur

$$B_{i\alpha} = B_{i\alpha}^{th} - p\ \frac{X_{\alpha,i}}{\rho}, \tag{8.2}$$

$$B_{i\alpha}^{th} = \frac{\partial U}{\partial x_{i,\alpha}}\ (\nabla_X \mathbf{x}; S). \tag{8.3}$$

D'où :

$$b_i = b_i^{th} - p\ \left(\frac{X_{\alpha,i}N_\alpha}{\rho}\right) \tag{8.4}$$

Le vecteur ( ) est parallèle(2) à la direction de propagation $\mathbf{n}$. D'après (2.3) il est également continu à la traversée du choc. Il existe donc un facteur K tel que :

$$b_i^{\pm} = b_i^{th\pm} - p^{\pm} K n_i . \tag{8.5}$$

Les relations de saut résultent de (3.19-20) et des relations ci-dessus complétées par la condition d'incompressibilité (8.8) :

$$\mu_D \lambda_i = \frac{\partial \hat{U}}{\partial \lambda_i} - b_i^{th+} - K\,[p]\, n_i , \tag{8.6}$$

$$\hat{U} - U^{+} = \frac{1}{2} \lambda_i \left(\frac{\partial \hat{U}}{\partial \lambda_i} + b_i^{th+}\right), \tag{8.7}$$

$$n_i \lambda_i = 0. \tag{8.8}$$

Une étude directe du tenseur acoustique montre qu'il ne subsiste, en accord avec (8.8), que deux directions acoustiques $\boldsymbol{\delta}_i$ orthogonales à $\mathbf{n}$

$$\mathbf{n}.\boldsymbol{\delta}_i = 0, \qquad i = 2,3, \tag{8.9}$$

la 3ème, $\boldsymbol{\delta}_1$, correspondant à une propagation instantanée dans la direction $\mathbf{n}$: $\mu_1^{+} = \infty$.

Les relations différentielles le long de l'adiabatique dynamique, de même que les propriétés générales des chocs faibles précédemment établies, restent valables. L'adiabatique dynamique d'un état (+) arbitraire se composera donc généralement de deux arcs de courbe $\mathcal{A}_i$ plans issus de l'origine et osculateurs aux directions $\boldsymbol{\delta}_i$.

8-2 Le solide isotrope

La condition d'incompressibilité :

$$J^{+} = \Gamma_1 \Gamma_2 \Gamma_3 = c^{te} \tag{8.10}$$

entraîne que la famille des adiabatiques dynamiques dépend d'un paramètre de moins —— deux des Γ_i, $\mathbf{N}$ et S^{+} —— que dans le cas compressible.

L'énergie interne à l'aval du choc est de la forme :

$$\hat{U}(\lambda;s) = \cup(I_1(\boldsymbol{\lambda}),\, I_2(\boldsymbol{\lambda})\ ;\ S^{+} + s) \tag{8.11}$$

avec les I_i donnés par (7.6), la polarisation satisfaisant (8.8). Si le choc est *principal* : $n_1 = N_1 = 1$, $\lambda_1 = 0$, les invariants se réduisent à :

$$I_1 = I_1^{+} + \frac{1}{2}\lambda_2^2 + \frac{1}{2}\lambda_3^2,$$

$$I_2 = I_2^{+} + \frac{1}{2}\Gamma_2^2\,\lambda_3^2 + \frac{1}{2}\Gamma_3^2\,\lambda_2^2, \tag{8.12}$$

et, ainsi qu'on pouvait le prévoir, $\hat{U}$ devient fonction paire des λ_i :

$$\hat{U} - U^+ = \Omega\,(\lambda_2^2,\ \lambda_3^2\ ;\ s).$$

D'où, deux familles de chocs. La première satisfait :

$$\mu_{D_2}\,\lambda_2 = b_2 \qquad\qquad b_2 = \frac{\partial}{\partial\lambda_2}\,\Omega\,(\lambda_2^2,\ 0;s)$$

$$\Omega = \frac{1}{2}\,\lambda_2 b_2. \tag{8.13}$$

Les $\mathcal{A}_i$ sont polarisées rectilignes dans les directions $\boldsymbol{\delta}_i$. Leurs équations, formellement identiques à celles du choc longitudinal, sont justiciables du même traitement et du même mode de représentation dans un plan (λ, b). La parité de Ω nous placera toujours dans le cas de figure 5c) ou 5d). A l'onde principale en milieu isotrope incompressible correspondent donc nécessairement des profils du type CB - CH ou CH - CB. Noter toutefois une importante différence : dans le cas longitudinal les isentropiques ne se recoupent pas; ici, en revanche, elles passent toutes par l'origine qu'elles admettent pour centre de symétrie.

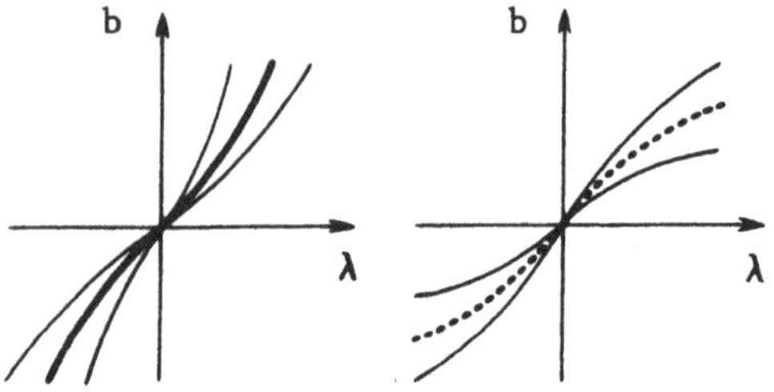

Profil C.B.-C.H. Profil C.H.-C.B.

Fig.6 choc principal dans le solide isotrope incompressible

Inutile de reprendre la discussion sur la possibilité de choc faible : c'est aussi bien un cas particulier de celle relative au choc longitudinal qu'un cas limite de la discussion analogue du choc Q.T.($\mu_1^+ \to \infty$, donc $\lambda_1 = 0$; $a = 2b_{22}$ etc...).

9 Le pseudo-choc circulaire

9-1 Caractérisation générale de la famille des pseudo-chocs

Nous n'avons considéré jusqu'ici que des discontinuités avec saut d'entropie. Nous allons démontrer l'existence, dans certains solides, de familles continues de "pseudo-chocs" à la traversée desquels l'entropie est continue :

$$[S] = 0. \tag{9.1}$$

Au sein d'une telle famille, dont on peut toujours admettre[11] qu'elle passe par l'état (+), on a en vertu de (5.14) : $d\mu_D = 0$, soit

$$\mu_D = \mu^+, \tag{9.2}$$

μ^+ : carré d'une célérité acoustique aval. Les relations de saut (5.12) deviennent :

$$\mu^+ \boldsymbol{\lambda} = \nabla_{\boldsymbol{\lambda}} U\ (\boldsymbol{\lambda}\ ;\ S^+) - \mathbf{b}^+ . \tag{9.3}$$

Elles doivent être satisfaites par une famille à un paramètre au moins de $\boldsymbol{\lambda}$. S'il en est ainsi, il vient après intégration :

$$U - U^+ = \frac{1}{2}\,\mu^+\ |\boldsymbol{\lambda}|^2 + \mathbf{b}^+ . \boldsymbol{\lambda} . \tag{9.4}$$

En combinant les relations précédentes on obtient la relation d'Hugoniot (5.13). Conséquence :

i) *Le système* (9.3) *caractérise l'adiabatique des pseudo-chocs* (A.P.C) *de l'état (+) relatifs à la direction* $\mathbf{N}$.

Observons qu'une famille "rectiligne" de P.C., le long de laquelle $\boldsymbol{\lambda}$ garde une direction fixe, sera plus simplement caractérisée par la condition (9.4).

En invoquant la seule propriété : $d\mu_D = 0$ le long de l'A.P.C., sans supposer nécessairement : $ds = 0$, le système (5.15a) se réduit à

$$\mu_D d\boldsymbol{\lambda} = \mathbf{Q}(\boldsymbol{\lambda};S).d\boldsymbol{\lambda}. \tag{9.5}$$

Réciproquement, si une famille d'avals de discontinuités satisfait cette relation différentielle, alors : $d\mu_D = 0$, car les parenthèses des seconds membres de (5.15) ne sauraient être toutes les trois constamment nulles. A son tour, (5.14) entraîne : $ds = 0$. Par suite,

ii) *pour qu'une famille d'états* $(\boldsymbol{\lambda},S)$ *fasse partie d'une* A.P.C., *il faut et il suffit que sa projection sur l'espace des* $\boldsymbol{\lambda}$ *soit, en chacun de ses points, tangente à un vecteur acoustique.*

Remarques. La propriété géométrique (9.5) se conserve dans un changement de configuration de référence. C'est pourquoi l'on peut choisir comme configuration de référence, et nous avons tiré parti de cette latitude,

(11) Voir la remarque qui suit.

n'importe quel état de déformation représenté par un point de l'A.P.C. : une A.P.C. est A.P.C. de chacun de ses points.

On remarquera encore que : $\mu_D = \mu^+ = \mu^-$. Le pseudo-choc est sonique amont et aval. C'est une discontinuité "exceptionnelle" au sens de Jeffrey et Taniuti[17] P.128.

9-2 Pseudo-chocs dans le solide "simple"

L'exploitation, dans l'hypothèse d'isotropie, de l'énoncé i) qui caractérise les pseudo-chocs, se heurte à la forme complexe de I_2 ($\boldsymbol{\lambda}$). Limitons nous, pour commencer, aux solides dont l'énergie interne, ne dépendant pas de I_2, est de la forme :

$$U = \mathcal{U}(I_1, J\ ;\ S).$$

Nous qualifierons de "simple" le solide ainsi défini.

Compte tenu des expressions (7.6) de I_1 et J, il découle de l'énoncé i) qu'une famille d'états fait partie d'une A.P.C. si, et seulement si :

$$S = S^+,\ (\mu^+ - \frac{\partial \mathcal{U}^+}{\partial I_1})\lambda_i = J^+(\frac{\partial \mathcal{U}}{\partial J} - \frac{\partial \mathcal{U}^+}{\partial J})\Gamma_i^{-1}N_i + (\frac{\partial \mathcal{U}}{\partial J_1} - \frac{\partial \mathcal{U}^+}{\partial I_1})\Gamma_i N_i. \tag{9.6}$$

Montrons que les conditions, posées a priori, de nullité des parenthèses :

$$\frac{\partial \mathcal{U}}{\partial I_1}(I_1, J\ ;\ S^+) = \mu^+ = \frac{\partial \mathcal{U}^+}{\partial I_1}, \qquad \frac{\partial \mathcal{U}}{\partial J} = \frac{\partial \mathcal{U}^+}{\partial J} \tag{9.7}$$

définissent une famille à un paramètre au moins de P.C. Notons :

$$\hat{\jmath} = \Gamma_i^{-1}N_i\lambda_i, \qquad \hat{\imath} = \frac{1}{2}|\boldsymbol{\lambda}|^2 + \Gamma_i N_i \lambda_i. \tag{9.8}$$

On satisfait (9.6) en prenant : $J = J^+$, $I_1 = I_1^+$, soit : $\hat{\jmath} = \hat{\imath} = 0$.
Il n'y a, du reste, pas d'autre solution si $\partial\mathcal{U}/\partial I_1$ et $\partial\mathcal{U}/\partial J$ sont, à S fixé, des fonctions de J et I_1 indépendantes. Les équations précédentes définissent un cercle. Le passage de l'état (+) à l'état aval à travers un pseudo-choc a nécessairement lieu *le long* du cercle faute de quoi il interviendrait des mécanismes dissipatifs, et l'entropie augmenterait : le pseudo-choc est polarisé circulairement ou plus brièvement "circulaire". La température et l'énergie interne ne varient pas, puisqu'elles ne dépendent que de I_1, J et S.
Récapitulons :

dans un solide simple tout état (+) admet relativement à toute direc-

tion $\mathbf{N}$ *une famille de pseudo-chocs portée par le cercle d'équations :*

$$\mathbf{n}\,.\,\boldsymbol{\lambda} = 0 \quad , \qquad \frac{1}{2}\,|\boldsymbol{\lambda}|^2 + \Gamma_i N_i \lambda_i = 0. \tag{9.9}$$

Les pseudo-chocs, animés de la célérité $(\partial U^+/\partial I_1)^{0,5}$*, sont transversaux, homothermes et homoénergétiques.*

9-3 Solide isotrope quelconque

La présence, dans l'expression (7.6c) de I_2, du terme quadratique :

$$k = \frac{1}{2}\Big(\big(\sum_1^3 \Gamma_i N_i \lambda_i\big)^2 - \sum_1^3 \Gamma_i^2 \lambda_i^2\Big) = \frac{1}{2}\sum_1^3 \Gamma_i^2 (N_i^2 - 1)\lambda_i^2 + \sum_{i<j}\sum \Gamma_i \Gamma_j N_i N_j \lambda_i \lambda_j$$

complique ici l'étude. Montrons qu'il existe des états (+) et directions $\mathbf{N}$ pour lesquels I_2 (donc $\hat{U}$) ne dépend de $\boldsymbol{\lambda}$ que par l'intermédiaire de $\hat{\imath}$ et $\hat{\jmath}$. L'analyse rejoindra alors formellement celle du solide simple. Dans une première étape, il faut combiner linéairement $\hat{\imath}$, $\hat{\jmath}^2$ et k en un terme de la forme : a $|\boldsymbol{\lambda}|^2 + \mathbf{b}.\boldsymbol{\lambda}$. Cette opération est impossible si deux des N_i sont nuls. Elle est également impossible, en raison du terme mixte $\Sigma\Sigma$ de k, si tous les N_i sont non nuls. Il est donc nécessaire que, par exemple :

$$N_1 = 0 \qquad N_2 \neq 0 \qquad N_3 \neq 0 \tag{9.10}$$

Cette condition est à compléter par la condition :

$$\Gamma_2 \neq \Gamma_3, \tag{9.11}$$

sans laquelle $|\boldsymbol{\lambda}|^2$ serait combinaison linéaire de $\hat{\imath}$ et $\hat{\jmath}$ (ce qui conduirait à $\boldsymbol{\lambda} = \mathbf{0}$ pour un pseudo-choc). Cela étant, la combinaison :

$$I_2 - \frac{1}{2}(\Gamma_2\Gamma_3\hat{\jmath})^2 \equiv$$

$$I_2^+ + \frac{1}{2}\Gamma_1^2(\lambda_2^2+\lambda_3^2) + \frac{1}{2}(\Gamma_2^2 N_3^2 + \Gamma_3^2 N_2^2)\lambda_1^2 + \Gamma_1^2(\Gamma_2 N_2 \lambda_2 + \Gamma_3 N_3 \lambda_3)$$

$+\, \Gamma_3^2\,\Gamma_2 N_2 \lambda_2 + \Gamma_2^2\,\Gamma_3 N_3 \lambda_3$ fait disparaître le terme mixte $\Sigma\Sigma$.

Si, de plus, $\boldsymbol{\Gamma}$ et $\mathbf{N}$ satisfont

$$\Gamma_1^2 = \Gamma_2^2 N_3^2 + \Gamma_3^2 N_2^2 \qquad (N_2^2 + N_3^2 = 1) \tag{9.14}$$

l'expression du second membre de l'identité montre que I_2 devient fonction des seuls $\hat{\imath}$ et $\hat{\jmath}$. C'est le résultat cherché.

De (9.10,11,12) découle que les Γ_i sont distincts. Conclusion :

Un solide isotrope quelconque, déformé de façon telle que les trois dilatations principales soient distinctes, est apte à propager sur cet état de déformation dans 4 directions privilégiées une famille à un paramètre de pseudo-chocs transverses ; ces directions, qui appartiennent au plan des dilatations principales extrêmes, sont déterminées par la relation (9.12). Elles ne peuvent pas être principales. L'A.P.C. est le cercle d'équations (9.9).

Nous verrons au chapitre III qu'une onde plane *non* longitudinale de type convenable qui se propage sur une configuration isotrope peut comprendre des pseudo-chocs circulaires. Cette propriété est en accord avec le présent résultat : nous vérifierons que les Γ_i, tout en variant au sein de l'onde plane, satisfont (9.12).

10 Le pseudo-choc sphérique

10-1 Le solide simple "développable"

Lorsque les dérivées partielles de la fonction $U(I_1,J;S)$ sont liées par une identité de la forme :

$$\frac{\partial U}{\partial J} - F\left(\frac{\partial U}{\partial I_1}\,;\,S\right) \equiv 0, \tag{10.1}$$

le graphe, à entropie fixée, de U en fonction de I_1 et J est une surface développable. Nous baptiserons "développable" le solide simple correspondant.

Reprenons le raisonnement du 9-2. La constance de $\partial U/\partial I_1$ et $\partial U/\partial J$ impose seulement cette fois au point $(I_1,\ J,\ U)$ de se trouver sur celle des génératrices de la surface développable qui passe par l'état (+) et a pour équations :

$$I_1 - I_1^+ + \left(\partial F/\partial \frac{\partial U}{\partial I_1}\right)^+ (J - J)^+ = 0,$$

$$U - U^+ = \frac{\partial U^+}{\partial I_1}\,(I_1 - I_1{}^+) + \frac{\partial U^+}{\partial J}\,(J - J^+).$$

En invoquant (7.6), la première de ces relations s'écrit encore :

$$\frac{1}{2}\,|\boldsymbol{\lambda}|^2 + \sum_{i=1}^{3} \{\Gamma_i + J^+ (\partial F/\partial \frac{\partial U}{\partial I_1})^+ \quad \Gamma_i^{-1}\}\, N_i \lambda_i = 0. \tag{10.2}$$

La seconde donne le saut de U et coïncide avec (9.4) . Conséquence :

Chez le solide développable, à un état (+) et une direction **N** *quelconque est associée une adiabatique des pseudo-chocs qui est une sphère*. Un P - C, qui n'est plus nécessairement transversal, se propage encore à la célérité $(\partial U/\partial I_1)^{0,5}$. A la traversée d'un P - C non transversal la température et l'énergie interne sont *discontinues*.

On sait que les tangentes en "l'origine" à l'A.P.C. sont des directions acoustiques. Comme elles balaient un plan (tangent à la sphère) elles correspondent à une valeur propre double du tenseur acoustique. Le résultat est indépendant de l'état (+) et de **N**. Par suite, chez le solide simple développable deux des trois célérités acoustiques sont toujours confondues. Montrons qu'il s'agit là d'une propriété caractéristique :

Pour qu'un solide simple soit développable, il faut et il suffit que le tenseur acoustique possède une valeur propre double.

Démonstration du "il suffit". Le tenseur acoustique relatif à un état (+) et une direction **N** a pour composantes :

$$Q_{ij} = \frac{\partial^2}{\partial\lambda_i\partial\lambda_j} U\,(I_1(\boldsymbol{\lambda}),\ J\,(\boldsymbol{\lambda})\ ;\ S)\Big|_{\boldsymbol{\lambda}=\mathbf{0}},$$

soit, en posant provisoirement : $\ell_i = \Gamma_i N_i$, $m_i = \Gamma_i^{-1} N_i$ (s.s)

$$\mathbf{Q} = \frac{\partial U^+}{\partial I_1}\,\mathbf{1} + \frac{\partial^2 U^+}{\partial I_1^2}\,\boldsymbol{\ell}\otimes\boldsymbol{\ell} + \frac{\partial^2 U^+}{\partial I_1\partial J}\,(\boldsymbol{\ell}\otimes\mathbf{m}+\mathbf{m}\otimes\boldsymbol{\ell})$$
$$+ \frac{\partial^2 U^+}{\partial J^2}\,\mathbf{m}\otimes\mathbf{m} \qquad (10.3)$$

La notation $\boldsymbol{\ell}\otimes\mathbf{m}$ désigne le produit tensoriel des vecteurs $\boldsymbol{\ell}$ et $\mathbf{m}$: $(\boldsymbol{\ell}\otimes\mathbf{m})_{ij} = l_i m_j$, et $\mathbf{1}$ le tenseur unité.

On peut toujours supposer la configuration (+) non isotrope (deux des Γ_i distincts) en raisonnant si nécessaire sur une configuration infiniment voisine. Le produit vectoriel $\boldsymbol{\ell}\times\mathbf{m}$ est vecteur propre de $\mathbf{Q}$. Hormis un cas d'exception sans intérêt - la valeur propre est alors triple et constante[12] - l'espace propre associé à la valeur propre double n'est pas le

(12) Si, à état (+) fixé, on fait varier **N**, **Q** varie uniquement par l'intermédiaire de $\boldsymbol{\ell}$ et $\mathbf{m}$. Il est facile de voir que **Q** n'est de révolution autour de $\boldsymbol{\ell}\times\mathbf{m}$, $\forall\mathbf{N}$, que si les dérivées secondes $\partial^2 U^+/\partial I_2^2$ etc. sont nulles, auquel cas **Q** est sphérique et dépend linéairement de I_1 et J. Les équations

plan ($\boldsymbol{\ell}, \mathbf{m}$). Il s'ensuit que $\mathbf{Q}$ est de révolution autour d'une direction du plan ($\boldsymbol{\ell}, \mathbf{m}$), autrement dit de la forme :

$$Q = \frac{\partial U}{\partial I_1} \mathbf{1} + a\,(b\boldsymbol{\ell} + c\mathbf{m}) \otimes (b\boldsymbol{\ell} + c\mathbf{m}), \qquad (10.4)$$

a,b,c : fonctions scalaires convenables. Identifiant (10.4) et (10.3) on en déduit que U satisfait :

$$\left(\frac{\partial^2 U}{\partial I_1 \partial J}\right)^2 - \frac{\partial^2 U}{\partial I_1^2} \frac{\partial^2 U}{\partial J^2} = 0 .$$

Cette équation exprime précisément que les surfaces $U = U\,(I_1, J; S)$ sont développables à S fixé. ∎

10-2 Observations complementaires

Lorsque U dépend de I_2 le solide n'est plus "simple". Toutefois, il y a lieu de s'attendre à l'existence d'A.P.C. sphériques chez le solide isotrope si celui-ci n'est pas tout à fait quelconque. Les commentaires en fin de 9-3 laissent à penser que la condition à satisfaire, du type (10.1), n'intéressera que la classe des déformations planes d'une configuration isotrope (voir chapitre III).

Selon qu'elle est circulaire ou sphérique l'A.P.C. tient lieu d'une ou deux branches d'A.D. : si le solide est simple, deux voies sur trois sont ouvertes aux mécanismes dissipatifs, en tout point et pour tout $\mathbf{M}$. S'il est de surcroît développable une seule voie leur reste ouverte, comme chez le fluide compressible.

Il est intéressant de noter que le "caoutchouc idéal" incompressible, défini par Flory sur la base de théories statistiques, appartient à la catégorie des solides simples incompressibles, lesquels satisfont :

$$U = U(I_1; S) \,, \qquad J = c^{te} \,. \qquad (10.5)$$

Précisant la définition de Flory, B.T. Chu[18] pose pour le caoutchouc idéal :

$$U = U^* + C\,(T - T^*) \qquad S = S^* - Nk\,(I_1 - I_1^*) + C \,\mathrm{Log}\, \frac{T}{T^*} \qquad (10.6)$$

(Suite du renvoi(12)) lagrangiennes du mouvement sont strictement linéaires : Aucun choc ne peut se former.

C : chaleur spécifique à déformation constante, k : constante de Boltzmann, N : nombre de chaînes moléculaires effectives par unité de volume. Les constantes étoilées se rapportent à un état de référence arbitraire.

CHAPITRE III
ONDES PLANES DANS LE SOLIDE ELASTIQUE NON CONDUCTEUR

11 Ondes simples planes

11-1 Equations des ondes élastiques planes

Rappelons que la définition d'une onde plane comporte deux types de données : *la configuration*, de paramètres $\Gamma_{i\alpha}$, *sur* laquelle se propage l'onde ; *la direction de propagation* $\mathbf{N}$ par rapport à la configuration de référence fixe $(\mathbf{X})$. La position d'une particule dans l'onde est donnée par la formule (4.1). A l'aide des variables de déformation :

$$\gamma_i = \frac{\partial \xi_i}{\partial X}(X,t) \tag{12.1}$$

le tenseur de la transformation s'écrit :

$$x_{i,\alpha} = \Gamma_{i\alpha} + \gamma_i N_\alpha . \tag{12.2}$$

Si, par analogie avec (2.17), nous posons :

$$F_i = x_{i,\alpha} N_\alpha , \tag{12.3}$$

$\mathbf{F}$ et $\boldsymbol{\gamma}$ vont différer d'un vecteur constant.

En l'absence de forces massiques les équations de la dynamique revêtent la forme :

$$\frac{\partial v_i}{\partial t} - \frac{\partial b_i}{\partial X} = 0, \tag{12.4}$$

$$b_i = B_{i\alpha} N_\alpha . \tag{12.5}$$

Chez le solide élastique l'énergie interne dans l'onde ne dépend que de S et de $\boldsymbol{\gamma}$ (ou $\mathbf{F}$) par l'intermédiaire de $\nabla\mathbf{x}$:

$$U = U_{\boldsymbol{\Gamma},\mathbf{N}}(\boldsymbol{\gamma};S), \tag{12.6}$$

de sorte que :

$$b_i = N_\alpha \frac{\partial U}{\partial x_{i,\alpha}}(\nabla\mathbf{x};S) = \frac{\partial U_{\boldsymbol{\Gamma},\mathbf{N}}}{\partial \gamma_i} . \tag{12.7}$$

Laissons tomber les indices $\boldsymbol{\Gamma}, \mathbf{N}$, les équations du mouvement deviennent :

$$\frac{\partial}{\partial t}\gamma_i - \frac{\partial}{\partial X} v_i = 0 \tag{11.8a}$$

$$\frac{\partial}{\partial t} v_i - \frac{\partial}{\partial X}\frac{\partial U}{\partial \gamma_i} = 0 \tag{11.8b}$$

$$\frac{\partial}{\partial t}(U + \frac{|\mathbf{v}|^2}{2} - \frac{\partial}{\partial X}(\mathbf{v}.\mathbf{b})) = 0 \tag{11.8c}$$

$$(\text{ou } \frac{\partial S}{\partial t} = 0).$$

L'équation ( ), non conservative, n'est vraie que pour le mouvement continu. Bland[19] a établi des formules comparables à (11.8) pour les ondes planes se propageant sur une configuration isotrope.

Les relations de saut s'écrivent :

$$\mu_D [\gamma_i] = [\frac{\partial U}{\partial \gamma_i}] \tag{11.9a}$$

$$[U] = [\gamma_i]\,\overline{\frac{\partial U}{\partial \gamma_i}}. \tag{11.9b}$$

En introduisant le "tenseur acoustique"

$$\frac{\partial^2 U}{\partial \gamma_i \partial \gamma_j} = Q_{ij}(\boldsymbol{\gamma};S), \tag{11.10}$$

(11.8b) devient (mouvement continu)

$$\frac{\partial}{\partial t} v_i - Q_{ij}\frac{\partial}{\partial X}\gamma_j - \frac{\partial T}{\partial \gamma_i}\frac{\partial S}{\partial X} = 0. \tag{11.11}$$

L'aptitude du corps à propager des discontinuités des dérivées premières de $\{\mathbf{v},\boldsymbol{\gamma},S\}$, inconnues du système (11.8), à la célérité c, renseigne sur son type mathématique. Le report dans (11.11) et (11.8c) des conditions de compatibilité :

$$[(\frac{\partial}{\partial t} + c\frac{\partial}{\partial X})\{\mathbf{v},\boldsymbol{\gamma},S\}] = 0$$

donne :

$$\left.\begin{aligned} c^2 [\frac{\partial \gamma_i}{\partial X}] &= Q_{ij}[\frac{\partial \gamma_j}{\partial X}] + \frac{\partial T}{\partial \gamma_i}[\frac{\partial S}{\partial X}] \\ c[\frac{\partial S}{\partial X}] &= 0. \end{aligned}\right\} \tag{11.12}$$

Nous supposerons la forme quadratique associée à $\mathbf{Q}$ non négative sur le domaine balayé par le quadruplet $\{\boldsymbol{\gamma},S\}$ en chaque point au cours du mouvement. Alors, $\mathbf{Q}$ admet un système au moins de 3 vecteurs propres orthogonaux deux à deux :

$$\boldsymbol{\delta}_1(\boldsymbol{\gamma};S),\ \boldsymbol{\delta}_2,\ \boldsymbol{\delta}_3, \qquad \boldsymbol{\delta}_i.\boldsymbol{\delta}_j = 0\ (i\neq j)$$

respectivement associés à 3 valeurs propres μ_i non négatives, distinctes ou non, soit 6 valeurs c_s de c. L'indice s prend les valeurs -3, -2, -1, 1,2,3. A deux valeurs opposées de s correspondent deux célérités opposées (avec $c_s \geqslant 0$ si $s > 0$) et une même direction caractéristique $\{\boldsymbol{\delta},0\}$. La quatrième composante, nulle, représente le saut $[\partial S/\partial X]$. Enfin, une septième valeur $c_0 = 0$ correspond à la direction caractéristique $\{\mathbf{o},1\}$: le système quasilinéaire (11.8) est *complètement hyperbolique*.

11-2 Ondes simples planes : définition et propriétés

La théorie générale des systèmes hyperboliques développée par Lax[20] nous dit que le système de lois de conservation (11.8) admet des solutions complètes à base de chocs et d'ondes simples. Une onde simple plane est de la forme :

$$\boldsymbol{\gamma} = \boldsymbol{\gamma}\,(\varphi(X,t)) \qquad \mathbf{v} = \mathbf{v}\,(\varphi(X,t)). \tag{11.13}$$

On reporte dans (11.8) puis (11.11) et l'on pose :

$$c = -\frac{\partial\varphi}{\partial t} \Big/ \frac{\partial\varphi}{\partial X} = \frac{dX}{dt} = c^{te}, \tag{11.14}$$

où nous avons anticipé sur la propriété, à apparaître dans un instant, que c est nécessairement une des célérités. Il vient :

$$\begin{aligned} & c\,d\gamma_i + dv_i = 0, \\ & c\,dv_i + db_i = 0, \\ & c\,dS = 0, \end{aligned} \tag{11.15}$$

soit encore :

$$\left.\begin{aligned} & c^2 d\gamma_i = Q_{ij}(\boldsymbol{\gamma};S)\ d\gamma_j + \frac{\partial T}{\partial \gamma_i}\, dS \\ & c\,dS = 0. \end{aligned}\right\} \tag{11.16}$$

Il existe donc 7 systèmes de s-ondes simples, autant que de valeurs propres c_s distinctes ou confondues. Dans une s-onde simple, par construction : $\varphi = c^{te} \Rightarrow \boldsymbol{\gamma}=c^{te} \Rightarrow c_s\ (\boldsymbol{\gamma};S) = c^{te}$.

Il s'ensuit que les *s - caractéristiques d'une s - onde simple sont des droites*

- si s = ±1, ±2, ±3, à chaque s - onde simple correspondent *6 invariants de Riemann,* intégrales premières du système différentiel ordinaire (11.16). Les invariants se subdivisent en deux catégories :

. trois s-invariants *d'état*

$$J_s^3 = S, \qquad J_s^1 = J_S^1\ (\gamma;S) \qquad J_s^2 = J_s^2\ (\gamma;S). \tag{11.17}$$

Les deux derniers sont des intégrales premières du système $(11.16)_1$ à S constant. Ils sont indépendants du sens de propagation :

$$J_s^i = J_{-s}^i \qquad (c_s = -c_{-s})\ ;$$

. trois s-invariants *mixtes*

$$J'^{\,i}_s = v_i + \int^{\gamma} c_s\ (\xi;S)\ d\xi_i \qquad i = 1,2,3. \tag{11.18}$$

- A la 0 - onde simple enfin, fixe par rapport à la matière $(c_o = 0)$, correspondent les six invariants $J_o^i = b_i$, $J'^{\,i}_o = v_i$, i = 1,2,3 qui définissent une translation d'ensemble.

Varley[21] a étudié les conditions à remplir par une solution des équations générales (5.5) du mouvement d'un solide élastique homogène pour que $\nabla\mathbf{x}$ et $\mathbf{v}$ dépendent de $\mathbf{X}$ et t par l'intermédiaire d'une seule fonction $\phi=\phi(\mathbf{X},t)$. Il a montré que les surfaces $\phi=c^{te}$ sont des hyperplans. Les coupes $t = c^{te}$ de ces "ondelettes" sont donc des plans, mais ces derniers ne sont pas nécessairement parallèles : Il existe des ondes simples qui ne sont pas planes. A l'appui de sa généralisation Varley donne un exemple de mouvement isochore et isotherme qui comprend manifestement l'onde plane circulaire dont il va être question en 12-1[(13)].

11-3 Expression de l'energie interne du solide isotrope dans l'onde plane

Pour établir cette expression il suffit de calquer la démarche qui nous donne au 7-1 l'expression de U à l'aval d'un choc. Nous choisissons d'abord une configuration de référence isotrope dans laquelle U ne dépend

(13) En [21] ce type de mouvement n'est pas décrit de façon précise. Varley annonce une étude générale du problème.

que des invariants I_1, I_2, J. Puis, nous fixons les directions d'axes dans l'espace physique et dans la configuration fixe de façon à rendre diagonale la matrice des $\Gamma_{i\alpha}$:

$$x_{i,\alpha} = \Gamma^P_\alpha \delta_{i\alpha} + \gamma_i N_\alpha . \tag{11.19}$$

On peut supposer $\Gamma_\alpha > 0$. Après abandon de l'exposant P des Γ^P_α l'expression cherchée est analogue à (7.6) à la substitution près : $\boldsymbol{\lambda} \to \boldsymbol{\gamma}$.

$$U_{\boldsymbol{\Gamma},P}(\boldsymbol{\gamma},S) = U(I_1(\boldsymbol{\gamma}), I_2(\boldsymbol{\gamma}), J(\boldsymbol{\gamma}); S) \tag{11.20}$$

$$J(\boldsymbol{\gamma}) = J^P(1 + \sum_1^3 \Gamma_i^{-1} N_i \gamma_i)$$

$$I_1(\boldsymbol{\gamma}) = I_1^P + \frac{1}{2}|\boldsymbol{\gamma}|^2 + \sum_1^3 \Gamma_i N_i \gamma_i$$

$$I_2(\boldsymbol{\gamma}) = I_2^P + \frac{1}{2}(\sum_1^3 \Gamma_i^2 (1-N_i)^2)|\boldsymbol{\gamma}|^2 + \frac{1}{2}(\sum_1^3 \Gamma_i N_i \gamma_i)^2 \tag{11.21}$$

$$- \frac{1}{2}\sum_1^3 \Gamma_i^2 \gamma_i^2 + |\boldsymbol{\Gamma}|^2 \sum_1^3 \Gamma_i N_i \gamma_i - \sum_1^3 \Gamma_i^3 N_i \gamma_i$$

$$J^P = \Gamma_1 \Gamma_2 \Gamma_3, \quad 2I_1^P = \sum_1^3 \Gamma_\alpha^2 \quad 2I_2^P = \sum_{\alpha<\beta} \Gamma_\alpha^2 \Gamma_\beta^2$$

Les relations (7.4) permettent, au besoin, de faire apparaître dans les formules précédentes la direction de propagation $\mathbf{n}$ de l'onde par rapport à l'espace.

12 Ondes simples "sur une configuration isotrope"

12-1 Solide isotrope quelconque

Lorsque : $\Gamma^P_\alpha = \Gamma^P$, $\forall\alpha$, l'onde se propage sur une configuration *isotrope*, et l'on a :

$$n_i = N_i . \tag{12.1}$$

L'énergie interne de dépend plus de $\boldsymbol{\gamma}$ que par l'intermédiaire de deux fonctions :

$$j = \boldsymbol{\gamma}\cdot\mathbf{n} \qquad h = \frac{1}{2}|\boldsymbol{\gamma}|^2 \tag{12.2}$$

$$U = \vartheta\,(j,h,S;\,\Gamma^P) . \tag{12.3}$$

Le tenseur acoustique s'écrit :

$$\mathbf{Q} = \frac{\partial\vartheta}{\partial h}\mathbf{1} + \frac{\partial^2\vartheta}{\partial j^2}\mathbf{n}\otimes\mathbf{n} + \frac{\partial^2\vartheta}{\partial h^2}\boldsymbol{\gamma}\otimes\boldsymbol{\gamma} + \frac{\partial^2\vartheta}{\partial j\partial h}(\boldsymbol{\gamma}\otimes\mathbf{n} + \mathbf{n}\otimes\boldsymbol{\gamma}) \qquad (12.4)$$

Remarque : Si $\Gamma_1^P = \Gamma_3^P = \Gamma^P$ ($\neq \Gamma_2^P$) et $N_1 = N_3 = 0$ les relations précédentes restent valables. Par suite, celles des propriétés de l'onde plane "sur une configuration isotrope" qui résultent de l'expression (12.4) de $\mathbf{Q}$ seront également satisfaites par l'onde plane qui se propage *dans une direction d'isotropie transversale*.

Le tenseur acoustique admet un premier vecteur propre $\boldsymbol{\delta}_3$ orthogonal à $\mathbf{n}$ et $\boldsymbol{\gamma}$. La 3-onde simple associée vérifie $\mathbf{n}.d\boldsymbol{\gamma}=0$, $\boldsymbol{\gamma}.d\boldsymbol{\gamma}=0$, $dS = 0$. Donc j et h sont constants, l'extrémité de $\boldsymbol{\gamma}$ décrit un cercle d'axe parallèle à $\mathbf{n}$. La 3-onde simple est *transversale circulaire* animée de la célérité uniforme : $c_3 = (\partial\vartheta/\partial h)^{0,5}$. Elle admet pour invariants de Riemann :

$$J_3^3 = S,\ J_3^1 = j,\quad J_3^2 = h,\ J'^{\,i}_3 = v_i + c_3\gamma_i. \qquad (12.5)$$

Sont également invariants : U et T.

Les relations de saut (11-9) autorisent ici toute discontinuité qui conserve les invariants de Riemann. Montrons qu'*une telle discontinuité est un pseudo-choc circulaire.*

Démonstration : il suffit de vérifier que l'amont de la discontinuité satisfait (9.12). Or, les directions principales $\mathbf{D}_\alpha$ de la transformation $\overset{+}{x}_{i,\alpha} = \Gamma^P\delta_{i\alpha} + \overset{+}{\gamma}_i n_\alpha$ relative à l'amont, vues de la configuration fixe, sont vecteurs propres de la matrice $\overset{+}{P}_{\alpha\beta} = \overset{+}{x}_{i,\alpha}\overset{+}{x}_{i,\beta}$; les valeurs propres s_α de $\overset{+}{\mathbf{P}}$ sont les carrés des $\overset{+}{\Gamma}_\alpha$ définis au chapitre II. Dans les axes tels que $n_2 = N_2 = 1$, $n_i = N_i = 0$ (i=1,3), $\gamma_1 = 0$, la matrice $\overset{+}{\mathbf{P}}$ devient :

$$\overset{+}{\mathbf{P}} = \begin{vmatrix} \Gamma^{P^2} & 0 & 0 \\ 0 & P_{22} & P_{23} \\ 0 & P_{32} & \Gamma^{P^2} \end{vmatrix}$$

avec : $P_{22} = \Gamma^{P^2} + |\overset{+}{\boldsymbol{\gamma}}|^2 + 2\Gamma^P\overset{+}{\gamma}_2$, $P_{23} = P_{32} = \Gamma^P\overset{+}{\gamma}_3$.

Une première solution propre est : $s_1 = \Gamma^{P^2}$, soit $\overset{+}{\Gamma}_1 = \Gamma^P$, et $\mathbf{D}_1 = (1,0,0)$. Les autres s_α satisfont une équation du second degré qui a pour somme des racines :

$$s_2 + s_3 = P_{22} + \Gamma_1^{+2}.$$

Les composantes de $\mathbf{D}_2$ satisfont : $(P_{\alpha\beta} - s_2\delta_{\alpha\beta})\, D_{2\beta} = 0$, d'où :

$$D_{2_2}/D_{2_3} = (s_2 - \Gamma_1^{+2})/P_{32} = P_{23}/(s_2 - P_{22}).$$

Si, maintenant, O, N_2^+ et N_3^+ sont les composantes de $\mathbf{N}$ dans les axes $\mathbf{D}_1$, $\mathbf{D}_2$, $\mathbf{D}_3$, on a :

$$|N_2^+/N_3^+| = D_{2_2}/D_{2_3}.$$

Les trois relations précédentes entraînent

$$\left(\frac{N_2^+}{N_3^+}\right)^2 = \frac{\Gamma_2^{+2} - \Gamma_1^{+2}}{\Gamma_1^{+2} - \Gamma_3^{+2}}$$

qui n'est autre que (9.14). ■

Le résultat ci-dessus, bien qu'établi dans le cas d'une "onde plane sur une configuration isotrope", reste vrai pour l'onde plane qui se propage dans une direction d'isotropie transversale(14).

C'est dans le contexte de l'onde plane que Bland[19] a mis en évidence la discontinuité circulaire et que cette dernière se présente dans la littérature.

Hormis l'onde circulaire, restent deux types d'ondes simples qui, correspondant à des vecteurs propres $\boldsymbol{\delta}_i$, $i = 1,2$ du plan $(\boldsymbol{\gamma},\mathbf{n})$, satisfont l'équation différentielle : $(\mathbf{n},\boldsymbol{\gamma},d\boldsymbol{\gamma}) = 0$. Elles admettent donc un *plan de polarisation fixe parallèle à* $\mathbf{n}$. Les valeurs propres associées sont solutions de :

$$f(\mu) \equiv \mu^2 - 2\left(\mu_3 + \frac{1}{2}\frac{\partial^2\vartheta}{\partial j^2} + \frac{\partial^2\vartheta}{\partial h^2}\, h + \frac{\partial^2\vartheta}{\partial j\partial h}\, j\right)\mu$$

$$+ \mu_2^3 + \mu_3\left(\frac{\partial^2\vartheta}{\partial j^2} + 2\frac{\partial^2\vartheta}{\partial h^2}\, h + 2\frac{\partial^2\vartheta}{\partial j\partial h}\, j\right) + |\boldsymbol{\gamma}\times\mathbf{n}|^2 I = 0,$$

$$I = \frac{\partial^2\vartheta}{\partial j^2}\frac{\partial^2\vartheta}{\partial h^2} - \left(\frac{\partial^2\vartheta}{\partial j\partial h}\right)^2, \quad \mu_3 = \frac{\partial\vartheta}{\partial h}. \tag{12.6}$$

---

(14) La démonstration est à modifier sur deux points : faire $x^+_{i,\alpha} = \Gamma^P_\alpha \delta_{i\alpha} + \gamma^+_i N_\alpha$ avec $\Gamma^P_1 = \Gamma^P_3 = \Gamma^P$; dans l'expression de P_{22} remplacer (suite p.47)

Pour $\boldsymbol{\gamma} = \mathbf{0}$ on lit directement sur l'expression (12.4) de $\mathbf{Q}$ réduite à ses deux premiers termes que : $\mu_2^{(0)} = (\partial\vartheta/\partial h)^{(0)} = \mu_3^{(0)}$ (mode transversal) et $\mu_1^{(0)} = (\partial\vartheta/\partial h + \partial^2\vartheta/\partial j^2)^{(0)}$ (mode longitudinal). On dispose ainsi du moyen d'identifier dans le cas général la 1-onde quasi-longitudinale et la 2-onde quasi-transversale. En outre : $f(\mu_3) = |\boldsymbol{\gamma}\mathrm{X}\mathbf{n}|^2\ \mathrm{I}$. Nous limitant au seul cas expérimentalement reconnu où la célérité c_1 est la plus grande des trois, nous en déduisons la classification suivante :

si $\boldsymbol{\gamma}\mathrm{X}\mathbf{n} = \mathbf{0}$: $c_3 = c_2 < c_1$, résultat évident ;

si $\boldsymbol{\gamma}\mathrm{X}\mathbf{n} \neq \mathbf{0}$ et $\mathrm{I} > 0$: $c_3 < c_2 < c_1$. Si $\mathrm{I} < 0$: $c_2 < c_3 < c_I$.

Pour I = 0 une nouvelle possibilité d'égalisation des célérités inférieures c_2 et c_3 se présente. Nous étudions au 12-2 le matériau qui remplit identiquement cette condition : Dans ce cas :

$$\mu_1 = c_1^2 = \frac{\partial\vartheta}{\partial h} + \frac{\partial^2\vartheta}{\partial j^2} + 2\,\frac{\partial^2\vartheta}{\partial h^2}\,h + 2\,\frac{\partial^2\vartheta}{\partial j\partial h}\,j.$$

Exemple : considérons une plaque plane au repos, infinie dans les directions x_2, x_3, de bords $x_1 = 0$, $x_1 = a$. Cette plaque est supposée provenir de la déformation plane *homogène* parallèlement au plan x_1x_2 d'une plaque dans un état isotrope collée par son bord $x_1 = a$. La figure 7 représente le losange qu'est devenue une section $X_3 = c^{te}$ initialement rectangulaire (pointillés). Si l'on rapporte le matériau à sa configuration cartésienne $(\mathbf{X})$ dans l'état naturel, l'état déformé, maintenu par application de contraintes convenables σ_{11} et σ_{12} le long de la frontière $X_1 = 0$, est décrit par le tenseur

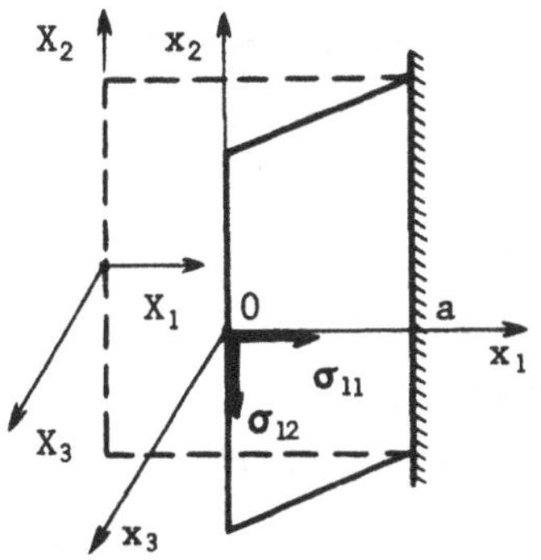

Fig. 7

$$x_{i,\alpha}^{(0)} = \delta_{i\alpha} + \gamma_i^{(0)} N_\alpha$$

$$N_1 = 1,\ N_2 = N_3 = 0,\quad \gamma_3^{(0)} = 0,\ v_i^{(0)} = 0.$$

(Suite du renvoi précédent) Γ^{P^2} par $\Gamma_2^{P^2}$. Le reste est sans changement.

Imposons maintenant au bord $X_1 = 0$ une translation d'ensemble. Pour une loi de mise en mouvement progressive et convenable la perturbation progressera sous forme d'une s - onde simple au plus tard jusqu'à sa rencontre avec le bord $x_1 = a$. La connaissance des invariants de Riemann jointe aux conditions de raccord continu avec l'amont détermine la nature du mouvement à imposer à la frontière. Ainsi, pour une 3 - onde simple la vitesse **V** de la frontière doit satisfaire les relations :

$$V_1 = 0 \qquad V_3^2 + (V_2 - c_3\,\gamma_2^{(0)})^2 = c_3^2\,(\gamma_2^{(0)})^2.$$

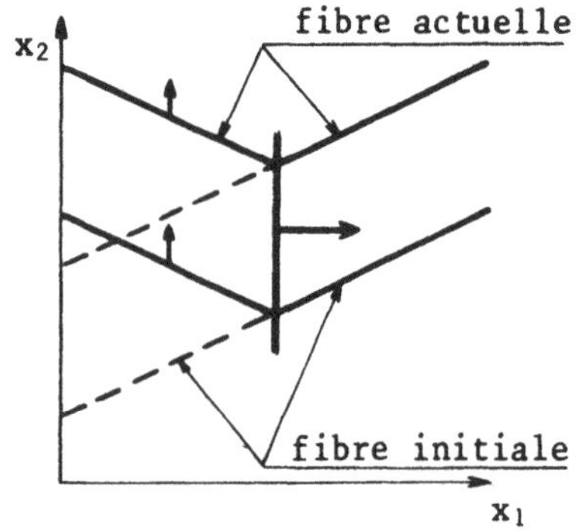

Fig. 8 Discontinuité circulaire dans la plaque de la figure 7.

Il est clair que l'existence d'une telle onde suppose une distorsion initiale : $\gamma_2^{(0)} \neq 0$. Donnons-nous par exemple à l'instant $t = 0$ un *saut* de **V** à partir de la valeur nulle suivi de la valeur constante :

$V_1(t)=V_3(t)=0$, $V_2(t)=2c_3\gamma_2^{(0)}$, $t > 0$. Il se propagera l'analogue d'une macle-rotation de π autour de ox_1 - derrière une discontinuité circulaire animée de la vitesse $c_3(1 + \gamma_1^{(0)})$ par rapport à l'espace (figure 8).

Signalons que Collins[8] a étudié les ondes planes faiblement non linéaires qui se propagent sur une configuration isotrope d'un solide incompressible. A l'ordre d'approximation qu'il retient deux simplifications se produisent : les ondes simples transversale et circulaire ont en commun deux invariants de Riemann ; les invariants de Riemann se conservent à travers les chocs[(15)].

12-2 L'onde simple sphérique

Un cas particulier intéressant est celui où $\partial\vartheta/\partial h$ est racine double,

---

(15) Dans le cas général[20] cette propriété n'est vraie qu'au 3ème ordre près en $[\,|\boldsymbol{\gamma}|\,]$.

et non plus seulement simple, de l'équation caractéristique : Dét $(\mathbf{Q}-\mu\mathbf{1})=0$. Le tenseur acoustique, alors de révolution autour d'une direction du plan $(\boldsymbol{\gamma},n)$, s'écrit :

$$\mathbf{Q} = \frac{\partial\vartheta}{\partial h}\mathbf{1} + a\,(b\boldsymbol{\gamma} + c\mathbf{n}) \otimes (b\boldsymbol{\gamma} + c\mathbf{n}). \tag{12.7}$$

Nous concluons à l'aide d'un raisonnement déjà tenu à la suite de la formule (10.4) [ou au vu de l'équation aux dérivées partielles I = 0, I donné par (12.6)] qu'il existe entre les dérivées partielles de ϑ une identité de la forme :

$$f\,\left(\frac{\partial\vartheta}{\partial j}, \frac{\partial\vartheta}{\partial h}; S\right) = 0\,. \tag{12.8}$$

Posons provisoirement $p = \partial\vartheta/\partial j$, $q = \partial\vartheta/\partial h$. De la dérivation de (12. 13) on déduit l'existence d'une fonction $\nu(j,h;\,S)$ telle que

$$\frac{\partial^2\vartheta}{\partial j^2} = \nu\,\left(\frac{\partial f}{\partial q}\right)^2, \quad \frac{\partial^2\vartheta}{\partial h^2} = \nu\,\left(\frac{\partial f}{\partial p}\right)^2, \quad \frac{\partial^2\vartheta}{\partial j\partial h} = -\,\nu\,\frac{\partial f}{\partial p}\,\frac{\partial f}{\partial q}\,.$$

On reporte dans (12.4). Il vient :

$$\mathbf{Q} = \frac{\partial\vartheta}{\partial h}\mathbf{1} + \nu\,(f'_q\mathbf{n} - f'_p\boldsymbol{\gamma}) \otimes (f'_q\mathbf{n} - f'_p\boldsymbol{\gamma}). \tag{12.9}$$

D'où résulte que la 2-3 onde simple associée à la racine double satisfait :

$$(f'_q\mathbf{n} - f'_p\boldsymbol{\gamma}).d\boldsymbol{\gamma} = 0, \text{ soit : } f'_q dj - f'_p dh = 0.$$

On reconnaît la relation différentielle le long des caractéristiques de l'équation aux dérivées partielles (12.8). Celles-ci sont des génératrices de la surface développable : $(j,h)\to\vartheta$ le long desquelles le plan tangent est fixe : $p = p^{(0)}$, $q = q^{(0)}$. A la 2-3 onde simple correspondent donc deux (et non plus trois) invariants de Riemann indépendants :

$$J^3_{2,3} = S \quad J_{2,3} = \frac{\partial\vartheta}{\partial\left(\frac{\partial\vartheta}{\partial h}\right)}\,j - \frac{\partial f}{\partial\left(\frac{\partial\vartheta}{\partial j}\right)}\,h. \tag{12.10}$$

La constance à travers l'onde de $\partial\vartheta/\partial h$ (et $\partial\vartheta/\partial j$), c'est-à-dire de la célérité double $c_{2,3} = (\partial\vartheta/\partial h)^{0,5}$, *équivaut* à celle de $J_{2,3}$. L'extrémité de $\boldsymbol{\gamma}$ appartient à une *sphère*.

L'équation qui gouverne l'évolution de $\{\boldsymbol{\gamma},\mathbf{v}\}$ est du type des cordes vibrantes :

$$\left(\frac{\partial^2}{\partial t^2} - \frac{\partial\vartheta}{\partial h}\,\frac{\partial^2}{\partial X^2}\right)\{\boldsymbol{\gamma},\mathbf{v}\} = 0. \tag{12.11}$$

Elle autorise de ce fait des discontinuités non dissipatives que nous avons décrites sous le nom de pseudo-chocs sphériques.

Exemple : Notons : $\tilde{r} = \Sigma\Gamma_i$, $\tilde{s} = \sum_{i<j} \Gamma_i\Gamma_j$, $J = \Gamma_1\Gamma_2\Gamma_3$ les invariants du tenseur $\mathbf{P}^{1/2}$. Le matériau *harmonique* "thermodynamique" est défini par son énergie interne

$$U = F(\tilde{r}; S) + a(S)\,\tilde{s} + b(S)J. \tag{12.12}$$

Duvaut[11] a mis en évidence la possibilité d'ondes simples sphériques dans le matériau harmonique. Cette propriété est en accord avec la théorie que nous venons d'exposer, puisque ϑ satisfait l'identité(16) :

$$\partial\vartheta/\partial j - 2\Gamma\,\partial\vartheta/\partial h - a\Gamma - b\Gamma^2 \equiv 0. \tag{12.13}$$

En fonction de leur aptitude à propager des ondes simples sphériques, et par ordre de généralité décroissante, les solides élastiques se classent en 4 catégories : i) Ils n'en propagent pas. C'est le cas général. Ils en propagent ii) sur une seule configuration isotrope [(12.8) valable pour un seul Γ] ; iii) sur toute configuration isotrope. Exemple : le matériau harmonique ; iV) sur toute configuration, isotrope ou non. C'est le cas du matériau "simple développable" défini au chapitre II.

A côté de l'onde simple sphérique on ne trouve plus que la 1-onde simple quasi-longitudinale de plan de polarisation fixe passant par $\mathbf{n}$ et de célérité c_1 donnée par la formule (12.12). Le vecteur caractéristique est $\mathbf{d}_1 = f'_q\mathbf{n} - f'_p\boldsymbol{\gamma}$. Choisissons des axes tels que ox_1x_2 soit le plan de polarisation, ox_1 parallèle à $\mathbf{n}$ ($\gamma_3 = 0$). La relation différentielle d'état : $d\boldsymbol{\gamma}//\mathbf{d}_1$ s'écrit, avec : $j = \gamma_1$, $h = \frac{1}{2}(\gamma_1^2 + \gamma_2^2)$:

$$\frac{d\gamma_1}{\partial f/\partial(\frac{\partial\vartheta}{\partial h}) - \partial f/\partial(\frac{\partial\vartheta}{\partial j})\gamma_1} = \frac{d\gamma_2}{-\partial f/\partial(\frac{\partial\vartheta}{\partial j})\gamma_2}, \quad dS = 0. \tag{12.14}$$

Une fois adjoints les invariants mixtes, l'onde est complètement déterminée.

Exemple : Dans le cas du matériau harmonique, compte tenu de (12.13) le

(16) Dans l'onde plane sur configuration isotrope on a en effet : $\tilde{r} = \Gamma + (2h+4\Gamma j+4\Gamma^2)^{1/2}$, $\tilde{s} = \Gamma(j+\tilde{r})$, $J = \Gamma^3(1+j/\Gamma)$.

système différentiel devient : $d\gamma_1/(2\Gamma+\gamma_1) = d\gamma_2/\gamma_2$. D'où : $2\Gamma + \gamma_1 = K\gamma_2$, K constante dépendant de l'onde (noter que $J = \Gamma + \gamma_1 > 0$). L'extrémité de $\boldsymbol{\gamma}$ se déplace sur une droite.

13 Chocs longitudinaux finis

13-1 Généralités

Les chocs longitudinaux finis sont, depuis longtemps, le sujet naturel d'étude des mécaniciens des fluides. L'étude mérite néanmoins d'être reprise à la base, car elle révèlera des possibilités de choc nouvelles qui répondent à la grande diversité de comportement des solides élastiques. Elle offrira également l'occasion d'introduire le concept utile d'"indicatrice d'Hugoniot" sur lequel un article de Duvaut[10] a attiré notre attention. On perçoit dès le stade des chocs longitudinaux l'intérêt de l'indicatrice pour la construction et la délimitation de l'adiabatique dynamique de matériaux complexes (sect.14). Cet intérêt se confirmera dans le cas général (sect.16).

La polarisation $\boldsymbol{\lambda}$ du choc longitudinal, par définition parallèle à $\mathbf{n}$, est spécifiée par la variable $\lambda = \boldsymbol{\lambda}.\mathbf{n}$. Le graphe d'une famille dans le plan ($\lambda, b = \partial U/\partial\lambda$) est la "courbe d'Hugoniot" $\mathcal{H}_o$ qui satisfait les relations :

$$\mu_D \lambda = b - b^+ \tag{13.1}$$

$$U - U^+ = \frac{\lambda}{2}(b + b^+). \tag{13.2}$$

$\mu_D = c_D^2$ est la pente de la droite de Rayleigh qui passe par les points $(0, b^+)$ et $(\lambda, b) \varepsilon \mathcal{H}_o$. Ces relations s'appliquent également aux familles de chocs, que nous qualifierons de *rectilignes*, tels que l'extrémité de $\boldsymbol{\lambda}$ se déplace sur une droite fixe de vecteur unitaire $\mathbf{k}$, à condition de substituer $\mathbf{k}$ à $\mathbf{n}$ dans la définition de $\boldsymbol{\lambda}$. Exemple : choc transversal dans le solide isotrope incompressible.

L'ouvrage de Courant et Friedrichs[22] qui se place dans la perspective des travaux de Rankine, Riemann, Hugoniot, Rayleigh, Becker, H. Weyl.. à rendu classique la discussion des propriétés des chocs finis dans les fluides à partir de l'inégalité du second principe :

$$[S] \geqslant 0. \tag{13.3}$$

Les connaissances acquises, depuis, dans le domaine de la stabilité des chocs nous conduisent à préférer aujourd'hui une approche différente fondée sur les inégalités :

$$c^+ \leqslant c_D \leqslant c. \tag{13.4}$$

Equivalentes au second principe dans le cas des chocs faibles, ces conditions de stabilité, sur lesquelles nous revenons plus loin en détail, sont aussi impératives et apparaissent plus restrictives. A l'époque du traité de Courant de Friedrichs, les travaux de Lax n'étaient pas encore parus qui devaient attirer l'attention sur leur importance.

Faisons coïncider l'origine du plan (λ, b) avec l'état amont $(0, b^+)$ et désignons par $\mathscr{I}_o$ l'isentropique de l'origine. Introduisons la "fonction d'Hugoniot" du point $M = (\lambda, S)$:

$$H(M) \equiv U(M) - U^+ - \frac{\lambda}{2}\left(\frac{\partial U}{\partial \lambda} + b^+\right). \tag{13.5}$$

La relation (13.2) s'écrit :

$$\mathscr{H}_o : H(A) = 0. \tag{13.6}$$

Enumérons les propriétés et hypothèses qui vont intervenir dans la discussion :

i)- Le long de $\mathscr{H}_o$ on a :

$$TdS = \frac{1}{2}\lambda^2 d\mu_D, \tag{13.7}$$

$$(\mu-\mu_D)\frac{d\lambda}{\lambda} = \left(1 - \frac{\lambda}{2T}G\right) d\mu_D), \tag{13.8}$$

avec :

$$G \equiv \frac{\partial T}{\partial \lambda} = \frac{\partial b}{\partial S}. \tag{13.9}$$

ii)- Le long d'un rayon $\mathscr{R}$ (droite passant par l'origine), H et S varient dans le même sens :

$$dH = T\, d\, S. \tag{13.10}$$

iii)- En tout point $M \in \mathscr{I}_o$, H(M) est égal à l'aire *algébrique* $\mathscr{A}$ de la surface comprise entre l'arc $\widehat{OM}$ et la corde $\overline{OM}$. Le signe de $H = \mathscr{A}$ correspond à un parcours du circuit $\overrightarrow{OMO}$ effectué dans le sens des λ *croissants* le long de l'arc $\widehat{OM}$.

iV)- Dans tout le domaine intéressé par la discussion les fonctions possèdent des dérivées à l'ordre voulu ; le problème est complètement hyperbolique ; G garde un signe *constant :*

$$\mu = \frac{\partial b}{\partial \lambda} > 0, \quad G \neq 0. \tag{13.11}$$

Une interprétation du signe de G est donnée au 18-2.

13-2 Cas où $\partial^2 b/\partial\lambda^2$ est de signe constant

La nature des chocs possibles dépend de la courbure des isentropiques

a)- *Si* $\partial^2 b/\partial\lambda^2 < 0$ *les chocs sont de compression :* $\lambda < 0$. C'est le cas des fluides en particulier.

b)- *Si* $\partial^2 b/\partial\lambda^2 > 0$ *les chocs sont de détente :* $\lambda > 0$.

c)- *Dans les deux cas la courbe d'Hugoniot est bien paramétrée par la célérité du choc ou par l'entropie (qui croissent dans le même sens)*

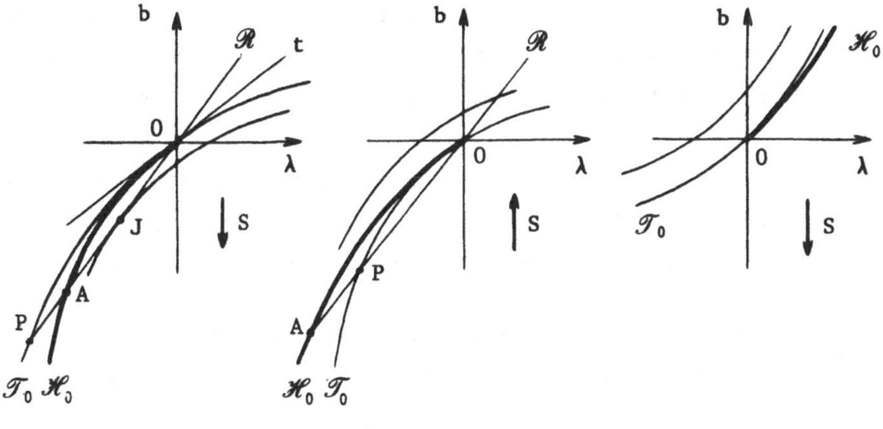

(a) G < 0 (b) G > 0 (c) G < 0

Fig. 9 Matériau C.B. ou C.H.

En effet, considérons un rayon $\mathcal{R}$ qui passe par l'état aval A d'un choc de coordonnées λ_A, b_A. D'après la première des conditions de stabilité $\mathcal{R}$ divise l'angle aigu que fait la tangente Ot à $\mathcal{I}_o$ à l'origine avec l'axe $\vec{Ob}$. Si $\partial^2 b/\partial\lambda^2 < 0$ (isentropiques concaves vers le bas) on ne peut avoir $\lambda_A > 0$, cela violerait la seconde condition de stabilité. $\mathcal{R}$ recoupe $\mathcal{I}_o$ en P et touche sans la recouper une des isentropiques en un point J du segment OP. Deux cas sont à envisager dans le cadre de l'hypothèse iV) lorsque l'on décrit $\mathcal{R}$ de O vers P, sachant que d'après iii) on a nécessairement : $H(P) < 0$. Si $G < 0$ (cas des fluides) S croît strictement de O en J et décroît strictement au delà. D'après ii) H à un comportement analogue. Comme H est continue et que $H(O) = 0$, H s'annule une *seule* fois sur $\mathcal{R}$, et ce en A entre P et J [figure 9(a)]. Cette conclusion est en accord avec le a). Si $G > 0$, le même raisonnement montre que H ne peut s'annuler qu'au-delà de P, et une fois au plus [figure 9(b)].H s'annule effectivement. Pour le démontrer il faudrait invoquer l'existence d'un minimum des valeurs admissibles de λ (imposé par la condition : $J > 0$) ainsi que la condition sur la chaleur spécifique : $T\,(\partial S/\partial T)_\lambda > 0$ (imposée par la stabilité locale du solide doué de conduction thermique, aussi faible soit-elle. Voir 18-2).

Si $\partial^2 b/\partial\lambda^2 > 0$ la même démarche conduit au b). Là encore, le *signe de* G *commande les positions relatives de* $\mathcal{H}_o$ et $\mathcal{I}_o$. Par exemple, si $G < 0$, la courbe d'Hugoniot est tout entière dans la partie convexe de $\mathcal{I}_o$ [figure 9(c)].

Enfin, à chaque valeur $c_D > c^+$ correspond, d'après ce qui précède, un choc au plus . D'où le c).■

Vu que : $S - S^+ = \int_{c^+}^{c_D} T^{-1}\lambda^2 c_D\,dc_D > 0$, ce choc est automatiquement compatible avec le second principe. On vérifie sans peine sur chaque cas de figure qu'il satisfait également *la condition de stabilité relative à l'aval :* $\mu - \mu_D > 0$.

13-3 Forme de l'adiabatique dynamique ($\partial^2 b/\partial\lambda^2$ de signe constant).

Tournons-nous à présent vers la formule (13.8). Nous constatons que $|\lambda|$ est une fonction monotone croissante de c_D à partir de zéro jusqu'au point éventuel où :

$$1 - \frac{\lambda}{2T}\,G = 0, \qquad (13.12)$$

Si $\lambda G < 0$, un tel point n'existe pas. Mais si $\lambda G > 0$, la présence sur $\mathcal{H}_o$ d'un, voire de plusieurs extremums de $|\lambda|$ selon le matériau en question, paraît possible. L'exemple qui suit prouve le bien fondé de cette hypothèse.

Soit un matériau dont l'énergie interne ne dépend que de la température : $U = U(T)$, et tel que :

$$U'(T) > 0,\ U''(T) \leqslant 0,\ \lim_{T\to\infty} T^{-1}U(T) = 0. \tag{13.13}$$

Le matériau obéit en outre à la loi de Mariotte : $b = -KT/(1+\lambda)$, K constante positive. La première inégalité assure que $G < 0$, les deux premières que $\partial^2 b/\partial\lambda^2 < 0$: c'est le cas de figure 9(a). Alors, non seulement λ *passe par un minimum* λ_m *sur* $\mathcal{H}_o$ *mais encore* $\mathcal{H}_o$ *admet l'axe des* b *pour asymptote* (figure 10). En effet, montrons d'abord par l'absurde que : $\lim_{c_D\to\infty} T = \infty$. Dans le système de variables

$$F = \lambda+1,\quad \theta = T/T^+-1,\ u = 2(U-U^+)/KT^+$$

$\mathcal{H}_o$ a pour équation

$$F^2 + F\,[u(\theta)+\theta] - \theta - 1 = 0.$$

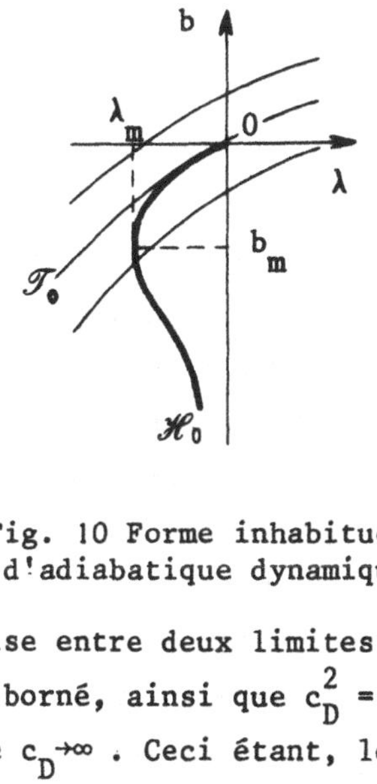

Fig. 10 Forme inhabituelle d'adiabatique dynamique

Supposons que $\lim T < \infty$. La solution positive F de cette équation reste alors comprise entre deux limites F_m et F_M : $0 < F_m < F < F_M < 1$; $b = -KT/F$ reste borné, ainsi que $c_D^2 = (b - b^+)/(F-1)$, ce qui est contraire à l'hypothèse que $c_D \to \infty$. Ceci étant, lorsque $T\to\infty$

$$F = \frac{1}{2}\,\{-(u+\theta)+(u+\theta)[\,1+ \frac{4\theta+4}{(u+\theta)^2}\,]^{1/2}\} = \frac{\theta+1}{u+\theta} + o\,(\frac{\theta+1}{u+\theta})\ \text{tend vers } 1. \ \blacksquare$$

Le résultat précédent assoit l'étude de Duvaut[10] et celle, récente, de Nunziato et Herrmann[23] des paramétrages possibles de $\mathcal{H}_o$ (17).

(17) Ces auteurs reconnaissent que $\mathcal{H}_o$ n'a aucune raison d'admettre une représentation du type $b = b\,(\lambda)$ sans en apporter de preuve, qu'elle soit d'ordre expérimental, numérique ou théorique.

Choisissons en particulier U de la forme :

$$U = aT^{\alpha} \qquad 0 < \alpha < 1 . \tag{13.14}$$

Si, fixant a, nous faisons tendre α vers l'unité, b_m tend vers l'infini, et le phénomène disparaît. Ce cas limite correspond au fluide polytropique. Bien entendu, une loi qui s'écarterait de la forme $U = C_{V,} T$ tout en obéissant à (13.13) sur un intervalle fini, mais d'étendue suffisante, produirait le phénomène de minimum. D'une façon générale le phénomène accompagnera, semble-t-il, une sensibilité prononcée de G/T aux variations de T(G/T croissant avec T). Il est spectaculaire chez les matériaux *poreux*, où on l'attribue à un échauffement important en début de compactage, Al'tshuler et coll[24].

13-4 Cas où $\partial^2 b/\partial\lambda^2$ est de signe variable

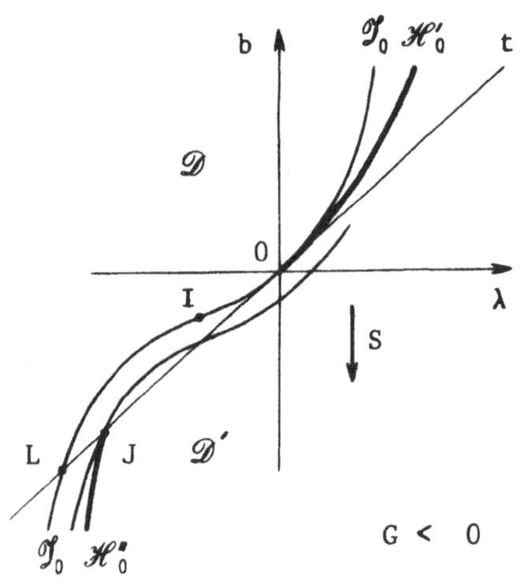

Fig 11. Matériau C.B - C.H.

a)- L'isentropique $\mathscr{I}_0$ étant supposée *de type CB-CH* dans la therminologie de 7-2, elle admet un point d'inflexion I. Supposons également G < 0, pour fixer les idées, et O situé sur la partie CH de $\mathscr{I}_0$. Ce cas a été examiné par Duvaut[10]. Comme au 13-2, la première condition de stabilité limite la recherche des états avals de chocs ayant l'origine pour état amont aux deux angles aigus $\mathscr{D}$ (du 1er quadrant) et $\mathscr{D}'$ que forme la tengente Ot à $\mathscr{I}_0$ avec l'axe $\vec{Ob}$. Faisons l'hypothèse que tout rayon "utile" $\mathscr{R}$ passant par O recoupe une isentropique quelconque en 3 points au plus. La position de $\mathscr{R}$ par rapport au réseau des isentropiques est alors la même dans $\mathscr{D}$ et $\mathscr{D}'$ séparément que lorsque $\partial^2 b/\partial\lambda^2$ était de signe constant. La différence est que le rayon limite Ot recoupe ici $\mathscr{I}_0$ en un point L.

Dans $\mathscr{D}$ on retrouve la situation de la figure 9(c). D'où une première branche d'"Hugoniot" $\mathcal{H}'_0$ partant de O et située dans la partie convexe de $\mathcal{T}_0$. Dans $\mathcal{D}'$ le raisonnement tenu à propos de la configuration 9(a) s'applique tel quel, mais il conduit à faire débuter une seconde branche $\mathcal{H}''_0$ d'Hugoniot en un point J de OL distinct de l'origine : il *n'existe pas de choc faible à l'intérieur de cette seconde famille de chocs.*

b)- Envisageons à présent le cas où $\mathcal{T}_0$ est de type CH-CB.

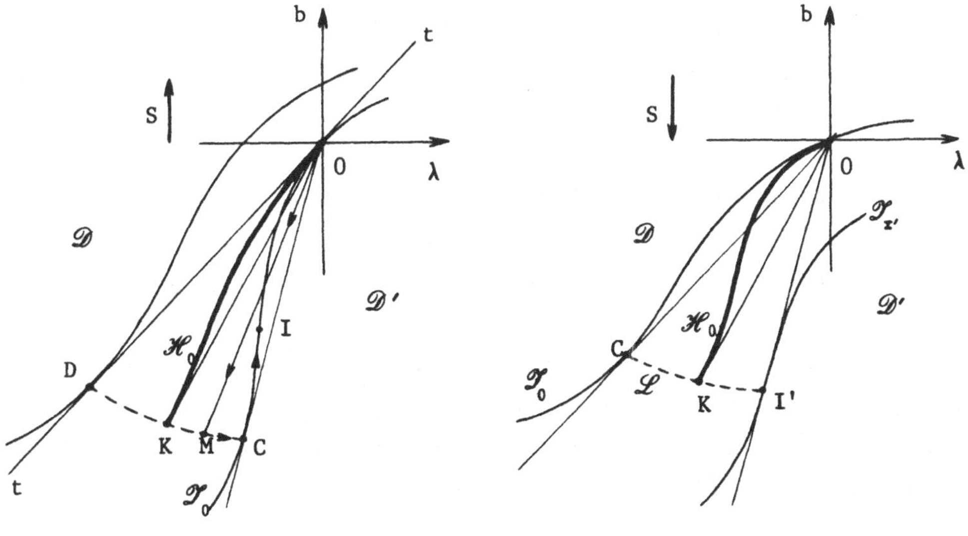

(a) G > 0 (b) G < 0

Fig. 12 Matériaux CH-CB

Prenons O sur la partie C.B. de $\mathcal{T}_0$. Cette isentropique divise le plan en deux régions $\mathcal{D}$ et $\mathcal{D}'$, la première contient l'axe des b.

Si G > 0, tout point susceptible de représenter l'aval d'un choc appartient à ([S] > 0). Par suite, les rayons "utiles" sont compris dans l'angle aigu des tangeantes Ot et OC, où C est un point de contact. Ce dernier est l'extrémité d'un arc $\widehat{CD}$ (en pointillés) lieu de points de contact de rayons avec les isentropiques. On vérifie que $\forall M \in \widehat{CD}$

$$H(M) = \mathcal{A}(C) + \int_{\widehat{CM}} T dS, \tag{13.15}$$

$\mathcal{A}(M)$: aire du circuit orienté COMC construit sur $\mathcal{I}_0$, $\widehat{CD}$ et $\overline{OM}$. Il s'ensuit que H croît strictement lorsque M se déplace de C en D. Comme : $H(C) = \mathcal{A}(C) < 0$, $H(D) = \int_{\overline{OD}} TdS > 0$, H s'annule une seule fois en un point $K \varepsilon CD$. Les raisonnements du 13-2 montrent ensuite que sur tout rayon OM il n'y a aucun aval de choc si $M \varepsilon \widehat{KC}$ et un seul aval sur le segment $\overline{OM}$ si $M \varepsilon \widehat{KD}$. Finalement, $\mathcal{H}_0$ *est un arc* $\widehat{OL}$ *tangent en ses deux extrémités à des isentropiques* [car d'après (13.8) $d\mu_D = 0$ en K].

Le cas $G < 0$, plus délicat, demande qu'on s'y arrête pour la suite. Tout point susceptible de représenter l'aval d'un choc appartient à $\mathcal{D}'$. Soit $\mathcal{L}$ le prolongement dans $\mathcal{D}'$ de l'arc $\widehat{CD}$ que nous venons de définir dans le contexte $G > 0$. Puisque : $H(C) < 0$, il existe un point $K \varepsilon \mathcal{L}$ tel que, $\forall M \varepsilon \widehat{CK}$, on ait : $H(M) \leqslant 0$, et sur chaque segment $\overline{OM}$ un seul point en lequel H s'annule. Nous supposons K à distance finie, de sorte que $\mathcal{H}_0$ *se compose de l'arc* $\widehat{OK}$ représenté sur la figure 12(b). Il en est ainsi par exemple lorsqu'un certain point $I' \varepsilon \mathcal{L}$ est point d'inflexion de $\mathcal{I}_{I'}$ (voir figure). Une même isentropique ne recoupe alors $\overline{OI'}$ qu'une fois au plus entre O et I'. D'où, par (13.10) : $H(I') > 0$, à rapprocher de $H(C) < 0$ Pour conclure à l'existence de $K \varepsilon \widehat{CI'}$ tel que $H(K) = 0$.[18]

Remarquer que dans les deux cas : $G > 0$, $G < 0$ la seconde condition de stabilité est vérifiée tout au long de $\widehat{OK}$, et qu'elle cesse juste de l'être au point K.

14 Ondes longitudinales centrées

14-1 Notion d'indicatrice d'Hugoniot

Reprenons l'exemple de la plaque plane décrit au 12-1. L'état de repos homogène est ici supposé *non distordu* ($\gamma_2^{(o)} = \gamma_3^{(o)} = 0$). Au temps $t = 0$ nous portons instantanément la contrainte $b = \sigma_{11}/\rho_x$ de la valeur $b^{(o)}$ à la valeur constante $b^{(1)}$ en maintenant b_2 et b_3 nuls. Une onde longitudi-

---

(18) Du fait que, contrairement au cas $G > 0$, H n'est pas nécessairement une fonction monotone le long de $\mathcal{L}$, H peut redevenir négatif entre K et I' (on peut construire des exemples en fixant le réseau des isentropiques et jouant sur leur paramétrage en S).Ce fait semblerait autoriser d'autres

nale parcourt le matériau. Les équations du mouvement (après suppression de l'indice 1) :

$$\frac{\partial \gamma}{\partial t} - \frac{\partial v}{\partial X} = 0,$$

$$\frac{\partial v}{\partial t} - \frac{\partial b}{\partial X}(\gamma;S) = 0 \qquad b = \frac{\partial U}{\partial \gamma}(\gamma;S) \tag{14.1}$$

$$\frac{\partial S}{\partial t} = 0,$$

sont à intégrer sous les conditions :
initiales : $v(X,0) = 0$, $\gamma(X,0) = \gamma^{(o)}$ $b(X,0) = b^{(o)}$, $\forall X > 0$,
à la limite : $b(0_+,t) = b^{(1)}$, $\forall t > 0$.

Les chocs éventuels satisfont les relations de saut. On sait[20] que, si elle est unique, ce que nous admettrons, la solution ne dépend que du rapport $\xi = X/t$. C'est une "onde centrée". On reporte dans les équations du mouvement les formes $\gamma = \gamma(\xi)$ etc... et l'on trouve que, en dehors des régions d'état uniforme, on a :

$$\xi^2 = \frac{\partial b}{\partial \gamma},\ dS = 0 \qquad \text{ou} \qquad \xi^2 = \frac{[b]}{[\gamma]},\ [U] = \bar{b}\,[\gamma]. \tag{14.2}$$

La célérité au point (X,t) du son ou du choc, lorsqu'il y en a un, est égale à la pente de la droite issue de l'origine qui passe par ce point : l'onde centrée se compose d'ondes simples et de chocs.

Décrivons l'image du mouvement dans le plan (γ,b). Un élément de matière, au départ dans l'état (o), traverse sur le passage de l'onde une succession d'états représentés par une famille à un paramètre de points A. Si l'onde comporte un choc (ou plus) d'états limites A^+ et A^-, en les reliant par le segment de Rayleigh A^+A^- on fait de cette famille de points une courbe continue $\widehat{A^{(o)}\,A^{(1)}}$. *Le "trajet"* $\widehat{A^{(o)}\,A^{(1)}}$ *se compose donc d'une succession d'arcs d'isentropiques et de segments de Rayleigh.* A des états qui se succèdent en un même point au cours du temps correspondent des valeurs décroissantes de ξ. Grâce à (14.2) et aux conditions de stabilité

(suite du renvoi (18)) chocs que ceux déjà inventoriés. Bien que compatibles avec le second principe et les conditions de stabilité, ces discontinuités sont à exclure pour des raisons qui seront exposées au paragraphe 16.

des chocs cette propriété se traduit géométriquement dans le plan (γ,b) : *le trajet* $\widehat{A^{(o)} A^{(1)}}$ *est concave (au sens large) vers le haut pour* $b^{(1)} < b^{(o)}$, vers le bas pour $b^{(1)} > b^{(o)}$.

Nous dénommons "indicatrice" (d'Hugoniot) de l'état $A^{(o)}$ le lieu des $A^{(1)}$ accessibles de $A^{(o)}$ par l'intermédiaire d'une onde centrée. *Exemple :* l'indicatrice du gaz parfait comprend la courbe d'Hugoniot du côté des pressions $p > p^{(o)}$ prolongée vers les $p < p^{(1)}$ par l'isentropique $\mathcal{I}_o$.

14-2 Application : indicatrice d'un matériau complexe

Au paragraphe précédent, nous avons discuté la courbe d'Hugoniot d'un matériau de type CH-CB. Cette étude est incomplète : Nous n'avons pas tenu compte de l'existence d'une valeur inférieure limite de γ liée à la condition $Dx/DX > 0$, d'où résulte que la courbure de $\mathcal{I}_o$ et des isentropiques voisines doit s'inverser à nouveau aux valeurs plus faibles de γ. Nous nous proposons, en application des règles dégagées ci-dessus, de déterminer l'indicatrice d'un matériau de type CB-CH-CB. Nous verrons en effet au paragraphe 16 comment intervient l'indicatrice pour délimiter l'adiabatique dynamique d'un matériau complexe. Signalons que le type CB-CH-CB est pris en considération par Duvall[16] sur la foi d'expériences relatives à la quartzite et par Thompson et Lambrakis[25] dans leur recherche de chocs de détente chez certains gaz organiques.

Nous avons choisi le point $A^{(o)}$ sur la portion C.B. la plus élevée d'une isentropique. L'indicatrice se compose alors de cinq arcs de courbe, auxquels correspondent cinq régimes distincts d'ondes centrées. Le tout est schématisé sur la figure 13 dans l'hypothèse : $G < 0$. Les droites en trait fin représentent les caractéristiques de la famille de l'onde centrée, celles en trait fort les lignes de choc.

Pour $b^{(1)} > b^{(o)}$, l'onde comprend deux états uniformes (0) et (1) reliés par un "éventail" de détente. L'invariant mixte (11.18) fournit :

$$v^{(1)} = - \int_{\gamma^{(o)}}^{\gamma^{(1)}} \frac{\partial b}{\partial \gamma} (\gamma \; ; \; s^{(o)}) \, d\gamma .$$

L'image dans le plan (γ,b) est l'arc d'isentropique $\mathcal{I}'_o$.

Pour $b^{(1)} \lesssim b^{(o)}$, la courbe $\mathcal{T}_o$, concave vers le bas, ne convient pas comme trajet : on passe de $A^{(o)}$ à $A^{(1)}$ par un choc suivi dans le plan (X,t) d'une zone d'état uniforme. L'étude du 13-4b) indique que cette structure est acceptable aussi longtemps que $A^{(1)}$ est en deçà d'un point limite K (supposé exister) où le choc est sonique aval. Un tel choc, sonique par rapport à l'un des états qu'il connecte, porte le nom de "discontinuité intermédiaire".

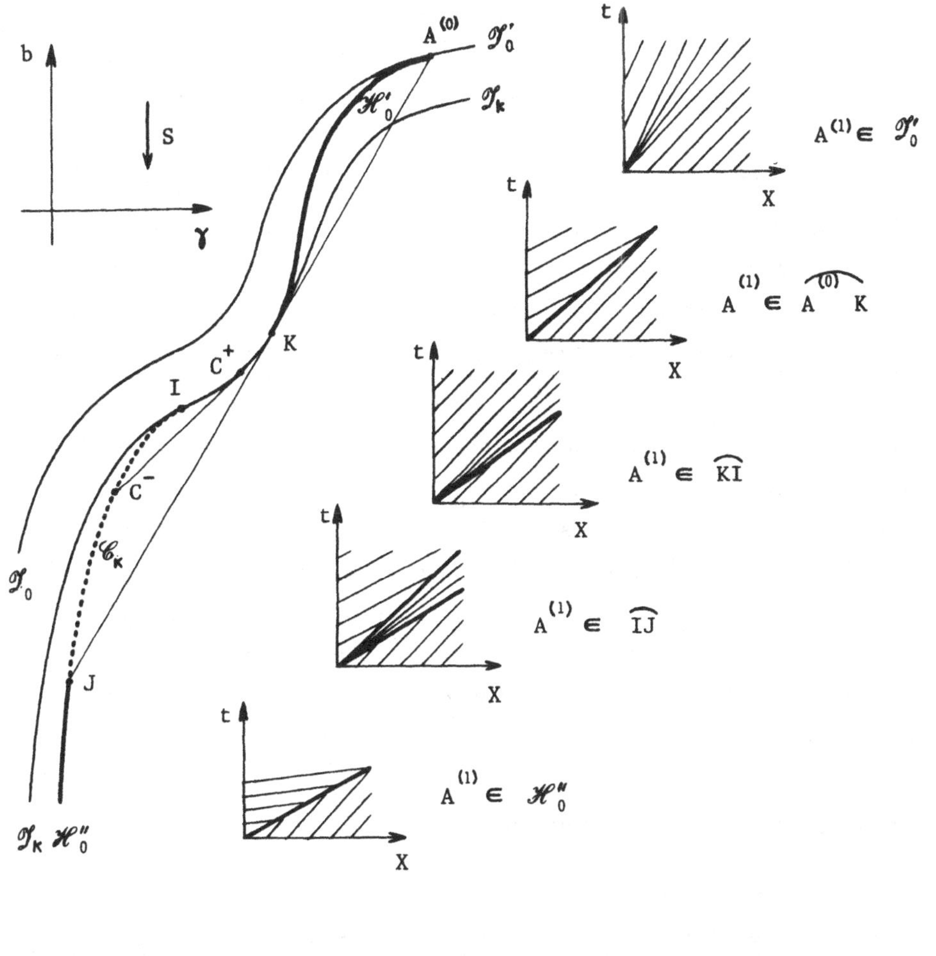

Fig 13. Indicatrice d'un matériau C.B.-C.H.-C.B.

Pour $b^{(1)} \lesssim b_K$ l'isentropique $\mathcal{I}_K$ de K a un rôle privilégié. Soit I son point d'inflexion le plus bas. Si $b_I < b^{(1)} < b_K$, le trajet composé du segment de Rayleigh $\overline{A^{(o)}K}$ et de l'arc $\widehat{KA}^{(1)}$ de $\mathcal{I}_K$ [$A^{(1)}$: point de $\mathcal{I}_K$ d'ordonnée $b^{(1)}$] a la concavité de sens voulu. L'onde comporte une discontinuité intermédiaire d'intensité *indépendante* de $b^{(1)}$ suivie d'un éventail de détente, puis d'une zone d'état uniforme.

Pour $b^{(1)} \lesssim b_1$, la structure précédente, qui impliquerait un minimum de la célérité au point I de l'onde de détente, n'est plus acceptable. Il faut placer un choc d'état amont un point $C^+ \varepsilon \widehat{KI}$, d'état aval un certain point C^- tel que $b_{C^-} = b^{(1)}$, et qui coïncidera avec $A^{(1)}$. La condition relative à la concavité du trajet $A^{(o)}KC^+C^-$ et celle relative à la stabilité du choc précédent vis-à-vis de l'état C^+ ne peuvent être simultanément satisfaites que si le choc est sonique *amont*. Cette situation a été étudiée dans le contexte des profils CB-CH par Duvall[16] et, plus en détail(19), par Duvaut[10]. L'onde se compose donc d'un éventail de détente encadré par *deux* discontinuités intermédiaires. Cette structure cesse lorsque C^+ vient en K, C^- venant en J. Pour $b^{(1)} = b_J$ le passage de $A^{(o)}$ à $A^{(1)}$ a lieu par une succession de deux chocs : $A^{(o)} \to K$ et : $K \to J$ de même célérité qui équivalent au choc unique : $A^{(o)} \to J$.

Pour $b^{(1)} \lesssim b_J$, un raisonnement par continuité prescrit de prolonger l'indicatrice au-delà de J en un arc $\mathcal{H}''_o$ lieu d'états aval de chocs ayant $A^{(o)}$ pour amont. La partie $\mathcal{H}''_o$ s'étendra jusqu'à l'éventuel point limite K'' où le choc $A^{(o)} \to A^{(1)}$ deviendra sonique aval.

De cet exemple particulier ressortent les propriétés générales suivantes : i) l'indicatrice $I_A(o)$ d'un état $A^{(o)}$ passe par $A^{(o)}$. Elle résulte de la mise bout à bout d'arcs d'"Hugoniot", d'arcs d'isentropiques et d'arcs de type $\mathcal{C}_K = IJ$, lieux d'avals de discontinuités intermédiaires dont l'amont est sur une même isentropique. ii) Le long d'une indicatrice *l'entropie est continûment non décroissante.*

---

(19) Duvaut montre, entre autres, que C^- appartient à l'enveloppe des $\mathcal{H}_{C^+}$, C^+ parcourant $\widehat{IK}$.

La propriété ii) reste à démontrer. Il suffit de le faire pour la partie $\mathscr{C}_K$. Or, lorsque C^+ se déplace le long de $\mathscr{C}_K$, la variation correspondante dS^- de l'entropie aval est donnée par :

$$2T^- dS^- = [\gamma]^2 \, d(\partial b/\partial \gamma)^+. \tag{14.3}$$

Cette formule, analogue à (13.7), s'établit en différentiant et combinant les relations : $[U] = \bar{b}\,[\gamma]$ et $[b] = (\partial b/\partial \gamma)^+ [\gamma]$ sachant que $dU = bd\gamma + TdS$. Lorsque C^- se déplace de I en J, C^+ se déplace de I vers K, et$(\partial b/\partial \gamma)^+$ augmente. ■

15 Stabilité des chocs adiabatiques

15-1 Une condition générale de stabilité : la C.E.

Un choc n'existe que s'il est stable. Comme on doit s'attendre à une réponse sensiblement linéaire du choc à des perturbations infinitésimales, il est nécessaire que cette réponse soit *unique* pour qu'elle soit également infinitésimale. Adopté par Landau et Lifschitz[26] p. 415, ce point de vue, qui dérive du concept de stabilité d'un système au sens d'Hadamard, les conduit par un raisonnement approximatif aux restrictions sur le choc en fluide parfait : $c^+ \leqslant c_D \leqslant c^-$. Ils constatent l'indépendance de ces inégalités vis-à-vis des propriétés thermodynamiques du fluide. Ajoutons qu'elles ne dépendent pas, non plus, de l'intensité du choc. La référence au second principe n'avait jusque là permis d'établir ces inégalités que dans deux cas : choc faible et fluide arbitraire, choc d'intensité quelconque, mais fluide astreint aux inégalités de H. Weyl [22]. On mesure, dès lors, le gain en généralité à attendre d'une étude des chocs conduite sous l'angle de la stabilité.

Jeffrey et Taniuti[17] précisent et étendent à un système complètement hyperbolique d'ordre n l'exigence de stabilité dans une "condition d'évolution" (E_1) ainsi formulée : "a discontinuity is said to be evolutionary if and only if the disturbances which consist of outgoing waves and the motion of the discontinuity resulting from small amplitude disturbances incident upon the discontinuity are both small and uniquely determined".

On sait l'importance qui s'attache aux choix de la classe des perturbations "admissibles". Chez Jeffrey et Taniuti elles sont en exp $\{i\omega t\}$

(dans le repère du choc). Elles ne sont donc superposables en toute rigueur qu'à des états de base uniformes, ce dont les auteurs tiennent compte dans leur discussion générale des conséquences de (E_1). Cependant, au chapitre des applications ils étendent à des chocs non stationnaires les conditions de stabilité ainsi obtenues.

Auparavant, Lax[20] avait énoncé une condition, aujourd'hui classique, de stabilité en termes de *caractéristiques*, inspirée des travaux mathématiques de Gardner. Si la condition de Lax échappe à l'objection précédente, le principe de sélection de Landau et Lifschitz, Jeffrey et Taniuti se révèle en revanche plus contraignant, donc plus efficace dans les applications à la M.H.D. D'où l'idée de conserver le principe de sélection tout en le combinant à la classe des perturbations qui se propagent le long des caractéristiques : les discontinuités ordinaires. Nous imposerons donc la

CONDITION D'EVOLUTION (C.E.). *Une discontinuité "forte" est nécessairement telle que le résultat de son interaction avec toute discontinuité ordinaire éventuelle existe et soit unique.*

Par discontinuité "forte" nous entendons : le choc, le pseudo-choc ou la discontinuité de contact définie au paragraphe 2(20). Exemple de discontinuité ordinaire : une onde ordinaire (discontinuité d'accélération ou d'ordre supérieur), une discontinuité de contact ordinaire. Un choc résulte de la coalescence d'ondes ordinaires. Il semble naturel, sinon impératif, de définir la stabilité du choc une fois formé vis-à-vis de ces mêmes perturbations qui commanderont son évolution.

La C.E. se prête à un traitement mathématique rigoureux. Elle *ne comporte pas d'allusion au type du système d'équations*. Nous verrons l'intérêt de cette propriété au chapitre IV, lorsque nous appliquerons la C.E. au choc en milieu conducteur (système mixte hyperbolique - parabolique).

L'étude de la stabilité se ramène donc essentiellement au problème de *l'interaction du choc et d'une discontinuité ordinaire*. Soit :

$$\frac{\partial}{\partial t}\mathbf{u} + \frac{\partial}{\partial X}F(\mathbf{u}) = 0 \qquad (15.1)$$

le système des n (=7) équations de conservation à n fonctions inconnues

---

(20) Nous limiterons toutefois la discussion au cas des chocs.

$u_1, \ldots, u_n$ qui régissent le mouvement du solide élastique non conducteur. Le système est complètement hyperbolique : il existe n vecteurs propres $\mathbf{D}_1, \ldots\ldots, \mathbf{D}_n$ définissant les directions des discontinuités $[\partial \mathbf{u}/\partial X]$ ou $[\partial \mathbf{u}/\partial t]$ que le solide est apte à propager à l'une des célérités $c_1, \ldots, c_n$ distinctes ou confondues.

Envisageons un choc de célérité $c_D > 0$ à l'instant t. Cette célérité est supérieure (resp. inférieure) à M^+ (resp. M^-) célérités caractéristiques amont (resp. aval). En tout, $M = M^+ + M^-$ types de discontinuités "incidentes" du second ordre sont ainsi susceptibles d'interagir avec le choc. Supposons que l'une d'elles rencontre le choc, en provenance de l'amont pour fixer les idées : sa célérité $c_{K_{inc}}$ est égale à l'un des c_i^+.

La célérité du choc sépare N^+ célérités de modes qui le devancent à l'amont des N^- célérités de modes qui lui succèdent à l'aval:

$$c^-_{K^-_{N^-}} \leqslant \ldots\ldots \leqslant c^-_{K^-_2} \leqslant c^-_{K^-_1} < c_D < c^+_{K^+_1} \leqslant c^+_{K^+_2} \ldots \leqslant c^+_{K^+_{N^+}}. \tag{15.2}$$

L'incidence de la discontinuité à l'instant t^- provoque, outre un saut de l'accélération $\dot{c}_D$ du choc, l'émission de discontinuités du second ordre vers l'amont et l'aval. Celles-ci font partie des $N = N^+ + N^-$ modes émergents "possibles" que nous venons de définir. Nous notons $[G]_K$ le saut de G sur le front au passage de la discontinuité K et $\Delta G = G(t^+) - G(t^-)$ le saut total entre les instant t^- et t^+. Par hypothèse

$$\Delta G^+ = [G^+]_{K_{inc}} + \sum_{i=1}^{N^+} [G^+]_{K_i^+},$$
$$\Delta G^- = \sum_{i=1}^{N^-} [G^-]_{K_i^-}. \tag{15.3}$$

Le choc satisfait à tout instant les relations de saut :

$$\mathbf{F}^+ - c_D\, \mathbf{u}^+ = \mathbf{F}^- - c_D\, \mathbf{u}^-. \tag{15.4}$$

On les dérive par rapport à t, on exprime que les relations obtenues sont valables en $t = t^+$ et t^-, et on soustrait membre à membre. Il vient

$$\Delta \frac{d\mathbf{F}^+}{dt} - c_D\, \Delta \frac{d\mathbf{u}^+}{dt} + \dot{c}_D\, [\mathbf{u}] = \Delta \frac{d\mathbf{F}^-}{dt} - c_D\, \Delta \frac{d\mathbf{u}^-}{dt}, \tag{15.5}$$

avec :

$$\frac{d}{dt} = \frac{\partial}{\partial t} + c_D \frac{\partial}{\partial X}.$$

De (15.1) et des conditions de compatibilité cinématiques on déduit que sur le passage d'une discontinuité ordinaire de célérité c :

$$[\frac{d\mathbf{F}}{dt}] - c_D [\frac{d\mathbf{u}}{dt}] = - (c - c_D)^2 [\frac{\partial \mathbf{u}}{\partial X}]. \qquad (15.6)$$

Il existe par ailleurs des scalaires a_K tels que :

$$[\frac{\partial \mathbf{u}^+}{\partial X}]_{K_{inc}} = a_{K_{inc}} \mathbf{D}_{K_{inc}} , \quad [\frac{\partial \mathbf{u}^{\pm}}{\partial X}]_{K_i^{\pm}} = \mp a_{K_i^{\pm}} \mathbf{D}_{K_i^{\pm}} \qquad (15.7)$$

En rapprochant (15.3,5,6,7) on obtient finalement :

$$\sum_{(K)} a_K (c_k - c_D)^2 \mathbf{D}_K + \Delta\dot{c}_D [\mathbf{u}] = a_{K_{inc}} (c_{K_{inc}} - c_D)^2 \mathbf{D}_{K_{inc}}. \qquad (15.8)$$

La sommation $\sum_{(K)}$ est étendue à l'ensemble des N modes émergents "possibles".
$K_1^+ \ldots\ldots\ldots\ldots K^+_{N^+}, \; K_1^- \ldots\ldots\ldots\ldots K^-_{N^-}$

Nous en arrivons à *l'"énoncé pratique" du problème de la stabilité*. On connaît les éléments relatifs au choc, en particulier les coefficients vectoriels du premier membre de (15.8). On doit s'assurer que les a_K, ainsi que la discontinuité $\Delta \dot{c}_D$ de l'accélération du choc, existent et sont uniques pour chacun des M choix possibles de K_{inc}. Le choc satisfera alors la C.E.

L'unicité et l'existence ont lieu si et seulement si :

i)- Les N vecteurs propres $\mathbf{D}_K$ et le vecteur caractéristique du choc $[\mathbf{u}]$ sont indépendants. Soit W le sous-espace vectoriel de R^n qu'ils engendrent.

ii)- Tous les $\mathbf{D}_{K_{inc}}$ appartiennent à W.

Si $W \equiv R^n$, ce qui revient à dire que :

$$N = N^+ + N^- = n - 1, \qquad (15.9)$$

la condition ii) est automatiquement satisfaite. Les inégalités (15.2) jointes à la condition (15.9) constituent *les inégalités de Lax*[20]. On ne leur connaît pas d'exception.

Remarquons que l'"énoncé pratique" exploite toutes les ressources de la C.E. et conduit à une délimitation des chocs possibles plus précise que ne le permettent à elles seules les inégalités de Lax. A preuve les deux exemples que voici.

15-2 Application : stabilité des chocs au sein d'une onde plane

Les sept équations (11.8) du mouvement par ondes planes d'un solide élastique sont de la forme (15.1) avec :

$$\mathbf{u} = (\gamma, \mathbf{v}, U + \frac{|\mathbf{v}|^2}{2}) \qquad - \mathbf{F} = (\mathbf{v}, \mathbf{b}, \mathbf{v}.\mathbf{b}) \qquad (15.10)$$

Les résultats du 11-1 ont été établis dans le système de variables $(\gamma, \mathbf{v}, S)$, le plus approprié à l'étude des mouvements continus, lesquels sont isentropiques. On passe au présent système de variables au moyen de la relation différentielle :

$$du_7 = TdS + \mathbf{b}.d\gamma + \mathbf{v}.d\mathbf{v}.$$

Les célérités sont inchangées :

$$c_o = 0, \qquad c_i > 0 \ (i = 1,2,3), \qquad c_{\underline{i}} = - c_i \qquad (i = 1,2,3).$$

Les vecteurs caractéristiques correspondants s'expriment à l'aide des directions acoustiques δ_i (21) :

$$\mathbf{D}_i = (\delta_i, - c_i\delta_i, (\mathbf{b} - c_i\mathbf{v}).\delta_i) \qquad i = \pm 1, \pm 2, \pm 3$$

$$\mathbf{D}_o = (\mathbf{Q}^{-1}.\nabla_\gamma T, \ \mathbf{o}, - T + \mathbf{b}.\mathbf{Q}^{-1}.\nabla_\gamma T).$$

Plaçons-nous, comme au paragraphe 1, dans le repère galiléen animé de la vitesse moyenne $\bar{\mathbf{v}}$. Les éléments relatifs au choc n'introduisent plus alors que des quantités objectives (λ : polarisation du choc) :

$$[\mathbf{u}] = (\lambda, - c_D\lambda, \bar{\mathbf{b}}.\lambda)$$

$$\mathbf{D}_i^{\pm} = (\delta_i^{\pm}, - c_i^{\pm}\delta_i^{\pm}, (\mathbf{b}^{\pm} \pm \frac{1}{2} c_D^{-1} c_i^{\pm} [\mathbf{b}]).\delta_i^{\pm}).$$

Nous allons donner deux applications de ces formules, la première au choc longitudinal, la seconde au choc dans une onde plane qui se propage sur une configuration isotrope. Montrons d'abord que :

(21) Rappelons que : $\mathbf{Q}.\delta_i = c_i^2\delta_i$, $\quad \delta_i = \delta_{-i}$.

le choc longitudinal est supersonique amont, subsonique aval vis-à-vis des ondes acoustiques longitudinales ; il est à la fois supersonique (ou subsonique) amont et aval vis-à-vis des ondes acoustiques transversales d'une même famille. Autrement dit :

$$c_1^+ < c_D < c_1^- \tag{15.11}$$

$$(c_D - c_i^+)\ (c_D - c_i^-) > 0,\ i = 2,3. \tag{15.12}$$

L'étude menée au paragraphe 13 était fondamentalement tributaire de la première de ces propriétés. On remarque que le fluide parfait, chez lequel les deux célérités transversales sont nulles, satisfait ipso facto la seconde propriété.

Démonstration : Les vecteurs $[\mathbf{u}]$ et $\mathbf{D}_i$ se rangent dans 3 sous-espaces vectoriels $W_i \subset R^7$ mutuellement orthogonaux. A l'espace W_1 de dimension 3 appartiennent les 7 vecteurs :

$$[\mathbf{u}] = (\lambda_1,\ 0,\ 0,\ - c_D\lambda_1,\ 0,\ 0,\ \bar{b}_1\lambda_1)$$

$$\mathbf{D}_i^{\pm} = (1,\ 0,\ 0,\ - c_i^{\pm},\ 0,\ 0,\ b_1^{\pm} \pm \frac{1}{2} c_D^{-1}\ c_i^{\pm}\ [b_1]),\ i = \pm 1$$

$$\mathbf{D}_o^{\pm} = ((c_1^{-2}\ \frac{\partial T}{\partial \lambda_1})^{\pm}\ ,\ 0,0,0,0,0,\ (- T + c_1^{-2}\ b_1\ \frac{\partial T}{\partial \lambda_1})^{\pm}).$$

A l'espace W_2 de dimension 2 appartiennent les 4 vecteurs :

$$\mathbf{D}_i^{\pm} = (0,1,0,0,\ - c_i^{\pm},\ 0,0) \qquad i = \pm 2.$$

W_3 possède une propriété analogue. Pour mettre en oeuvre l'"énoncé pratique" nous choisissons d'abord $\mathbf{D}_{K_{inc}} = \mathbf{D}^{\pm}_1$. En raison de l'orthogonalité des W_i le premier membre de (15.8) est somme de vecteurs de W_1. Il est clair que $\mathbf{D}^-_{-1}$ et $\mathbf{D}^-_o$ correspondent à des modes émergents possibles. Vu que le produit mixte :

$$([\mathbf{u}],\ \mathbf{D}^-_{-1},\ \mathbf{D}^-_o) = T\lambda_1\ (c_D + c_1^-)/(c_D c_1^-) \tag{15.13}$$

est non nul, on leur adjoignant $[\mathbf{u}]$ on définit une base de W_1 dans laquelle les coefficients a_K qui représentent $\mathbf{D}_{K_{inc}}$ sont définis de façon unique. On en déduit qu'il n'y a pas de mode émergent possible, hormis $\mathbf{D}^-_{-1}$ et $\mathbf{D}^-_o$. Les inégalités (15.11) sont établies.

Choisissons maintenant $\mathbf{D}_{k_{inc}} = \mathbf{D}^+_{-2}$. Le premier membre de (15.8) doit être somme de vecteurs de W_2. Par suite $\Delta\dot{c}_D = 0$: *Une discontinuité transversale incidente ne perturbe pas le choc.* Pour représenter $\mathbf{D}_{K_{inc}}$ il faut deux modes émergents possibles ϵW_2 indépendants: $\mathbf{D}_{-2}$ en est un. Si $c_D < c_2^+$, $\mathbf{D}_2^+$ est le second. Il ne peut y en avoir de troisième. Donc $c_D < c_2^-$. Si $c_2^+ < c_D$ le second ne peut être que $\mathbf{D}_2^-$, donc $c_D > c_2^-$. L'inégalité (15.12) est toujours vérifiée. ■

Les inégalités de Lax sont satisfaites, puisque dans tous les cas : $N = 6$ $(=7-1)$.

Rappelons que dans une onde plane de direction , polarisation $\boldsymbol{\gamma}$, qui se propage sur une configuration isotrope, la déformation dépend de 2 scalaires seulement : $j = \mathbf{n}.\boldsymbol{\gamma}$ et $h = \frac{1}{2}|\boldsymbol{\gamma}|^2$. Les vecteurs acoustiques en un point sont : $\boldsymbol{\delta}_3$ orthogonal à $\mathbf{n}$ et $\boldsymbol{\gamma}$, $\boldsymbol{\delta}_1$ et $\boldsymbol{\delta}_2$ dans le plan $(\mathbf{n},\boldsymbol{\gamma})$. Une discontinuité forte d'état amont fixé est un pseudo-choc, un choc quasilongitudinal ou quasi-transversal. Au cours d'un pseudo-choc la polarisation de l'onde tourne autour de $\mathbf{n}$. Au cours d'un choc elle ne quitte pas le plan $(\mathbf{n},\boldsymbol{\gamma}^+)$. Par rapport au système d'axes rectangulaires tel que ox_1 soit parallèle à $\mathbf{n}$, ox_3 orthogonal à $\mathbf{n}$ et $\boldsymbol{\gamma}^+$ on a donc dans ce dernier cas : $\gamma_3^- = 0$. Montrons que, si $\gamma_2^+ \neq 0$:

Tout choc au sein d'une onde plane qui se propage dans la direction n *sur une configuration isotrope laisse la polarisation* $\boldsymbol{\gamma}$ *d'un même côté de* $\mathbf{n}$:

$$\gamma_2^+ \gamma_2^- > 0. \tag{15.14}$$

Collins[7] a établi cette propriété pour le matériau incompressible (le choc est alors purement transversal) en supposant la célérité acoustique des ondes transversales supérieure (ou inférieure) à celle des ondes circulaires à la fois dans les états amont et aval du choc. Ces restrictions sont en réalité superflues.

Démonstration : Elle repose, comme pour le choc longitudinal, sur des propriétés de symétrie. Ici, les vecteurs $[\mathbf{u}]$ et $\mathbf{D}_i$ se rangent en deux sous-espaces vectoriels de R^7. L'un des deux est de dimension 2 et ne contient que les quatre vecteurs $\mathbf{D}_{\pm 3}^{\pm}$ relatifs à l'onde circulaire. C'est d'une propriété analogue que procède l'inégalité (15.12). On en conclut immédiatement que :

$$(\mu_D - \overset{+}{\mu}_3)(\mu_D - \overset{-}{\mu}_3) > 0. \tag{15.15}$$

Or,

$$\mu_3 = \frac{b_2}{\gamma_2} \qquad \mu_D = \frac{\overset{+}{b}_2 - \overset{-}{b}_2}{\overset{+}{\gamma}_2 - \overset{-}{\gamma}_2}. \tag{15.16}$$

La première formule résulte de (12.6) : $\mu_3 = \partial\vartheta/\partial h$ sachant que : $b_2 = \partial\vartheta/\partial\gamma_2 = \gamma_2\partial\vartheta/\partial h$. Le rapprochement de (15.16) et (15.15) donne :

$$\left(\frac{\overset{-}{b}_2\overset{+}{\gamma}_2 - \overset{+}{b}_2\overset{-}{\gamma}_2}{\overset{+}{\gamma}_2 - \overset{-}{\gamma}_2}\right)^2 \frac{1}{\overset{+}{\gamma}_2\,\overset{-}{\gamma}_2} > 0. \blacksquare$$

On constate au passage que l'égalité à zéro du premier membre de (15.15), qui imposerait : $\mu_D = \overset{+}{\mu}_3 = \overset{-}{\mu}_3$, est exclue pour un vrai choc.

15-3 Sur la délimitation de l'adiabatique dynamique.

Lorsque l'on parcourt à c_D croissant une branche d'adiabatique dynamique, le nombre N de modes émergents possibles est invariable aussi longtemps que c_D ne croise pas de célérité acoustique. Si nous admettons les inégalités de Lax, N doit rester égal à 6. Ceci exige que c_D croise simultanément et en sens inverse deux célérités acoustiques. Devant le caractère improbable de cet évènement nous concluons :

l'adiabatique dynamique s'interrompt(22) *lorsque la célérité du choc et une célérité acoustique amont ou aval quelconque viennent à s'égaler.*

Exemple : Au 7-4 nous avons traité du choc principal quasi-transversal faible de plan de polarisation $\lambda_3 = 0$. Faisons l'hypothèse que la célérité longitudinale amont est supérieure aux deux autres ;

$$\overset{+}{c}_3 \leqslant \overset{+}{c}_2 < \overset{+}{c}_1. \tag{15.17}$$

Si le choc faible existe, l'arc de l'adiabatique dynamique $\mathcal{H}_2$ qui comprend l'origine $c_D = \overset{+}{c}_2$ est limité supérieurement à la célérité $\overset{+}{c}_1$ des ondes longitudinales amont. Pareillement, si $\overset{+}{c}_3 < \overset{+}{c}_2$, l'adiabatique dyna-

(22) Nous ne disons pas : s'"achève". Sous ce rapport, le 16-3 établira une distinction entre les célérités amont et aval.

mique $\mathcal{H}_3$ s'interrompt en $c_D = c_2^+$.

16 Vers une caractérisation des chocs finis quelconques

16-1 Une conjecture : la condition de formation continue (C.F.C.)

Nous qualifierons de "possible" une discontinuité satisfaisant les relations de saut et la C.E., et d'"admissible" une discontinuité dont l'existence est assurée dans le cadre du modèle mathématique. Une discontinuité admissible est possible, mais l'inverse n'est pas exact, nous donnons plus bas un contre-exemple. Cela se conçoit aisément : le C.E. porte sur la discontinuité établie, mais non sur son mode de formation.

Le problème de caractériser les discontinuités admissibles reste donc posé. La réponse peut être recherchée dans plusieurs directions. Une première approche consiste à introduire un modèle de comportement dissipatif convenable tel que, à la limite de la dissipation nulle, on retrouve le modèle parfait. Pour reprendre une définition de P. Germain[27], p. 166, la discontinuité, d'amont A^+ et d'aval A^-, est "stable vis-à-vis des mécanismes de dissipation" si le modèle dissipatif produit une structure continue reliant les états A^+ et A^- telle que, lorsque la dissipation tend vers zéro cette structure "tende" vers les états uniformes A^+ et A^- reliés par la discontinuité. Cette propriété de stabilité aurait peu d'intérêt, si elle n'était assortie de la conjecture - rarement formulée dans la littérature - que la discontinuité qui la possède est admissible ipso facto. Une seconde approche, introduite par Hopf et poursuivie par Lax[20], consiste à représenter explicitement les solutions avec choc d'un problème de Cauchy hyperbolique en fonction des données initiales.

Appliquée au solide élastique la première approche devrait, semble-t-il, conduire, comme en dynamique des fluides, à une caractérisation complète, i.e. à une condition nécessaire et suffisante d'existence des chocs. On doit toutefois s'attendre à des difficultés considérables de mise en oeuvre théorique. La seconde approche, développée à propos de l'équation scalaire hyperbolique $\partial u/\partial t + \partial f(u)/\partial x = 0$, n'a pas, à notre connaissance, été entendue à des systèmes. En outre, c'est la solution globale avec chocs éventuels qui s'y trouve caractérisée, mais non le choc isolément.

Nous proposons ici une condition nécessaire d'existence que nous baptisons "condition de formation continue". Suggérée par l'étude du choc longitudinal dans un matériau complexe, la C.F.C. a l'avantage d'être plus contraignante que la C.E. Elle représente de ce fait un pas de plus dans le sens d'une caractérisation des chocs qui relève exclusivement du modèle de comportement parfait et n'exige pas d'introduire dans le raisonnement des modèles dissipatifs.

L'énoncé de la C.F.C. présuppose une généralisation naturelle du concept d'indicatrice introduit au paragraphe 14. Y interviennent des transitions que nous appellerons "ondes mixtes" : solutions des équations du mouvement à base d'ondes simples et de discontinuités "possibles" (éventuellement réduites à l'une des deux composantes) *à l'exclusion de toute zone intermédiaire d'état uniforme*(23).

L'état amont A^+ étant fixé nous supposons distinctes, pour simplifier, les célérités c_i^+. *L'indicatrice* I *se compose alors de trois branches* I_i *ainsi définies :*

i)- I_i est une famille à un paramètre d'états A^- qui peuvent être reliées à A^+ par *une onde mixte ;*

ii)- I_i est un arc (courbe continue) qui passe par A^+ et est tangent à $\boldsymbol{\delta}_i^+$;

iii)- l'entropie est *non décroissante* lorsque l'on parcourt I_i à partir de A^+.

Si maintenant nous conjecturons que la formation du choc obéit à un schéma *continu et causal,* alors s'impose l'énoncé suivant de la CONDITION DE FORMATION CONTINUE :

l'adiabatique dynamique fait partie de l'indicatrice.

La conjecture revient à imaginer que toute discontinuité admissible $A^+ \to A^-$ est le résultat d'une suite continue instantanée d'ajustements au départ de A^+ en vue de rendre compatibles l'amont et l'aval. Un ajustement

(23) Les équations d'une onde mixte sont analogues à (14.2) :

$$\mathbf{a}.d\boldsymbol{\gamma} = \xi^2 d\boldsymbol{\gamma}, \qquad dS = 0 \quad \text{ou} \quad [\mathbf{b}] = \xi^2[\boldsymbol{\gamma}], \; [U] = \bar{\mathbf{b}}.[\boldsymbol{\gamma}]$$

consiste en une onde mixte d'épaisseur infinitésimale, qui satisfait les équations du mouvement. C'est ce qu'expriment le i) et ii). Le iii) traduit l'irréversibilité de ce processus adiabatique.

Comme première application montrons qu'une *discontinuité possible n'est pas nécessairement admissible*. A cet effet, reportons-nous à la figure 13. Le lieu des $A^{(1)}$ accessibles de $A^{(o)}$ par une discontinuité possible se compose des arcs $\mathcal{H}'_o$ et $\mathcal{H}''_o$, mais également d'un prolongement non figuré de $\mathcal{H}''_o$ au-delà de J. Un point du prolongement n'appartient pas à l'indicatrice. Il ne présente donc pas l'aval d'un choc, bien que la discontinuité correspondante satisfasse à la fois les relations de saut et la C.E.■

Signalons que l'on peut confirmer ce contre-exemple par une démonstration très différente, en partant de l'hypothèse déjà mentionnée de "stabilité du choc vis-à-vis des mécanismes de dissipation".

16-2 Composition de l'indicatrice (figure 14)

Nous nous bornons ici à tirer les conséquences de la définition de l'indicatrice, sans entrer dans les détails. Intéressons-nous à la branche I_1 tangente en A^+ au vecteur acoustique $\boldsymbol{\delta}_1^+$. Pour commencer, nous trouvons l'arc $\mathcal{A}_1$ amorcé sur la figure 3, qui satisfait le système différentiel (6.15) reproduit ci-après :

$$\text{(I)}\quad \begin{cases} TdS = \frac{1}{2}\,|\boldsymbol{\lambda}|^2\, d\mu_D, \\ (\mathbf{Q}(\boldsymbol{\lambda};S) - \mu_D\mathbf{1}).d\boldsymbol{\lambda} = d\mu_D\,(\boldsymbol{\lambda} - \frac{1}{2T}\,|\boldsymbol{\lambda}|^2\,\nabla_{\boldsymbol{\lambda}} T\,(\boldsymbol{\lambda};S)). \end{cases}$$

L'intégration s'arrête à l'éventuel point K de μ_D maximum : $d\mu_D = 0$, en lequel $d\boldsymbol{\lambda}$ est parallèle à l'un des vecteurs propres $\boldsymbol{\delta}_{i_K}$ de $\mathbf{Q}$ et μ_D égal à la valeur propre μ_{i_K} correspondante[24]. L'arc $\mathcal{A}_1$ se raccorde donc *tantentiellement* à un arc d'isentropique $\mathcal{I}_K$, ligne de force du champ de vecteurs acoustiques δ_i, qui a pour équations différentielles :

$$\text{(II)}\quad (\mathbf{Q}(\boldsymbol{\lambda};S_K) - \mu\mathbf{1}).d\boldsymbol{\lambda} = 0.$$

---

(24) Rien n'impose a priori que i soit égal à 1.

On décrit cet arc en direction des μ décroissants (même raisonnement qu'au 14-2) jusqu'à l'éventuel point I de μ minimum.

On poursuit par le lieu $\mathscr{C}_K$ d'avals de discontinuités intermédiaires dont l'amont, sonique, est sur $\widehat{KI}$. Les équations différentielles de $\mathscr{C}_K$ s'écrivent[25] :

$$\text{(III)} \qquad T dS = \frac{1}{2} \, |\boldsymbol{\lambda} - \boldsymbol{\lambda}_S|^2 \, d\mu_D,$$

$$(\mathbf{Q}(\boldsymbol{\lambda}; S) - \mu_S \boldsymbol{\lambda}) . d\boldsymbol{\lambda} = d\mu_S \, (\boldsymbol{\lambda} - \boldsymbol{\lambda}_S - \frac{1}{2T} \, |\boldsymbol{\lambda} - \boldsymbol{\lambda}_S|^2 \, \nabla_{\boldsymbol{\lambda}} T \, (\boldsymbol{\lambda}; S)).$$

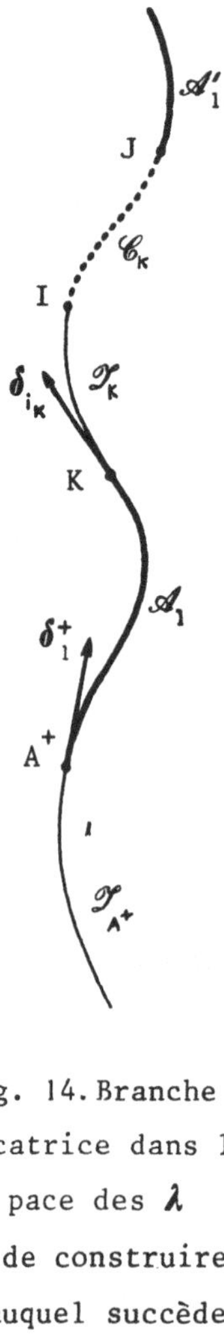

Fig. 14. Branche I_1 d'indicatrice dans l'espace des $\boldsymbol{\lambda}$

L'indice S se réfère à un point de $\widehat{KI}$. L'intégration de (III) est à effectuer pour les conditions initiales :

$$\boldsymbol{\lambda} = \boldsymbol{\lambda}_S = \boldsymbol{\lambda}_I, \qquad \mu_S = \mu_I, \qquad d\boldsymbol{\lambda} \text{ parallèle à } \boldsymbol{\delta}_{i_I} .$$

Quand $\boldsymbol{\lambda}_S$ remonte de I vers K, $\boldsymbol{\lambda}$ décrit $\mathscr{C}_K$ de I en J. La transition : $A^+ \rightarrow J$ qui est une succession de deux discontinuités : $A^+ \rightarrow K$ et : $K \rightarrow J$ de même célérité c_{i_K}, la première sonique aval, la seconde sonique amont, équivaut[26] à la discontinuité unique : $A^+ \rightarrow J$. L'arc $\widehat{A^+J}$ se raccorde au-delà de J à l'arc $\mathscr{A}_1'$ qui satisfait (I), et ainsi de suite. La demi-branche de I_1 que nous venons de construire se prolonge au-delà de A^+ par un arc d'isentropique $\mathscr{T}_{A^+}$ auquel succèdent des arcs du type $\mathscr{C}_K$, $\mathscr{A}_1$ etc...

En conclusion, *une branche d'indicatrice se compose, de part et d'autre de l'état amont, d'arcs du type* $\mathscr{A}$, $\mathscr{T}$, $\mathscr{C}$ *, qui alternent dans cet ordre.*

---

(25) Nous laissons au lecteur le soin de les vérifier.

(26) C'est une conséquence de la transitivité des relations de saut (15.4) quand on y donne à c_D une valeur fixe.

16-3 Une conséquence fondamentale de la C.F.C.

La C.F.C. affirme qu'il y a trois familles de chocs $\mathcal{K}_i$ séparément définies par la branche d'indicatrice à laquelle elles appartiennent. Etablissons que

d'une famille à l'autre il n'y a pas recouvrement des célérités des chocs. Précisément :

$$c^+_{III} < c_{D_{III}} < c^+_{II}, \qquad c^+_{II} < c_{D_{II}} < c^+_{I}, \qquad c^+_{I} < c_{D_I}. \tag{16.1}$$

En particulier, tout choc de célérité supérieure à c^+_I appartient nécessairement à la famille $\mathcal{K}_I$.

Démonstration : Une propriété parmi d'autres ressort de la construction que nous venons d'esquisser : le long de la succession d'arcs du type $\mathcal{A}_i$, la célérité c_D varie *continûment*, avec c^+_i pour minimum, y compris dans le passage d'un arc au suivant(27). Considérons, en particulier,la partie d'adiabatique dynamique relative à la branche I_{III} d'indicatrice ; la condition précédente de continuité interdit à c_D, évoluant par valeur croissantes à partir de c^+_{III}, de franchir la valeur c^+_{II}. Nous avons vu, en effet, au 15-3 que ce franchissement ne pouvait avoir lieu sans saut (conséquence de la condition d'évolution). Ceci établit le premier des trois groupes d'inégalités (16.1). Les deux suivants s'établiraient de la même façon. ▪

Ce résultat complète celui du 15-3. Pour reprendre l'exemple qui y était considéré, il n'existe pas de choc quasi-transversal de la famille $\mathcal{K}_2$ de célérité supérieure à c^+_I, ni de choc quasi-transversal de la famille $\mathcal{K}_3$ de célérité supérieure à c^+_2. Cette dernière conclusion : $c^+_3 < c_D < c^+_2$ est particulièrement significative, car on réalise sans peine par l'expérience un écart aussi faible que l'on veut de c^+_3 et c^+_2 : il suffit de soumettre un échantillon isotrope à une faible contrainte uniaxiale de signe voulu et de propager le choc quasi-transversal, si toutefois il en existe, dans une direction perpendiculaire à l'axe de révolution.

---

(27) Cette propriété n'est vraie ni de l'entropie ni de la polarisation qui sont discontinues au passage de K en J par exemple.

CHAPITRE IV
LE SOLIDE ELASTIQUE CONDUCTEUR DEFINI

17 Le solide conducteur - Propriétés générales

17-1 Thermodynamique et stabilité locale

A l'aide de l'énergie libre :

$$\phi = U - ST \tag{17.1}$$

les relations de comportement (5.2) du solide élastique s'écrivent encore :

$$B_{i\alpha} = \frac{\partial\phi}{\partial x_{i,\alpha}} \quad , \quad S = -\frac{\partial\phi}{\partial T} \,. \tag{17.2}$$

Chez le solide *conducteur* la forme la plus générale du flux de chaleur compatible avec l'inégalité (17.4) du second principe est (17.3) :

$$\boldsymbol{\varphi} = -\tilde{\boldsymbol{\varphi}}(\mathbf{g},\nabla\mathbf{x}, T) \quad , \quad \mathbf{g} = \nabla T, \tag{17.3}$$

$$\mathbf{g}\cdot\tilde{\boldsymbol{\varphi}}(\mathbf{g},.) \geqslant 0, \quad \forall\mathbf{g}. \tag{17.4}$$

Rassemblons les notations dont nous aurons besoin, dans l'ordre : les modules élastiques isothermes et adiabatiques, le tenseur acoustique isotherme, la chaleur spécifique à déformation constante supposée essentiellement non nulle, les tenseurs des conductivités thermiques hors équilibre et à l'équilibre (exposant "o"), toutes grandeurs dérivables autant de fois qu'il le faut :

$$A^T_{i\alpha j\beta} = \left(\frac{\partial^2\phi}{\partial x_{i,\alpha}\, x_{j,\beta}}\right)_T, \quad A^S_{i\alpha j\beta} = \left(\frac{\partial^2 U}{\partial x_{i,\alpha}\,\partial x_{j,\beta}}\right)_S, Q^T_{ij}(\mathbf{N}) = A^T_{i\alpha j\beta} N_\alpha N_\beta$$

$$C_{\nabla\mathbf{x}} = T\left(\frac{\partial S}{\partial T}\right)_{\nabla\mathbf{x}} (\neq 0), \quad K_{\alpha\beta} = \frac{\partial\tilde{\varphi}_\alpha}{\partial g_\beta}, \quad K^\circ_{\alpha\beta} = K_{\alpha\beta}\,(\mathbf{O}, \nabla\mathbf{x}, T)\,.$$

De (17.4) résultent les deux conséquences que voici :

$$\boldsymbol{\varphi}(\mathbf{O},\nabla\mathbf{x},T) = 0, \qquad K^\circ_{\alpha\beta}\, y_\alpha y_\beta \geqslant 0, \qquad \forall\mathbf{y}. \tag{17.5}$$

Les équations du mouvement et l'équation de l'énergie :

$$T\dot{S} - \tilde{\varphi}_{\alpha,\alpha} = 0, \tag{17.6}$$

cette dernière conséquence de (2.11) et (5.2), s'explicitent respectivement :

$$\ddot{x}_i - A^T_{i\alpha j\beta} x_{j,\alpha,\beta} + \frac{\partial S}{\partial x_{i,\alpha}} T_{,\alpha} = 0, \tag{17.7}$$

$$C_{\nabla \mathbf{x}} \dot{T} - K_{\alpha\beta} T_{,\alpha,\beta} - \frac{\partial \tilde{\varphi}_\alpha}{\partial T} T_{,\alpha} + T \frac{\partial S}{\partial x_{i,\alpha}} \dot{x}_{i,\alpha} - \frac{\partial \tilde{\varphi}_\alpha}{\partial x_{i,\beta}} x_{i,\alpha,\beta} = 0. \tag{17.8}$$

Perturbons $\mathbf{x}$ et T des quantités $\delta\mathbf{x}$ et δT. Au premier ordre, le vecteur $(\delta\mathbf{x}, \delta T)$ satisfait un système d'équations linéaires compliqué, que nous n'écrirons pas. Au voisinage d'un point et d'un instant donnés le système admet des solutions de la forme :

$$\{\delta\mathbf{x}, \ \delta T\} = \{\delta\mathbf{x}^\star, \delta T^\star\} \ e^{i(\omega t - \mathbf{k}.\mathbf{X})}.$$

L'approximation est d'autant meilleure que $|\mathbf{k}|$ est élevé. Les nombres réels k_α et complexe ω sont liés par une relation de dispersion :

$$\mathscr{D}(\omega, \mathbf{k})_{\mathbf{X},t} = 0,$$

dont les coefficients dépendent du point $\mathbf{X}$ et de l'instant t considérés. A chaque $\mathbf{k}$ correspond un ω au moins. Nous dirons que le solide est *localement stable* si les modes de longueur d'onde évanouissante croissent à vitesse finie :

$$\lim_{|\mathbf{k}| \to \infty} \mathrm{Im}\ \{\omega\} < A < \infty. \tag{17.9}$$

Nous imposerons au solide comme une exigence aussi fondamentale que l'obéissance au second principe la propriété de stabilité locale. Choisissant $\mathbf{k}$ de la forme $k\mathbf{N}$ et fixant $\mathbf{N}$ on peut établir, ce que nous ne ferons pas ici, les *conditions nécessaires suivantes de stabilité locale :*

$$Q^T_{ij}(\mathbf{N})\, y_i y_j \geqslant 0, \qquad \forall \mathbf{N}, \ \forall \mathbf{y}, \tag{17.10}$$

$$C_{\nabla \mathbf{x}}\, K_{\alpha\beta}\, y_\alpha y_\beta \geqslant 0, \quad \forall \mathbf{y}. \tag{17.11}$$

Aux valeurs élevées de $|\mathbf{K}|$ les évolutions de $\delta\mathbf{x}$ et δT ont une tendance au découplage, les opérateurs qui les décrivent ayant pour parties principales respectives :

$$\frac{\partial^2}{\partial t^2} - A^T_{i\alpha\, j\beta}\, \frac{\partial^2}{\partial X_\alpha \partial X_\beta}\,, \qquad C_{\nabla x}\, \frac{\partial}{\partial t} - K_{\alpha\beta}\, \frac{\partial^2}{\partial X_\alpha \partial X_\beta}\,. \tag{17.12}$$

Les conditions de stabilité impliquent que le premier opérateur est hyperbolique, le second parabolique, d'où résulte que le système couplé (17.7-8) des équations d'évolution pour $\mathbf{x}$ et T est *mixte hyperbolique - parabolique*. Le solide conducteur sera donc apte à propager des discontinuités ordinaires et des chocs.

En rapprochant (17.5) et (17.11), on voit que second principe et stabilité locale impliquent :

$$C_{\nabla x} > 0, \quad K_{\alpha\beta}\, y_\alpha y_\beta \geqslant 0, \quad \forall \mathbf{y}. \tag{17.13}$$

On peut aller plus loin si l'on admet que le *flux de chaleur dérive d'un potentiel* $\mathscr{D}$:

$$\tilde{\varphi}_\alpha = \frac{\partial \mathscr{D}}{\partial g_\alpha}\,. \tag{17.14}$$

Dans ce cas, en effet,

si le second principe est satisfait "à l'équilibre", et si le solide est localement stable, le second principe est automatiquement satisfait aux situations hors équilibre.

Démonstration : On raisonne à $\nabla\mathbf{x}$ et T fixés. Par hypothèse $K_{\alpha\beta} = \partial^2 \mathscr{D}/\partial g_\alpha \partial g_\beta$, et (17.13) entraîne la *convexité* de $\mathscr{D}$, en d'autres termes :

$$\mathbf{g}\cdot\tilde{\boldsymbol{\varphi}}(\mathbf{g},.) - \mathscr{D}(\mathbf{g},.) \geqslant \mathbf{g}'\cdot\tilde{\boldsymbol{\varphi}}(\mathbf{g},.) - \mathscr{D}(\mathbf{g}',.), \quad \forall \mathbf{g}, \mathbf{g}'.$$

On choisit $\mathbf{g} = \mathbf{0}$, $\mathbf{g}'$ arbitraire et l'on tient compte de $(17.5)_1$, puis $\mathbf{g} = 0$ et $\mathbf{g}$ arbitraire. On trouve :

$$\mathbf{g}\cdot\tilde{\varphi}(\mathbf{g},.) \geqslant \mathscr{D}(\mathbf{g},.) - \mathscr{D}(\mathbf{o},.) \geqslant 0, \quad \forall \mathbf{g} \;\blacksquare$$

17-2 Comparaison des célérités acoustiques adiabatiques et isothermes.

Commençons par établir la relation générale suivante entre modules des deux types :

$$A^S_{i\alpha\, j\beta} = A^T_{i\alpha\, j\beta} + \frac{1}{T}\, C_{\nabla x} \left(\frac{\partial T}{\partial x_{i,\alpha}}\right)_S \left(\frac{\partial T}{\partial x_{j,\beta}}\right)_S. \tag{17.15}$$

Pour cela, comparant l'identité :

$$\left(\frac{\partial B_{i\alpha}}{\partial x_{j,\beta}}\right)_S = \left(\frac{\partial B_{i\alpha}}{\partial x_{j,\beta}}\right)_T + \left(\frac{\partial B_{i\alpha}}{\partial T}\right)_{\nabla \mathbf{x}} \left(\frac{\partial T}{\partial x_{j,\beta}}\right)_S$$

a la relation à établir, on voit que cette dernière à lieu si :

$$\left(-\frac{\partial B_{i\alpha}}{\partial T}\right)_{\nabla \mathbf{x}} = \left(\frac{\partial S}{\partial T}\right)_{\nabla \mathbf{x}} \left(\frac{\partial T}{\partial x_{i,\alpha}}\right)_S .$$

Or, $(\partial B_{i\alpha}/\partial T)_{\nabla \mathbf{x}} = - (\partial S/\partial x_{i,\alpha})_T$, tandis que

$$dT = \left(\frac{\partial T}{\partial x_{i,\alpha}}\right)_S dx_{i,\alpha} + \left(\frac{\partial T}{\partial S}\right)_{\nabla \mathbf{x}} dS \rightarrow \left(\frac{\partial S}{\partial x_{i,\alpha}}\right)_T = - \frac{1}{\left(\frac{\partial T}{\partial S}\right)_{\nabla \mathbf{x}}} \left(\frac{\partial T}{\partial x_{i,\alpha}}\right)_S \blacksquare$$

On sait depuis Duhem[14] que les discontinuités d'accélération sont *homothermes :* $[\nabla T] = \mathbf{0}$. Les célérités acoustiques se déduisent donc du tenseur acoustique $\mathbf{Q}^T$. Cette propriété se lit également sur l'expression de l'opérateur principal hyperbolique $(17.12)_1$. On doit à Duhem[28] un résultat supplémentaire, à savoir que :

pour une même direction de propagation $\mathbf{N}$ *chacune des célérités acoustiques adiabatiques est au moins égale à la célérité acoustique isotherme de même rang :*

$$c_i^S \geqslant c_i^T \qquad i = I, II, III. \tag{17.16}$$

Démonstration : D'après (17.10) il existe 3 célérités c_i^T réelles $\geqslant 0$, distinctes ou confondues. Sachant que $C_{\nabla \mathbf{x}} > 0$, la relation (17.15) que nous venons d'établir implique que la forme quadratique associée à $\mathbf{Q}^S(\mathbf{N})$ domine celle associée à $\mathbf{Q}^T(\mathbf{N})$:

$$Q^S(\mathbf{N})_{ij}\, y_i y_j \geqslant Q^T(\mathbf{N})_{ij} y_i y_j, \qquad \forall \mathbf{y}.$$

Le résultat annoncé découle d'une caractérisation directe de la i-ème valeur propre d'un opérateur symétrique par une propriété de Max-Min (courant et Hilbert[29] p. 407). ■

Remarque. Lorsque le solide est isotrope dans la configuration $(\mathbf{X})$ l'application : $\nabla \mathbf{x} \rightarrow T$ ne met en jeu que les invariants I_1, I_2 et J (cf. 7-1). Si $\mathbf{N}$ est direction principale on en conclut facilement que les célérités acoustiques transversales isothermes et adiabatiques de même rang sont égales.

18 Le conducteur défini

18-1 Propriété fondamentale : continuité de la température

Le conducteur est *défini* si la relation (17.3) peut être résolue par rapport à $\mathbf{g}$:

$$\mathbf{g} = \mathbf{g}(\boldsymbol{\varphi}, \nabla\mathbf{x}, T). \tag{18.1}$$

On a donc nécessairement :

$$\text{Dét } |K_{\alpha\beta}| \neq 0, \quad K^{\circ}_{\alpha\beta}\, y_\alpha\, y_\beta > 0, \quad \forall \mathbf{y} \neq \mathbf{O}. \tag{18.2}$$

Si $\boldsymbol{\varphi}$ dérive d'un potentiel, on a la propriété plus forte :

$$K_{\alpha\beta}\; y_\alpha y_\beta > 0, \quad \forall \mathbf{y} \neq \mathbf{O}. \tag{18.3}$$

Autre conséquence : *la température est, à tout instant, une fonction continue de* $\mathbf{X}$.

En effet, $\boldsymbol{\varphi}$ est, comme l'énergie interne, la vitesse, les contraintes etc...., une grandeur *bornée* sur tout domaine de la configuration de référence. Sont également bornés les autres arguments $\nabla\mathbf{x}$ et T de $\mathbf{g}$. Supposons $\mathbf{g}$ fonction continue de ses arguments. Il s'ensuit que $\mathbf{g}$ est borné. Dans ces conditions, la température dont le gradient est fini, est continue. ∎

Dans certains problèmes, il s'introduit un flux, voire une énergie ! infinis en un point et à un instant donnés. Il s'agit, soit de problèmes linéaires dans lesquels ces cas limites conservent un sens mathématique, soit de formulations non linéaires qui simulent un dépôt quasi-instantané d'énergie. Dans ce dernier cas, la solution obtenue est généralement interprétée comme l'approximation asymptotique d'un certain phénomène réel, loin de la source et suffisamment tard.

18-2 Relations de saut

Nous suivons la présentation du 5-3 et raisonnons à état amont et direction $\mathbf{N}$ fixés. Un choc étant ici homotherme :

$$[T] = 0, \tag{18.4}$$

l'état aval est déterminé par la polarisation $\boldsymbol{\lambda}$. Nous notons : $\hat{\phi} = \hat{\phi}(\boldsymbol{\lambda})$

l'application : $\boldsymbol{\lambda} \to \phi$ analogue de $\hat{U}$ et baptisons "isotherme dynamique" $\mathcal{H}_{(\nabla \mathbf{x}^+;\ T^+;\ \mathbf{N})}$ la famille des états avals admissibles. Les relations de saut (2.19,20) et, compte tenu de l'homothermie, l'inégalité (3.2) du second principe s'écrivent respectivement :

$$\mu_D \lambda_i = b_i - b_i^+ \qquad \mu_D = c_D^2 \tag{18.5}$$

$$(b_i = \frac{\partial \hat{\phi}}{\partial \lambda_i},\ b_i^+ = \frac{\partial \hat{\phi}}{\partial \lambda_i}(0))$$

$$[ST] - c_D^{-1}[\varphi_N] \geqslant 0. \tag{18.6}$$

En combinant cette dernière à la relation générale d'Hugoniot (2.20) on obtient une inégalité d'où le flux a disparu :

$$h(\boldsymbol{\lambda}) = \overline{\mathbf{b}}.\boldsymbol{\lambda} - [\hat{\phi}] \geqslant 0. \tag{18.7}$$

La fonction d'état h va jouer, dans l'orientation des chocs homothermes faibles, le même rôle que l'entropie vis-à-vis des chocs adiabatiques (cf. 18-1).

La condition $[T] = 0$ tenant lieu de la relation d'Hugoniot du solide non conducteur, la relation générale d'Hugoniot (2.20) fait connaître $\boldsymbol{\varphi}^-$ et ∇T^- ; en effet, à état amont et polarisation données, $\boldsymbol{\varphi}^-$ ne dépend que du scalaire α, qui entre dans la relation : $\nabla T^- = \nabla T^+ + \alpha \mathbf{N}$ Par ailleurs, (2.20) donne φ_N^-. D'où α.

Examinons *le signe du saut de l'entropie* sur l'exemple du choc longitudinal. En terme de chaleur latente : $\ell(\lambda,T) = T(\partial S/\partial \lambda)_T$ on a : $[S] = T^{-1} \int_0^\lambda \ell(s,T)ds$. Par conséquent, si le long de l'arc d'isotherme qui relie les états (+) et (-) ℓ garde un signe constant, alors :

$$\operatorname{sgn}\{[S]\} = \operatorname{sgn}\{\ell\lambda\} = -\operatorname{sgn}\{G\lambda\}. \tag{18.8}$$

Cette relation de signes s'applique en particulier aux chocs faibles. Nous avons utilisé le fait que le coefficient G introduit au paragraphe 13 est de signe opposé à ℓ (28):

$$G\ell < 0. \tag{18.9}$$

---

(28) car $\ell = -T(\partial S/\partial T)_\lambda\ (\partial T/\partial \lambda)_S = \mp C_\lambda G$.

Rappelons que :

$G < 0$ donc $\ell > 0 \Leftrightarrow \lambda$ croît avec T à b constant[29]. Dans l'hypothèse courante :

$$G < 0 \quad \text{et} \quad \lambda < 0,$$

l'entropie *décroît* au cours du choc homotherme.

18-3 Relations différentielles le long de l'isotherme dynamique.

Nous abandonnons désormais l'exposant "T" qui distingue certaines quantités attachées au choc homotherme. Aux 3 valeurs propres μ_i de $\mathbf{Q}$, non négatives, distinctes ou confondues, on peut associer 3 vecteurs propres $\boldsymbol{\delta}_i$ deux à deux orthogonaux.

Différentions (18.5) le long de $\mathcal{H}$. Il vient les deux systèmes équivalents de 3 équations scalaires :

$$(\mathbf{Q} - \mu_D \mathbf{1}).d\boldsymbol{\lambda} = d\mu_D \boldsymbol{\lambda}. \tag{18.10a}$$

$$(\mu_i - \mu_D)\,\boldsymbol{\delta}_i.d\boldsymbol{\lambda} = d\mu_D \boldsymbol{\delta}_i.\boldsymbol{\lambda}. \tag{18.10b}$$

Différentiant l'expression (18.7) de h et tenant compte de (18.5) nous obtenons par ailleurs :

$$dh = \frac{1}{2}\,|\boldsymbol{\lambda}|^2\, d\mu_D. \tag{18.11}$$

Ces relations sont comparables, en plus simple, aux relations différentielles le long de l'adiabatique dynamique.

18-4 Pseudo-chocs homothermes

L'isotherme dynamique peut comprendre une famille continue de P.C., où discontinuités réversibles, caractérisés par la propriété :

$$[h] = 0. \tag{18.12}$$

Comme : $dh = 0 \Rightarrow d\mu_D = 0 \Rightarrow \mu_D = \mu^+$ les conclusions des paragraphes 9 et 10 se transposent aisément :

On retrouve la notion de solide "simple". Puisque les P.C. circulaires sont à la fois homoentropiques et homothermes, il n'y a pas lieu de

(29) En effet : $\partial S/\partial\lambda = -\partial b/\partial T = (\partial b/\partial\lambda)_T\,(\partial\lambda/\partial T)_b = c^2(\partial\lambda/\partial T)_b$

préciser les propriétés conductrices du solide. On vérifie du reste que :

$$U = U(I_1,J;\ S) \Leftrightarrow \phi = \phi\ (I_1,J;\ T).$$

Chez le solide "simple développable conducteur défini" les dérivées partielles de ϕ sont liées par une identité de la forme :

$$\frac{\partial\phi}{\partial J} - G\ (\frac{\partial\phi}{\partial I_1}\ ;\ T) \equiv 0. \qquad (18.13)$$

Dans ce dernier cas, la spécification du modèle de comportement - conducteur ou non - est indispensable, car le P.C. sphérique ne peut pas être à la fois homoentropique et homotherme. Une autre façon de le voir consiste à remarquer que (19.13)$\not\Leftarrow$(10.1).

19 Irréversibilité et stabilité des chocs

19-1 Propriétés diverses du choc faible

L'analogie de forme que nous venons de constater au 18-3 permet d'énoncer sans démonstration les propriétés suivantes détaillées au paragraphe 7 :

- la célérité et la polarisation d'un choc homotherme faible avoisinent respectivement en valeur ou direction l'une, c^+, des célérités acoustiques isothermes amont et un vecteur acoustique associé $\boldsymbol{\delta}^+$:

$$c_D = c^+ + 0\ (\sigma),$$

$$\boldsymbol{\lambda} = \sigma\boldsymbol{\delta}^+ + \mathbf{o}\ (\sigma).$$

- le saut de h est au moins du 3ème ordre par rapport à $|\boldsymbol{\lambda}|$ ou σ :

$$h = A_n\sigma^{n+3} + 0(\sigma^{n+4}), \qquad n \geqslant 0.$$

- Si n est pair le choc à lieu "en direction" des $A_n\sigma > 0$ tandis que, si n impair, et selon que $A_n > 0$ ou $A_n < 0$, le choc faible est, soit impossible, soit autorisé dans les deux sens. *Dans tous les cas, l'une quelconque des trois conditions : respect du second principe, choc subsonique par rapport à l'état* (-), *supersonique par rapport à l'état* (+) *entraîne d'office les deux autres.*

19-2 Chocs d'amplitude finie au sein d'une onde plane : la condition d'évolution.

Une onde plane en solide conducteur, de direction de propagation $\mathbf{N}$, a pour équations en tout point de continuité :

$$\frac{\partial \gamma_i}{\partial t} - \frac{\partial v_i}{\partial X} = 0, \tag{19.1a}$$

$$\frac{\partial v_i}{\partial t} - \frac{\partial}{\partial X} \quad b_i(\boldsymbol{\gamma},T) = 0, \tag{19.1b}$$

$$T \frac{\partial S}{\partial t} + \frac{\partial \varphi}{\partial X} = 0, \tag{19.1c}$$

avec :

$$b_i = \frac{\partial}{\partial \gamma_i} \phi \ (\boldsymbol{\gamma},T), \qquad \varphi = \mathbf{N}.\tilde{\boldsymbol{\varphi}}(\frac{\partial T}{\partial X}\mathbf{N},\ \boldsymbol{\Gamma} + \boldsymbol{\gamma}\otimes\mathbf{N},\ T).$$

Les relations de saut s'écrivent :

$$[\mathbf{v}] = - c_D\ [\boldsymbol{\gamma}], \tag{19.2a}$$

$$[\mathbf{b}] = - c_D\ [\mathbf{v}], \tag{19.2b}$$

$$[T] = 0.$$

Nous avons donné un énoncé général de la C.E. que nous pouvons mettre ici en oeuvre en suivant la démarche du 15-1. On observe que la condition :

$$\Delta \frac{d}{dt} T^+ = \Delta \frac{d}{dt} T^-$$

est automatiquement satisfaite parce que les discontinuités sont homothermes. D'où la simplification importante qui suit : *discuter la stabilité du choc homotherme revient à discuter la stabilité du choc coïncidant avec le choc considéré dans le cadre du système complètement hyperbolique déduit de* (19.1a,b) *en y faisant :* $T = T^+ = T^-$.

Ce système est de la forme (15.1) avec

$$\mathbf{u} = (\boldsymbol{\gamma}, \mathbf{v}). \tag{19.3}$$

Les vecteurs caractéristiques associés $\mathbf{D}_i$ s'expriment à l'aide des directions acoustiques adiabatiques $\boldsymbol{\delta}_i$ et des célérités c_i. Les formules utiles du 15-2 deviennent ici :

$$\mathbf{D}_i^{\pm} = (\boldsymbol{\delta}_i^{\pm},\ - c_i^{\pm}\ \boldsymbol{\delta}_i^{\pm}), \qquad i = \pm 1,\ \pm 2,\ \pm 3$$

$$[\mathbf{u}] = (\boldsymbol{\lambda},\ - c_D \boldsymbol{\lambda}).$$

C'est à ces expressions de $\mathbf{D}_i^{\pm}$ et $[\mathbf{u}]$ que l'on appliquera la formule (15.8) et l'"énoncé pratique" qui l'accompagne. On retrouve l'analogue des résultats établis pour le solide non conducteur, à savoir :

i) *le choc longitudinal homotherme est supersonique amont, subsonique aval vis-à-vis des ondes acoustiques longitudinales. Il est à la fois supersonique (ou subsonique) amont et aval vis-à-vis des ondes acoustiques transversales d'une même famille.*

ii) *Tout choc au sein d'une onde plane qui se propage dans la direction* $\mathbf{n}$ *sur une configuration isotrope d'un solide parfaitement conducteur laisse la polarisation* $\boldsymbol{\gamma}$ *d'un même côté de* $\mathbf{n}$.

iii) *L'isotherme dynamique s'interrompt lorsque la célérité du choc et une célérité acoustique amont et aval quelconque viennent à s'égaler.*

En l'état présent nous ne disposons pas de l'analogue du concept d'indicatrice d'Hugoniot qui permettrait, sans doute, une délimitation plus précise de l'isotherme dynamique.

20 Ondes planes stationnaires

20-1 Généralités

Le problème des évolutions transitoires du matériau conducteur, problèmede type mixte hyperbolique-parabolique, non linéaire par surcroît, n'a guère été abordé jusqu'ici sans le secours de l'ordinateur. Une exception toutefois : A l'aide des techniques de perturbation, Johnson[30] a récemment étudié le mouvement longitudinal faiblement non linéaire d'un semi-espace homogène. Pour la classe particulière de sollicitations thermomécaniques de la frontière qu'il envisage Johnson établit que les non linéarités limitent fortement, même chez les métaux, l'étendue du domaine spatio-temporel dans lequel on peut considérer comme valable l'approximation classique de la "thermo-élasticité linéaire".

Devant la complexité des problèmes transitoires, tournons-nous vers les ondes planes stationnaires. Les notations sont celles du 4-3. Nous affectons des exposants "+" (resp. "-") les valeurs limites de $\boldsymbol{\lambda}$, $\mathbf{B}$, T etc., à l'"amont" X = + ∞ (resp. l'"aval" X = - ∞). Dans ces conditions,

les états extrêmes de l'onde sont liés par les relations d'Hugoniot d'un choc adiabatique qui aurait pour célérité $c_D = V$, *avec correspondance des états amont et aval de l'onde et du choc.*

Le premier point résulte de (4.18,19) sachant que : $\varphi(-\infty) = 0$. Par ailleurs, l'inégalité (3.1), ici de la forme $(-VS + T^{-1}\varphi)_{,X} \geq 0$ et valables au sens généralisé, s'intègre même en présence de choc pour donner $S^- > S^+$. D'où le second point ∎

Sans signifier qu'à tout choc adiabatique correspondra nécessairement une onde stationnaire de mêmes états limites, ni que l'on pourra assurer la correspondance inverse, la constatation précédente rend plus plausible l'existence d'ondes stationnaires dont l'état aval se trouve sur l'adiabatique dynamique relative à l'amont.

20-2 Ondes longitudinales faibles

Dans ce cas, les équations (4.18,19) s'écrivent :

$$b - V^2\lambda = b^+, \tag{20.1}$$

$$\varphi = VH. \tag{20.2}$$

H : fonction d'Hugoniot définie par (13.5). Pour préciser la discussion nous adopterons les hypothèses :

$$\left(\frac{\partial^2 b}{\partial\lambda^2}\right)_S < 0 \qquad G < 0. \tag{20.3}$$

L'image d'un point de l'onde dans le plan (λ,b) appartient au segment de Rayleigh $\overline{OA}$ qui relie les états extrêmes situés sur $\mathcal{H}_o$ (figure 9a). Montrons que :

i) *le second principe impose la monotonie du profil de température.*

En effet, H est, nous l'avons vu au 13-2, non négatif sous les hypothèses (20.3). D'où : $\dot{\varphi} \geq 0$, puis $dT/dX \leq 0$, $\forall X$ ∎

Observer que ce résultat s'applique, que l'onde comporte ou non des chocs (homothermes). De plus,

ii) *il existe toujours des ondes longitudinales stationnaires "faibles". Ces ondes sont continues. La température et les autres variables y ont un comportement asymptotique exponentiel pour* $X \to +\infty$.

En effet, montrons d'abord par l'absurde que lorsqu'on se donne

$V > c^{S^+}$, célérité acoustique adiabatique amont, T est fonction monotone de λ le long de $\overline{OA}$. Si, pour $A \in \mathcal{H}_o$ suffisamment proche de 0 le segment de Rayleigh était tangent entre 0 et A à une isotherme, par passage à la limite l'isentropique et l'isotherme de 0 seraient tangentes en 0. Ceci est impossible, puisque, d'après (17.15) :
$(\partial b/\partial\lambda)_S - (\partial b/\partial\lambda)_T = T^{-1}\ C_\lambda G^2 > 0$. Par conséquent, pour $V > c^{S^+}$ l'état le long de $\overline{OA}$ est bien paramétré par T. De (18.1) et (20.2) on déduit alors l'équation différentielle :

$$dX = \frac{dT}{g(T)} \qquad T^- > T > T^+,$$

avec g continu en T, et $<$ 0 puisque $\varphi > 0$. D'où X, à une constante près, par une intégrale qui a un sens sur tout l'intervalle $]T^+T^-[$.

Pour T voisin de $T^\pm$, g, φ, H sont du même ordre : g = 0 (φ) = 0 (H) tandis que, d'après (13.10) : $H = 0(S - S^\pm)$. Sauf exception sans intérêt $S - S^\pm = 0\ (T - T^\pm)$. Alors : $g(T) = 0(T - T^\pm)$ en $X = \pm\infty$, de sorte que le comportement asymptotique de X est logarithmique en T ∎

Exemple : Chez un gaz parfait $\mathcal{H}_o$ est l'hyperbole :

$$b/b^+ = (1 - \tfrac{\gamma-1}{2}\lambda)/(A + \tfrac{\gamma+1}{2}\lambda)$$

(γ : coefficient polytropique), tandis que le lieu des points de contact des tangentes issues de 0 aux isothermes est l'hyperbole

$$\mathcal{C} : b/b^+ = (1 + \lambda)/(1 + 2\lambda).$$

Les arcs utiles des deux courbes se recoupent en I tel que :

$$\lambda_I = \frac{2}{1-3\gamma}\ (\gamma - 1), \qquad b_I/b^+ = \frac{\gamma+1}{3-\gamma}\ .$$

Pour $\lambda_I < \lambda_A < 0$ l'onde stationnaire est continue conformément au ii). Pour $\lambda_A < \lambda_I$ la distribution de T le long de $\overline{OA}$ a un maximum à l'intersection de $\mathcal{C}$ et $\overline{OA}$. Soit A' le point de $\overline{OA}$ tel que $T_{A'} = T_A = T^-$. La seule portion de $\overline{OA}$ qui respecte à la fois la monotonie et la continuité de la température dans l'onde est formée de l'union $\overline{OA'}$ UA ; sur le passage de l'onde une particule voit son état varier continûment jusqu'au point, que nous choisissons pour origine des X, où $T = T^-$. Puis l'on passe de A' à A par un choc homotherme. Par suite :

$$X = \int_0^T \frac{dT}{g(T)}\ , \ T < T^- \ ; \qquad T = T^-, \qquad X < 0.$$

La disposition relative de l'isotherme de choc et de la corde $\overline{AA'}$ indique que le choc satisfait la C.E.

D'après Rayleigh[12], Rankine est le premier à avoir établi l'aptitude de la conduction à entretenir une onde stationnaire dans le gaz polytropique et obtenu les relations entre états limites analogues à celles d'Hugoniot. Rayleigh prouvait, 40 ans plus tard, qu'en omettant d'invoquer le second principe Rankine avait laissé échapper la possibilité du sous-choc homotherme dans l'onde d'intensité finie.

20-3 Ondes quasi-transversales faibles

On peut se demander si la conduction ne suffirait pas à structurer continûment un choc adiabatique de type quelconque, pourvu que ce dernier soit suffisamment faible. L'exemple du choc Q.T. *faible* étudié au 7-4 va prouverqu'il n'en est rien. En effet, il existe toujours une onde stationnaire obéissant au schéma parfaitement conducteur qui relie les états (+) et (-) d'un tel choc[(30)]. Cette onde possède les propriétés suivantes :

i) *le profil de température y est monotone ;*
ii) *elle comprend un précurseur purement longitudinal* ($\lambda_2 = 0$) ;
iii) *selon les cas, la structure de l'onde est continue ou bien s'achève sur un choc homotherme suivi d'une zone d'état constant.*

La figure 15 schématise les profils qui correspondent aux deux circonstances possibles. La propriété ii) est attribuable à *l'isotropie* de l'état amont.

Démonstration sommaire : L'énergie interne est fonction de λ_1, $\lambda_2^2 = \Lambda$ et $s = S - S^+$: $U = \hat{U}\ (\lambda_1, \Lambda; s)$. En posant $\mu = V^2$ les équations (4.18) s'écrivent ici :

---

(30) On suppose naturellement satisfaite la condition (7.25) d'existence du choc.

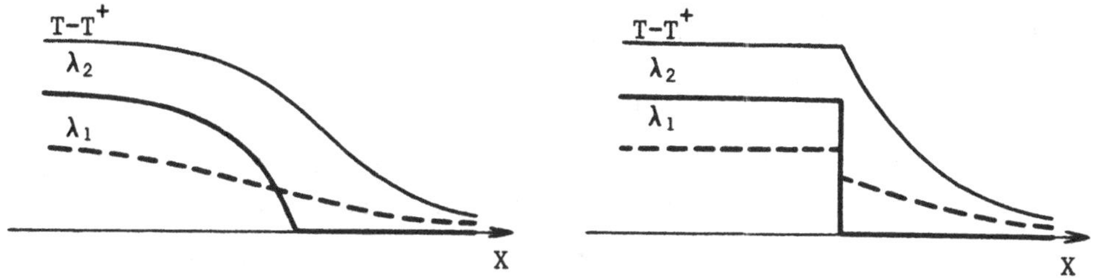

Structure continue   Structure discontinue

Fig. 15 Profils types d'ondes quasi-transversales faibles

$$\mu\lambda_1 = \frac{\partial}{\partial\lambda_1}\hat{U} - b_1^+, \tag{20.4}$$

$$\mu\lambda_2 = 2\lambda_2 \frac{\partial}{\partial\Lambda}\hat{U}. \tag{20.5}$$

La projection de cette courbe sur le plan (λ_1,Λ) se décompose en : un arc R_o qui passe par l'origine (o,o) et d'équations : $\Lambda = 0$, $\mu\lambda_1 = \frac{\partial}{\partial\lambda_1}\hat{U}(\lambda_1, o;s)$; un arc R_A passant par le point A représentatif de l'aval et d'équations : $\mu = \frac{\partial}{\partial\Lambda}\hat{U}(\lambda_1,\Lambda;s)$, $\mu\lambda_1 = \frac{\partial}{\partial\lambda_1} U(\lambda_1,\Lambda;s) - b_1^+$. L'arc R_o ne passe pas par A et R_A ne passe pas par O. Ces deux arcs se coupent au point I (λ_I,o). Les calculs relatifs au choc faible, que nous ne reproduisons pas, sont conduits en assimilant la partie utile $\widehat{IA}$ de R_A à un segment de droite. L'image de l'onde dans le plan (λ_1,Λ) appartient nécessairement à $\overline{OI} \cup \widehat{IA} = R$. L'équation :

$$V^-\varphi = H \equiv \hat{U} - U^+ - \frac{\lambda_1}{2}\left(\frac{\partial}{\partial\lambda_1}\hat{U} + b_1^+\right) - \Lambda\frac{\partial\hat{U}}{\partial\Lambda} \tag{20.6}$$

précise la structure. Le second principe implique :

$$HdT \geqslant 0, \tag{20.7}$$

où d est la différentielle dans le sens de O vers A. On vérifie que le long de R : $dH = Tds$ et que H, nul en O et A est, à l'approximation des ondes faibles, de signe constant le long de R. Le i) s'ensuit. La température étant fonction sensiblement linéaire de λ_1 ou Λ le long de $\overline{OI}$ et $\widehat{IA}$ séparément, dT garde un signe constant sur chacun de ces arcs. Comme H et dH ont le même signe sur $\overline{OI}$, (20.7) équivaut à : $(dT/ds)^+ > 0$. Or, on montre que $(dT/ds)^+ = G^{+2} [(\mu_1^{S+} - \mu_1^{T+})(\mu - \mu_1^{S+})]^{-1} (\mu - \mu_1^{T+})$ avec $G^+ = \frac{\partial}{\partial\lambda_1} T\ (o,o;o)$. On sait que $\mu_1^{T+} \lesssim \mu_1^{S+}$, tandis que $\mu_2^{S+} < \mu_1^{S+}$, $\mu \gtrsim \mu_2^{S+}$ (onde faible). La condition (20.7) est donc satisfaite dans le voisinage de O. D'où le ii). Par contre, le calcul détaillé indique que le long de $\widehat{IA}$ on peut avoir Hdt > 0, mais également HdT < 0 selon les caractéristiques de la loi de comportement, et que $T_I - T^+$ *et* $T^- - T^+$ *sont toujours de même signe*. Dans le premier cas l'onde est continue de O en A, dans le second un choc homotherme d'amont un point A' de $\overline{OI}$ et d'aval A court-circuite la portion $\overline{A'I} \cup \widehat{IA}$. C'est le iii).■

La proposition s'applique au cas limite du matériau incompressible : l'onde stationnaire y est transversale ($\lambda_1 = 0$); le précurseur, *purement thermique*, se propage alors en milieu figé.

Exemple 2 : Le "caoutchouc idéal" mentionné au 10-2 est précisément incompressible. Dans le contexte actuel l'énergie interne se réduit à :

$$\hat{U} = U^+ + CT^+ \left(\exp\left\{\frac{S-S^+}{C} + \frac{Nk}{2C}\lambda_2^2\right\} - 1\right).$$

Les isentropiques et isothermes du plan (λ_2, b_2) concourent à l'origine qui est un point exceptionnel, image d'une infinité d'états. Les isothermes sont les droites d'équation : $b_2 = NkT\lambda_2$. La courbe d'Hugoniot est la cubique $\mathcal{H}_o$: $b_2 = Nk\lambda_2\ (T^+ + b_2\lambda_2/2C)$ d'asymptotes $\lambda_2 = \pm(2C/Nk)^{1/2}$, concave vers le haut pour $\lambda_2 > 0$. Le long du segment de Rayleigh $\overline{OA}$ la température est constante et égale à $T^- > T^+$. Le passage de T^+ à T^- à travers l'onde stationnaire ne peut s'effectuer qu'à λ_2 nul. Le profil T(X) du précurseur est donné par l'équation différentielle (18.1) intégrée sur (T^+T^-) sachant que $\varphi = V(\hat{U} - U^+) = VC\ (T - T^+)$. Un choc homotherme à la température T^- réalise ensuite le passage à l'état final. On conclut ici à la *discontinuité de la structure quelle que soit l'intensité de l'onde*.

REFERENCES

1. Jouguet E. Sur les ondes de choc dans les corps solides, *C.R.A.S. 171*, 461-,1920.
2. - Sur la célérité des ondes dans les solides élastiques, *C.R.A.S. 171*, 512-,1920.
3. Sur la variation d'entropie dans les ondes de choc des solides élastiques, *C.R.A.S. 171*, 789-,1920.
4. Application du principe de Carnot-Clausius aux ondes de choc des solides élastiques, *C.R.A.S. 171*, 904-,1920.
5. Bland D.R. Dilatationnal Waves and shocks in large-displacement isentropic dynamic elasticity, *J. Mech. Phys. Sol.*, *12*, 245-,1964.
6. - Finite elastodynamics, *J. Inst. Maths. Applics*, *2*, 326; 1966.
7. Collins W.D. One dimensional non-linear wave propagation in incompressible elastic materials, *Quart. J. Mech. Appl. Math.*, *19*, 3, 259-, 1966.
8. - The propagation and interaction of one-dimensional non-linear waves in an incompressible isotropic elastic half-space, *Quart. J.Mech. Appl. Math. 20*, 4, 429-, 1967.
9. Davison L. Propagation of plane waves of finite amplitude in elastic solids, *J. Mech. Phys. Sol.*, 14, 249-,1966.
10. Duvaut G. Sur les ondes de choc longitudinales dans les milieux élastiques non linéaires, *J. de Méc.*, *6*, 371-, 1967.
11. - Etude de certains problèmes d'ondes de déformation plane en élasticité non linéaire, *J. de Méc.*, *8*, 4, 565-,1969.
12. Lord Rayleigh. Aerial plane waves of finite amplitude, *Proc. Roy. Soc.*, ser. A 84, 247-,1910.

13. Zel'dovitch and Raizer. *Physics of Shock Waves and High-Temperature Hydrodynamic Phenomena.* Vol. 2 Academic Press, New-York and London, 1967.

14. Mandel J. Notions sur les ondes in *this volume.*

15. Kolsky H. Production of tensile shock waves in stretched natural rubber, *Nature, 224,* 5226, 1301, 1969.

16. Duvall G.E. Shock wave stability in solids, in *les Ondes de détonation,* Colloques internationaux du C.N.R.S. , Paris 337-,1962.

17. Jeffrey A. And Taniuti T. *Non Linear Wave Propagation,* Academic Press, 1964.

18. Chu B.T. Transverse shock waves in incompressible elastic solids. *J. Mech. Phys. Solids,* 15, 1-, 1967.

19. Bland D.R. Plane isentropic large displacement simple waves in a compressible elastic solid, *Z. Ang. Math. Phys. 16,* 752-, 1965.

20. Lax P.D. Hyperbolic systems of conservation laws. *Comm. Pure* Appl. Math. 10, 537-, 1957.

21. Varley E. Simple waves in general elastic materials. *Arch. Rat. Mech. and Anal., 20,* 4, 309-, 1965.

22. Courant R. and Friedrichs K.O. *Supersonic Flow and Shock Waves,* Interscience publishers, New-York, 1948.

23. Nunziato J.W. and Herrmann W. The general theory of shock waves in elastic non conductors, *Arch. Rat. Mech. Anal.,* 47, 4, 272-,1972.

24. Al'tshuler, Krupnikov, Lebedenev, Zuchikhin and Brazhnik. Dynamic compressibility and equation of state of iron under high pressure, *Soviet Physics,* J.E.T.P. 7, 606-, 1958.

25. Thompson P.A. and Lambrakis K.C. Negative shock waves, *J. Fluid Mech., 60,* 1, 187-,1973.

26. Landau et Lifchitz E. *Mécanique des Fluides.* Editions Mir Moscou 1971.

27. Germain P. Shock waves, jump relations and structure, in *Advance in Applied Mechanics,* Academic Press, New-York and London, Vol. 12, 131-, 1972.

28. Duhem P. Sur la propagation des ondes dans un milieu parfaitement élastique affecté de déformations finies *C.R.A.S. 136,* 343-, 1903.

29. Courant R. and Hilbert D. *Methods of Mathematical physics*, Inters. Publishers, New-York, Vol. 1, 1962.

30. Johnson A.F. Pulse propagation in heat-conducting elastic materials. *J. Mech. Phys. Sol. 23*, 55-, 1975.

Ordinary Waves in Inviscid Plastic Media

Bogdan Raniecki
Institute of Fundamental
Technological Research
ul. Swietokrzyska, 21
WARSAW

Introduction

The lectures are devoted to the comprehensive analysis of ordinary waves of infinitesimal strains in unbounded, rate-independent elastic-plastic conductors and non-conductors, including simple waves. To provide the example of simple waves, the one-dimensional adiabatic waves of combined stress in a thin-walled tube are discussed and the results of numerical solutions are presented.

The isothermal elastic-plastic waves in the three-dimensional ideal plastic medium were first investigated by Thomas [1, 2] , whereas major contributions to the theory of waves in hardening materials were made in the papers by Mandel [3] and Hill [4] in 1962. The thermodynamic theory of waves in elastic-plastic conductors and non-conductors at finite strains was developed by Mandel [5] in 1969. Mandel's approach is followed here, and the field equations derived by

Mroz and Raniecki [6] are used.

In Section 1 the generalized non-isothermal plastic flow rules are discussed. The simplified field equations for non-conductors are presented in Sec. 2. They are obtained by neglecting certain couplings of lesser importance. The fundamental equations associated with the Huber-Mises yield criterion are given in Sec. 3. In Sec. 4 the definition of ordinary waves is given. The plastic unloading and loading waves in conductors are discussed in Secs 5-9. In Sec. 10 the bounds for wave speeds in non-conductors are established. Simple waves are defined in Sec. 11. As an example, the combined longitudinal and torsional simple waves in a thin-walled tube are analysed in Secs. 12-16, where the influence of the energy dissipation on wave speeds and wave profile is also discussed.

Notation and Abbreviations

$\mathbf{A} \cdot \mathbf{B} \Leftrightarrow A_i B_i$ or $A_{ij} B_{ij}$

$\mathbf{A} \otimes \mathbf{B} \Leftrightarrow A_i B_j$ or $A_{ij} B_{mn}$

$\mathbf{A B} \Leftrightarrow A_{ij} B_j$ or $A_{ijmn} B_{mn}$

$\mathrm{tr}\, \mathbf{A} \Leftrightarrow A_{ii}$

$\mathbf{1} \Leftrightarrow \delta_{ij}$ (metric tensor)

$(\nabla_x \mathbf{A})_{ij...k} \Leftrightarrow \dfrac{\partial A_{ij...}}{\partial x_k}$

$\mathrm{div}\, \mathbf{A} \Leftrightarrow \dfrac{\partial A_i}{\partial x_i}$ or $\dfrac{\partial A_{ij}}{\partial x_j}$

I EQUATIONS OF RATE-INDEPENDENT THERMOPLASTICITY

1. Field Equations for Conductors (infinitesimal theory)

The fundamental set of equations for coupled rate-independent thermoplasticity consists of:

(a) the equations of motion (balance equation for momentum)

$$\operatorname{div} \boldsymbol{\sigma} = \varrho \dot{\mathbf{v}} \tag{1.1}$$

(b) the kinematical relations

$$\dot{\boldsymbol{\varepsilon}} = \frac{1}{2}\left\{(\boldsymbol{\nabla}_x \mathbf{v})^T + \boldsymbol{\nabla}_x \mathbf{v}\right\} \tag{1.2}$$

(c) the associated plastic flow rules [6]

$$\dot{\boldsymbol{\varepsilon}} = \begin{cases} \mathbf{L}^{(P)}\dot{\boldsymbol{\sigma}} + \mathbf{b}^{(P)}\dot{\Theta} & \text{if} \quad f(\boldsymbol{\sigma}, \boldsymbol{\varkappa}, \varkappa_1, \Theta) = 0\ , \ \Psi \geq 0 \\ \mathbf{L}\,\dot{\boldsymbol{\sigma}} + \boldsymbol{\alpha}\,\dot{\Theta} & \text{if} \quad f < 0 \ \text{ or } \ f = 0 \ \text{and} \ \Psi < 0 \end{cases} \tag{1.3}$$

$$\dot{\boldsymbol{\varkappa}} = \dot{\boldsymbol{\varkappa}}^T = \begin{cases} \frac{1}{h}\Psi\,\mathbf{d}^*(\boldsymbol{\varkappa}, \varkappa_1, \Theta) & \text{if} \quad f = 0 \ \text{and} \ \Psi \geq 0 \\ 0 \quad \text{if} \quad f < 0 \ \text{ or } \ f = 0 \ \text{and} \ \Psi < 0 \end{cases}$$

$$\dot{\varkappa}_1 = \begin{cases} \frac{1}{h}\Psi\, d_1^*(\boldsymbol{\varkappa}, \varkappa_1, \Theta) & \text{if} \quad f = 0 \ \text{and} \ \Psi \geq 0 \\ 0 \quad \text{if} \quad f < 0 \ \text{ or } \ f = 0 \ \text{and} \ \Psi < 0 \end{cases} \tag{1.4}$$

where

$$\mathbf{L}^{(P)} = \mathbf{L} + \frac{1}{h}\,\mathbf{f}_\sigma \otimes \mathbf{f}_\sigma \ ; \ \mathbf{f}_\sigma = \frac{\partial f}{\partial \boldsymbol{\sigma}} \ ; -h = \frac{\partial f}{\partial \boldsymbol{\varkappa}} \cdot \mathbf{d}^* + \frac{\partial f}{\partial \varkappa_1} d_1^* < 0$$

$$\Psi = \mathbf{f}_\sigma \cdot \dot{\boldsymbol{\sigma}} + f_\Theta \dot{\Theta} \ ; \ f_\Theta = \frac{\partial f}{\partial \Theta} \ ; \ \mathbf{b}^{(P)} = \boldsymbol{\alpha} + \frac{1}{h} f_\Theta \mathbf{f}_\sigma \tag{1.5}$$

(d) the equation for the temperature $\theta = T - T_0$

$$\varrho C_\sigma \dot{\theta} = \boldsymbol{\sigma} \cdot \dot{\boldsymbol{\varepsilon}}^P - \varrho \left(\frac{\partial u^{(s)}}{\partial \boldsymbol{\varkappa}} \cdot \dot{\boldsymbol{\varkappa}} + \frac{\partial u^{(s)}}{\partial \varkappa_1} \dot{\varkappa}_1 \right) - (T_0 + \theta) \boldsymbol{\alpha} \cdot \dot{\boldsymbol{\sigma}} - \operatorname{div} \mathbf{q} \qquad (1.6)$$

where

$$\dot{\boldsymbol{\varepsilon}}^P = \dot{\boldsymbol{\varepsilon}} - \mathbf{L} \dot{\boldsymbol{\sigma}} - \boldsymbol{\alpha} \dot{\theta}$$

(e) the Fourier's law for heat conduction

$$\mathbf{q} = -\mathbf{K} \nabla_x \theta \qquad (1.7)$$

Here a superposed dot denotes differentiation with respect to time t, $\mathbf{L}$ is the isothermal elastic compliance tensor, f denotes the yield function, $\varkappa_{ij}$ and $\varkappa_1$ are hardening parameters, h is the isothermal hardening function, C_σ denotes the specific heat at constant stress $\boldsymbol{\sigma}$ and constant hardening parameters, $\boldsymbol{\alpha}$ is the thermal expansion at constant $\boldsymbol{\sigma}$; T is the thermodynamic temperature; T_0 and ϱ denote, respectively, the temperature and the density in the reference state at which the values $\boldsymbol{\sigma}$, $\boldsymbol{\varkappa}$, $\varkappa_1$ are assumed to vanish, q_i is the heat flux, $\mathbf{K}$ denotes the heat conductivity tensor, $\dot{\boldsymbol{\varepsilon}}^P$ is the rate of plastic strain, $\mathbf{v}$ is the particle velocity and

$$u^{(s)} = u^{(s)}(\boldsymbol{\varkappa} ; \varkappa_1 ; \theta) \qquad (1.8)$$

is the energy stored during plastic deformation per unit mass. (°)

The stored energy $u^{(s)}$ can be measured at the macroscopic level. It is the difference between the plastic work and the heat generated in the experiment of cyclic loading in $\boldsymbol{\sigma}$ -space while keeping θ = const.

(°) Editor's note: Equation (1.6) presupposes an internal energy of the form $\mathbf{u} = u_1(\boldsymbol{\sigma} ; \theta) + u^{(s)}$

The rate-independent plastic flow is distinguished from other forms of inelastic behaviour of metals, among others, by: a) the fact that it appears at a certain level of stress; b) the fact that the increment of strain is independent of a time period at which prescribed increments of stress and temperature were reached. Since the flow rules are independent of time scale and the plastic flow appears only when $f = 0$, these two principal features of rate-independent flow are accounted for in Eq. (1.3). The relations (1.4) are the equations of evolution for the hardening parameters. The derivation of the flow rules (°)(1.3) and the equation for the temperature (1.6) within the framework of thermodynamics of irreversible processes is cumbersome and is omitted here. It can be found elsewhere [6]. It is worthwhile to mention, however, that the difference between the rate of plastic work $\boldsymbol{\sigma} \cdot \dot{\boldsymbol{\varepsilon}}^P$ and the second term on the right-hand side of Eq. (1.6) is not generally equal to the rate of energy dissipation. These two terms taken together represent the rate of energy dissipation and reversible "heat of plastic deformation". The third term on the right-hand side of Eq. (1.6) represents the piezocaloric effect.

In the analysis of wave propagation an inverse form of the rate-relations (1.3) is utilized. Namely,

$$\dot{\boldsymbol{\sigma}} = \begin{cases} \mathbf{M}^{(P)}\dot{\boldsymbol{\varepsilon}} - \mathbf{M}^{(P)}\mathbf{b}^{(P)}\dot{\theta} & \text{if } f = 0 \text{ and } \Psi \geq 0 \\ \mathbf{M}\dot{\boldsymbol{\varepsilon}} - \mathbf{M}\boldsymbol{\alpha}\dot{\theta} & \text{if } f < 0 \text{ or } f = 0 \text{ and } \Psi < 0 \end{cases} \qquad (1.9)$$

(°) The equations (1.3) are a generalized form of non-isothermal plastic flow rules presented by W. Prager [7]. For the case of isothermal processes, see also Ref. [8].

where $\mathbf{M} = \mathbf{L}^{-1}$,

$$\mathbf{M}^{(P)} = \mathbf{L}^{-1(P)} = \mathbf{M} - \frac{1}{h+M_f^2}\left(\mathbf{M}\,\mathbf{f}_\sigma \otimes \mathbf{M}\,\mathbf{f}_\sigma\right), \quad M_f^2 = \mathbf{f}_\sigma \cdot \mathbf{M}\,\mathbf{f}_\sigma \tag{1.10}$$

and Ψ, when expressed in terms of $\dot{\boldsymbol{\varepsilon}}$ and $\dot{\Theta}$, has the form

$$\Psi = \frac{h}{h+M_f^2}\left[\mathbf{f}_\sigma \cdot \mathbf{M}\,(\dot{\boldsymbol{\varepsilon}} - \boldsymbol{\alpha}\,\dot{\Theta}) + f_\theta\,\dot{\Theta}\right]. \tag{1.11}$$

Note that both $\mathbf{L}^{(P)}$ and $\mathbf{M}^{(P)}$ are positive-definite $(h>0!)$ and have the same symmetry properties as isothermal compliance tensor. These properties of constitutive relations (1.3) are of considerable importance in wave analysis. In addition, we shall assume that the constitutive functions occurring in the relations (1.4) - (1.9) have such mathematical properties that continuity of $\mathbf{v}$ and $\nabla_X \boldsymbol{\xi}$ implies the continuity of fields $\boldsymbol{\varkappa}(\mathbf{x},t), \varkappa_1(\mathbf{x},t), \boldsymbol{\sigma}(\mathbf{x},t)$ and $\Theta(\mathbf{x},t)$.

2. Simplified Strain Rate - Stress Rate Relations for Non-conductors

In the analysis of short time-duration wave processes in an elastic-plastic medium, the heat conductivity may, frequently, be neglected. For example, in the case of numerous metals, the heat conductivity plays a noticeable role only when phenomena observed within the scale lesser than 10^{-4} cm are investigated. The idealization referred to as "non-conductors" is, therefore, of considerable importance in wave analysis.

In the case of non-conductors we have

$$\operatorname{div} \mathbf{q} = 0 \tag{2.1}$$

and when $\dot{\boldsymbol{\sigma}}$ is known, Eqs. (1.3 - 1.6) may be regarded as a set of algebraic equations for the unknowns $\dot{\varepsilon}, \dot{\varkappa}, \dot{\varkappa}_1$ and $\dot{\Theta}$. In the general case, when all couplings are accounted for, the solution for $\dot{\varepsilon}$, i.e., the $\dot{\varepsilon} - \dot{\sigma}$ relation, is complex. In one respect it essentially differs from the corresponding relation of isothermal plasticity; the tensor of fourth-rank relating $\dot{\varepsilon}$ and $\dot{\sigma}$, in loading, does not possess the same symmetry properties. The analysis of waves in elastic-plastic non-conductors is, therefore, much more involved. The lack of symmetry is due to change of the yield limit with the temperature increment caused by piezocaloric effects and due to thermal expansion resulting from energy dissipation [6] . However, at moderate pressures (°) of the order of the usual yield limit these two effects are of much lesser significance than the change of yield limit with temperature increment caused by energy dissipation and, therefore, can be neglected. [3],[9]. In what follows, one can substitute $\alpha = 0$ and (2.1) into (1.3) and (1.6), and derive the simplified relations by solving the equations thus obtained with respect to $\dot{\varepsilon}$ and $\dot{\Theta}$. The result is

$$\dot{\varepsilon} = \begin{cases} \overset{A}{L}{}^{(P)} \dot{\sigma} & \text{if } f = 0 \text{ and } \Psi = f_\sigma \cdot \dot{\sigma} \geq 0 \\ L \dot{\sigma} & \text{if } f < 0 \text{ or } f = 0,\ \Psi < 0 \end{cases} \tag{2.2}$$

$$\dot{\Theta} = \begin{cases} \dfrac{m}{h_1} \Psi & \text{if } f = 0 \text{ and } \Psi \geq 0 \\ 0 & \text{if } f < 0 \text{ or } f = 0,\ \Psi < 0 \end{cases} \tag{2.3}$$

where

$$h_1 = h - m f_\Theta > 0 \ , \tag{2.4}$$

(°) The piezocaloric effect cannot be beglected in the analysis of elastic-plastic shock waves.

is the uniqueness condition

$$\overset{A}{L}{}^{(P)} = L + \frac{1}{h_1} f_\sigma \otimes f_\sigma \; , \tag{2.5}$$

and

$$m = \frac{1}{\varrho c_\sigma} \left(f_\sigma \cdot \sigma - \varrho \frac{\partial u^{(s)}}{\partial \varkappa} \cdot d^* - \varrho \frac{\partial u^{(s)}}{\partial \varkappa_1} d_1^* \right) \tag{2.6}$$

Note that the simplified $\dot{\varepsilon} - \dot{\sigma}$ relation (2.2) differs from the isothermal $(\dot{\Theta} = 0)$ flow rules only due to the fact that an isothermal hardening function h is replaced by an adiabatic hardening function h_1 defined by (2.4). Using this analogy, the inverse form of the relations (2.2) may be obtained by substituting $h = h_1$ and $\dot{\Theta} = 0$ into (1.9).

$$\dot{\sigma} = \begin{cases} \overset{A}{M}{}^{(P)} \dot{\varepsilon} & \text{if} \quad f = 0 \quad \text{and} \quad \Psi \geq 0 \\ M \dot{\varepsilon} & \text{if} \quad f \quad 0 \quad \text{or} \quad f = 0 \quad \text{and} \quad \Psi < 0 \end{cases} \tag{2.7}$$

where

$$\overset{A}{M}{}^{(P)} = M - \frac{1}{h_1 + M_f^2} \left(M f_\sigma \otimes M f_\sigma \right) = \left(\overset{A}{L}{}^{(P)} \right)^{-1} . \tag{2.8}$$

The simplified field equations for non-conductors consist of (1.1)-(1.2), (2.2) or (2.7), (2.3) and the equations of evolution for $\varkappa$ and $\varkappa_1$ (1.4) with h replaced by h_1 .

Accounting for (2.4) it may also be noted that the "adiabatic flow rules" (2.2) or (2.7) have the mathematical properties discussed in Sec. 1.

The factor m defined by Eq. (2.6) and appearing in (2.3) and (2.4) may be assumed to be positive. Therefore, the adiabatic hardening is less than the isothermal hardening $(h_1 < h)$ when the yield limit is a decreasing function of the temperature $(f_\Theta > 0)$.

3. The Isotropic Hardening and Equations Associated with the Huber-Mises Yield Condition

Adopt the Huber-Mises yield condition in the form

$$f = \sigma_{(i)} - Y(\varkappa_1; \theta) \tag{3.1}$$

where

$$\sigma_{(i)} = \left(\frac{3}{2}\mathbf{S}\cdot\mathbf{S}\right)^{1/2} \quad ; \quad \mathbf{S} = \operatorname{dev}\boldsymbol{\sigma} = \boldsymbol{\sigma} - \frac{1}{3}\mathbf{1}(\operatorname{tr}\boldsymbol{\sigma}) \tag{3.2}$$

and Y is the yield stress in simple tension.

In the case of isotropic hardening the only non-zero hardening parameter is $\varkappa_1$, i.e.,

$$\mathbf{d}^* = 0\,. \tag{3.3}$$

Moreover we assume that d_1^* and $\varrho u^{(s)}$ have the special forms (cf. Eq. 1.4)

$$d_1^* = Y(\varkappa_1, \theta)\;, \quad \varrho u^{(s)} = \pi_1 \varkappa_1\;, \quad \pi_1 = \text{const}\,. \tag{3.4}$$

3.1 Conductors

By substituting (3.1) (3.4) into (1.5) one eventually gets the following particular form of the constitutive functions entering the flow rules (1.3)

$$\mathbf{L}^{(P)} = \mathbf{L} + \frac{9}{4h\sigma_{(i)}^2}\mathbf{S}\otimes\mathbf{S} \quad ; \quad \mathbf{b}^{(P)} = \boldsymbol{\alpha} - \frac{3}{2h\sigma_{(i)}}\frac{\partial Y}{\partial\theta}\mathbf{S} \tag{3.5}$$

$$\varphi = \dot{\sigma}_{(i)} - \frac{\partial Y}{\partial\theta}\dot{\theta} \quad ; \quad h = \frac{\partial Y}{\partial\varkappa_1}Y\,. \tag{3.6}$$

Because of the assumption (3.4) $\dot{\varkappa}_1$ now becomes the usual work-hardening parameter

$$\dot{\varkappa}_1 = \mathbf{S}\cdot\dot{\mathbf{e}}^P \quad ; \quad \mathbf{e}^P = \text{dev}\,\boldsymbol{\varepsilon}^P \tag{3.7}$$

The equation for the temperature (1.6) associated with the Huber-Mises yield condition assumes the form

$$\varrho c_\sigma \dot{\theta} = (1-\pi_1)\,\mathbf{S}\cdot\dot{\mathbf{e}}^P - (\theta + T_0)\,\boldsymbol{\alpha}\cdot\dot{\boldsymbol{\sigma}} - \text{div}\,\mathbf{q} \tag{3.8}$$

on account of (3.4) and (3.7). The first term on the right hand side of (3.8) represents the rate of energy dissipation and, therefore, $\pi_1 < 1$. For numerous metals π_1 is less than 0.1. It is seen that the energy dissipation is proportional to the work of plastic distortions.

3.2 Non-conductors

Within the approximate approach $(\boldsymbol{\alpha} = \mathbf{0})$ discussed in Sec. 2 the temperature in a non-conductor $(\text{div}\,\mathbf{q} = 0)$ is proportional to the work-hardening parameter

$$\theta = \theta_0 + \frac{1-\pi_1}{\varrho c_\sigma}\,\varkappa_1 \tag{3.9}$$

Here θ_0 is the initial temperature. The factor m and the adiabatic hardening function h_1 now take the forms

$$m = \frac{\sigma_{(i)}}{\varrho c_\sigma}(1-\pi_1)\ , \quad h_1 = \frac{\partial Y}{\partial \varkappa_1}\,\sigma_{(i)} + m\,\frac{\partial Y}{\partial \theta} \tag{3.10}$$

whereas the adiabatic elastic-plastic compliance tensor $\overset{A}{\mathbf{L}}{}^{(P)}$ occurring in (2.5) may be obtained directly from $(3.5)_1$ by substituting h_1 in place of h .

Note that $\varkappa_1$,θ and h_1 may be expressed in term of $\sigma_{(i)}$. This can be achieved by solving the set of equations, consisting of (3.9) and

$\sigma_{(i)} = Y(\varkappa_1, \theta)$, with respect to $\varkappa_1$ and θ and by substituting the obtained results into the right-hand side of Eq. $(3.10)_2$. We may conclude, therefore, that there is no difference between adiabatic and isothermal flow rules associated with the Huber-Mises yield criterion, except the fact that the functions

$$\varkappa_1 = \varkappa_1(\sigma_{(i)}) \ , \ h_1 = h_1(\sigma_{(i)}) \qquad (3.11)$$

do not coincide with the corresponding functions entering isothermal flow rules.

II ORDINARY WAVES IN RATE-INDEPENDENT PLASTIC MEDIUM

4. The Definition of Ordinary Waves in an Elastic-plastic Medium

Let at time t the travelling surface $S(t)$ separate two regions (1) and (2) occupied by an elastic-plastic medium (Fig. 1).

The travelling surface S is said to be a wave of order $\underline{N}$ if N-th order derivatives of the displacement field $\xi(\mathbf{x}, t)$ undergo non-null jump discontinuities across S while all derivatives of ξ of order less than N are continuous across S.

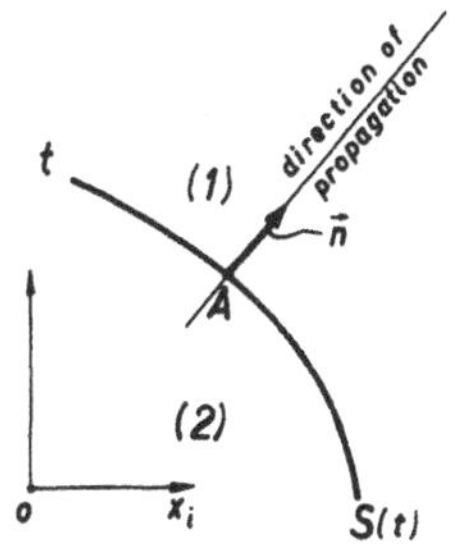

Fig. 1

The N-th order wave is homothermal if the $(N-1)$ st order derivatives of the temperature field are continuous across S. The waves of order $N \geq 2$ are called ordinary waves, whereas the second-order waves are called acceleration waves.

The general discussion of discontinuity waves in solids is presented in the article by J. Mandel. Here we shall be concerned with the analysis of speeds of ordinary waves in elastic-plastic media assuming that gradients of displacement and velocity fields are small. We shall not discuss the problems related with the transport equation for elastic-plastic conductor. The reader may find it in the recent paper by M. Piau [10] .

In an elastic-plastic medium, four types of ordinary waves can propagate: elastic, plastic, unloading and loading. The type of the wave is determined by states of the medium in front of and behind the wave S (Fig. 1):

State		Name of the wave
Region 1	Region 2	
Elastic	Elastic	Elastic
Elastic-plastic	Elastic-plastic	Plastic
Elastic-plastic	Elastic	Unloading
Elastic	Elastic-plastic	Loading

Thus, for example, the unloading starts developing at a given particle when the unloading wave reaches the position occupied by this particle.

5. The Homo-thermal Property of Second-order Waves in an Elastic-Plastic Conductor

According to the concepts of irreversible thermodynamics, the continuous medium may be regarded as a continuous thermodynamic system. Let such a system be subdivided into elementary subsystems (cells) of volume $\Delta V \to 0$. It is postulated that the latter constitute a system which obeys the laws of thermodynamics, and that the state of an elementary subsystem is determined by the same thermodynamic properties as would be used if the subsystem were uniform instantaneously (postulate of local state [11]). The state of an elementary subsystem of an elastic-plastic medium is characterised by the elastic instantaneous strain tensor ε^e , the thermodynamic temperature $T(^{\circ}K)$ and a discrete set of internal parameters which are formally defined by its equations of evolution. To describe such observed phenomena like both isotropic and anisotropic hardening (which geometrically are represented by expansion and translation of the yield surface in the stress space) it is sufficient to introduce two kinds of parameters: $\varkappa_i$ and $\varkappa_{ij}$. The latter are the components of a symmetric tensorial hardening parameter which may increase or decrease during plastic deformation, whereas $\varkappa_1$ increases monotonically in the course of plastic straining and, thus, represents "irreversible" hardening. The general form of the equations of evolution for $\varkappa$ and $\varkappa_1$ was already presented in Sec. 1 (Eqs. 1.4). According to the assumptions adopted in that section, the state variables are continuous functions of x and t . On the other hand, the internal energy density U is a continuous function of the thermodynamic state. Therefore the continuity of a thermodynamic state implies the continuity of U across second-order waves. The latter property together with Fourier's law for heat conduction (1.7) suffice to prove first Duhem's theorem which states that first-order derivatives of a temperature field are continuous across acceleration waves (°) in conductors

$$[\dot{\theta}] = 0 \qquad [\nabla_x \theta] = 0 . \tag{5.1}$$

The second order waves in an elastic-plastic conductor are, therefore, said to be homo-thermal.

In the case of non-conductors (Sec. 2) one cannot arrive at the same conclusion. Waves in elastic-plastic non-conductors are not homo-thermal.

Throughout the article we use the notation: $[\Phi] = \Phi^{(2)} - \Phi^{(1)}$ for the jump across S of any quantity Φ , where $\Phi^{(2)}$ and $\Phi^{(1)}$ are respectively the values of Φ at $\mathbf{x} \in S$ approached from region (1) and (2) (Fig. 1).

6. Second-order Plastic Waves

Suppose that material particles undergo plastic loading both in region (1) and region (2) (Fig. 1), i.e. $\Psi^{(1)} \geqslant 0$ and $\Psi^{(2)} \geqslant 0$ (cf. Eq. 15). Using (5.1) and (1.9) the relation between jumps of $\dot{\sigma}$ and $\dot{\varepsilon}$ across plastic wave take the form

$$[\dot{\sigma}] = \mathbf{M}^{(P)}[\dot{\varepsilon}] \tag{6.1}$$

The kinematical compatibility conditions (°°) written for σ and $\mathbf{v}$ are

(°) ibid. J. Mandel

(°°) ibid. J. Mandel

$$[\operatorname{div} \sigma] = -\frac{1}{c}[\dot{\sigma}]\mathbf{n} \qquad [\nabla_x \mathbf{v}] = -\frac{1}{c}[\dot{\mathbf{v}}] \otimes \mathbf{n} \tag{6.2}$$

where $\mathbf{n}$ is the unit normal to S in the direction of propagation of wave (region 1 in Fig. 1) and c is the wave speed.

Substituting (6.1) into $(6.2)_1$ and using (1.2), $(6.2)_2$, it is found that

$$[\operatorname{div} \sigma] = \frac{1}{c^2}\mathbf{Q}^{(P)}[\dot{\mathbf{v}}] \tag{6.3}$$

where

$$Q^{(P)}_{ij} = M^{(P)}_{imnj}\, n_m n_n \tag{6.4}$$

Now, on account of the equations of motion (1.1), the left-hand side of (6.3) is equal to $\varrho[\dot{\mathbf{v}}]$, thus

$$(\mathbf{Q}^{(P)} - \varrho c^2 \mathbf{1})[\dot{\mathbf{v}}] = 0 . \tag{6.5}$$

It is seen that ϱc^2 and $[\dot{\mathbf{v}}]$ are the eigenvalue and eigenvector of the tensor $\mathbf{Q}^{(P)}$, respectively. Taking into account mathematical properties of the tensor $\mathbf{M}^{(P)}$ discussed in Sec. 1, one can verify that $\mathbf{Q}^{(P)}$ is symmetric and positive-definite. The following conclusion can be drawn from this analysis (°).

Conclusion 1

For every direction $\mathbf{n}$, there exist three speeds of second-order plastic waves. Characteristic vectors $[\dot{\mathbf{v}}]$ corresponding to these speeds are mutually orthogonal.

In passing we recall that a wave is called transverse if the direc-

(°) In the case of an elastic-ideal plastic conductor $(h=0)$, $\mathbf{M}^{(P)}$ and $\mathbf{Q}^{(P)}$ are positive semi-definite. Hence, the number of waves in such a medium may be less than 3.

tion of discontinuity $[\dot{\mathbf{v}}]$ is tangent to the surface of discontinuity $([\dot{\mathbf{v}}]\cdot\mathbf{n}=0)$, it is longitudinal if it is perpendicular to this surface.

We shall now proceed to establish the bounds for speeds of plastic waves. Using (1.10) the tensor $\mathbf{Q}^{(P)}$ occurring in (6.5) may be rewritten in the form

$$\mathbf{Q}^{(P)} = \mathbf{Q}^{(e)} - r\,\mathbf{a}\otimes\mathbf{a} \tag{6.6}$$

where

$$\frac{1}{r} = h + M_f^2 \quad ; \quad \mathbf{a} = (\mathbf{M}\mathbf{f}_\sigma)\,\mathbf{n} \tag{6.7}$$

and

$$Q_{in}^{(e)} = n_j M_{ijmn} n_m \tag{6.8}$$

is the so called "elastic acoustic tensor".

The non-zero solutions of (6.5) may exist provided that

$$F(X) = \det\left[\mathbf{B}(X) - r\,\mathbf{a}\otimes\mathbf{a}\right] = 0 \tag{6.9}$$

where

$$\mathbf{B} = \mathbf{Q}^{(e)} - X\mathbf{1} \quad , \quad X = \varrho c^2 \tag{6.10}$$

In passing we note that wave speeds in an elastic medium satisfy the equation $\det(\mathbf{B})=0$.

To arrive at the explicit form of an algebraic equation for X, we shall use the identity

$$\det(\mathbf{1} - r\,\mathbf{p}\otimes\mathbf{q}) = 1 - r\,\mathbf{p}\cdot\mathbf{q} \tag{6.11}$$

that may be verified by direct expansion of the above determinant. Accounting for (6.11), the equation (6.9) can be converted to the form

$$F(X) = (\det\mathbf{B})\det\left(\mathbf{1} - r\,\mathbf{a}\otimes\mathbf{B}^{-1}\mathbf{a}\right) = \det\mathbf{B} - r\,\mathbf{a}\cdot\left[\frac{\partial(\det\mathbf{B})}{\partial\mathbf{B}}\,\mathbf{a}\right] = 0 \tag{6.12}$$

Denoting the eigenvalues of $\mathbf{Q}^{(e)}$ by $Q_I^{(e)} \geqslant Q_{II}^{(e)} \geqslant Q_{III}^{(e)}$ and assuming that the coordinate axes coincide with the principal axes of the tensor $\mathbf{Q}^{(e)}$, we obtain the required equation

$$F(X) = (Q_I^{(e)} - X)(Q_{II}^{(e)} - X)(Q_{III}^{(e)} - X) -$$
$$- r\left[(Q_{II}^{(e)} - X)(Q_{III}^{(e)} - X)a_1^2 + (Q_{III}^{(e)} - X)(Q_I^{(e)} - X)a_2^2 + (Q_I^{(e)} - X)(Q_{II}^{(e)} - X)a_3^2\right] = 0 \tag{6.13}$$

Taking into account that $r > 0$, it is seen from (6.13) that the function F has the properties

$$F(Q_I^{(e)}) \leqslant 0 \quad ; \quad F(Q_{II}^{(e)}) \geqslant 0 \quad ; \quad F(Q_{III}^{(e)}) \leqslant 0 \quad ; \quad F(-\infty) > 0 \tag{6.14}$$

and the following conclusion [3],[5] may be drawn from (6.14).

Conclusion 2 - First Mandel's inequalities.

For a given unit normal $\mathbf{n}$, the speeds of plastic waves $c_I^{(P)} \geqslant c_{II}^{(P)} \geqslant c_{III}^{(P)}$ are bounded by respective speeds of elastic waves $c_I^{(e)} \geqslant c_{II}^{(e)} \geqslant c_{III}^{(e)}$ according to the formula

$$c_{III}^{(P)} \leqslant c_{III}^{(e)} \leqslant c_{II}^{(P)} \leqslant c_{II}^{(e)} \leqslant c_I^{(P)} \leqslant c_I^{(e)} \tag{6.15}$$

It may be noted that when some a_i, say a_N, is equal to zero, then $X = Q_N^{(e)}$ is the root of (6.13), and one of the plastic wave speeds is equal to the elastic wave speed, i.e., $c_N^{(P)} = c_N$.

When the set of algebraic equations (6.5) is expanded, it becomes

$$\begin{aligned}
&(Q_I^{(e)} - r a_1^2 - \varrho c^2)[\dot{v}_1] - r a_1 a_2 [\dot{v}_2] - r a_1 a_3 [\dot{v}_3] = 0 \\
&- r a_2 a_1 [\dot{v}_1] + (Q_{II}^{(e)} - r a_2^2 - \varrho c^2)[\dot{v}_2] - r a_2 a_3 [\dot{v}_3] = 0 \\
&- r a_3 a_1 [\dot{v}_1] - r a_2 a_3 [\dot{v}_2] + (Q_{III}^{(e)} - r a_3^2 - \varrho c^2)[\dot{v}_3] = 0
\end{aligned} \tag{6.16}$$

We shall now consider in more detail the case when one of the plastic wave speeds, say $c_{II}^{(p)}$, is equal to the corresponding speed $c_{II}^{(e)}$, of elastic waves. Since $\rho c^2 = Q_{II}^{(e)}$, from $(6.16)_2$ it follows that

$$r\,\mathbf{a}\cdot[\dot{\mathbf{v}}] = 0 \tag{6.17}$$

provided that $a_2 \neq 0$. When $a_2 = 0$, the equations $(6.16)_{1,3}$ give $[\dot{v}_1] = [\dot{v}_3] = 0$, and the relation (6.17) is still valid. To provide an interpretation of the condition (6.17), consider the jump of Ψ across a plastic wave (cf. Eq. 1.11)

$$[\Psi] = \frac{h}{h + M_f^2}\, \mathbf{f}_\sigma \cdot \mathbf{M}\,[\nabla_x\, \mathbf{v}] \tag{6.18}$$

Substituting $(6.2)_2$ into (6.18) and accounting for $(6.7)_2$ we find the general relation between $[\Psi]$ and an eigenvector $[\dot{\mathbf{v}}]$

$$-\frac{(h + M_f^2)\,c}{h}[\Psi] = \mathbf{a}\cdot[\dot{\mathbf{v}}] \tag{6.19}$$

Thus,

$$[\Psi] = \frac{-h\mathbf{a}\cdot[\dot{\mathbf{v}}]}{(h + M_f^2)\,c_{II}^{(e)}} = 0$$

on account of (6.17).

<u>Conclusion 3</u>

The jump of the rate of plastic loading across a second-order plastic wave travelling with the speed of an elastic wave is equal to zero.

The waves having this property are, therefore, called "neutral waves" [3].

Consider the medium isotropic with respect to elastic properties, and recall that elastic waves in an isotropic medium propagate with only two different speeds

$$Q_I^{(e)} = \varrho c_I^{(e)2} = \lambda + 2\mu \quad ; \quad Q_{II}^{(e)} = Q_{III}^{(e)} = \varrho c_{II}^{(e)} = \varrho c_{III}^{(e)} = \mu \tag{6.20}$$

The conclusion to be drawn from this and (6.15), (6.19) is the following

Conclusion 4

In an elastic-plastic medium which is isotropic with respect to elastic properties, there exists a neutral plastic wave that propagates with the speed of transverse elastic waves

$$c_{II}^{(P)} = \left(\frac{\mu}{\varrho}\right)^{1/2} \tag{6.21}$$

Two remaining plastic waves which propagate with different speeds $c_I^{(P)}$ and $c_{III}^{(P)}$ are called fast wave and slow wave, respectively. Assume that in the course of plastic deformation no permanent change of volume is observed, i.e.,

$$\mathrm{tr}\, \mathbf{f}_\sigma = 0$$

This being so, for materials elastically isotropic we have

$$\begin{gathered} M_{rsij} = \lambda \delta_{rs} \delta_{ij} + \mu\left(\delta_{ri}\delta_{sj} + \delta_{si}\delta_{rj}\right), \quad M_f^2 = 2\mu \mathbf{f}_\sigma \cdot \mathbf{f}_\sigma \\ \mathbf{a} = 2\mu \mathbf{f}_\sigma \mathbf{n} \quad ; \quad \frac{1}{r} = h + 2\mu \mathbf{f}_\sigma \cdot \mathbf{f}_\sigma \\ \mathbf{Q}^{(P)} = (\lambda + \mu)\, \mathbf{n} \otimes \mathbf{n} + \mu \mathbf{1} - \chi (\mathbf{f}_\sigma \mathbf{n}) \otimes (\mathbf{f}_\sigma \mathbf{n}) \end{gathered} \tag{6.22}$$

where

$$\chi = \frac{4\mu^2}{h + 2\mu \mathbf{f}_\sigma \cdot \mathbf{f}_\sigma}$$

and λ and μ are Lame's constants. Denote the components of $\mathbf{f}_\sigma$ by f_{ij}, suppose that the x_1-axis coincides with the normal to the wave surface $(n_i = \delta_{1i})$ and let the x_2-axis be parallel to the projection of the vector

F_{11} on the plane tangent to the wave surface, so that $F_{13} = 0$. On substituting (6.20) and (6.22) in (6.16) we then obtain

$$\begin{aligned} &(\lambda + 2\mu - \chi F_{11}^2 - \varrho c^2)[\dot{v}_1] - \chi F_{11} F_{12}[\dot{v}_2] = 0 \\ &-\chi F_{11} F_{12}[\dot{v}_1] + (\mu - \chi F_{12}^2 - \varrho c^2)[\dot{v}_2] = 0 \\ &(\mu - \varrho c^2)[\dot{v}_3] = 0 . \end{aligned} \tag{6.23}$$

It is seen that the eigenvector corresponding to the eigenvalue (6.21) is

$$[\dot{v}_2] = [\dot{v}_1] = 0 \qquad [\dot{v}_3] \neq 0 ,$$

and the neutral wave is simultaneously the transverse wave (°). From Eqs. (6.23) it follows that the remaining wave speeds, i.e., the speeds of fast and slow waves are the roots of the equation

$$\begin{aligned} G(y) &= (\lambda + 2\mu - \chi F_{11}^2 - y)(\mu - \chi F_{12}^2 - y) - \chi^2 F_{11}^2 F_{12}^2 = \\ &= (\lambda + 2\mu - y)(\mu - y) - \chi\left[F_{11}^2(\mu - y) + F_{12}^2(\lambda + 2\mu - y)\right] = 0 \\ &(y = \varrho c^2) \end{aligned} \tag{6.24}$$

and the reader may verify that these roots satisfy the inequalities

$$\varrho \overset{2}{c}{}^{(P)}_{III} \leq \mu \leq \varrho \overset{2}{c}{}^{(P)}_{I} \leq \lambda + 2\mu \tag{6.25}$$

Multiplying $(6.24)_1$ by F_{12} and $(6.24)_2$ by F_{11} and subtracting the second equation obtained from the first one, we get

$$F_{12}(\lambda + 2\mu - \varrho c^2)[\dot{v}_1] - F_{11}(\mu - \varrho c^2)[\dot{v}_2] = 0$$

(°) Exceptional is the case when $F_{12} = 0$.

Thus, the angle φ between vector $[\dot{v}]$ and the normal to the wave is

$$\operatorname{tg}\varphi = \frac{f_{12}(\lambda+2\mu-\varrho c^2)}{f_{11}(\mu-\varrho c^2)} \tag{6.26}$$

In view of the inequality (6.25) the direction of the jump $[\dot{v}]$ given by (6.26) lies between the direction of the normal to the wave and the direction of the x_2-axis. Two particular cases $f_{12}=0$ or $f_{11}=0$ can be analysed in a similar way.

7. Second-order Unloading Waves

Sections 7 and 8 are concerned with second-order waves which separate regions of elastic-plastic deformations from regions of elastic deformations. It will be shown that the speeds of these waves are bounded by speeds of elastic waves and speeds of plastic waves.

Let us first assume that material particles situated in front of the wave (region 1 - Fig. 1) are in an elastic-plastic state of strain whereas the material particles in the region behind the wave (region 2 - Fig. 1) undergo elastic deformation. From the flow rules (2.3) we then get

$$\dot{\boldsymbol{\varepsilon}}^{(1)} = \mathbf{L}^{(P)}\dot{\boldsymbol{\sigma}}^{(1)} + \mathbf{b}^{(P)}\dot{\theta} \tag{7.1}$$

for the region 1, and

$$\dot{\boldsymbol{\varepsilon}}^{(2)} = \boldsymbol{\alpha}\,\dot{\theta} + \mathbf{L}\,\dot{\boldsymbol{\sigma}}^{(2)} \tag{7.2}$$

for the region 2, on account of $\dot{\theta}^{(2)}=\dot{\theta}^{(1)}=\dot{\theta}$. The jump $[\dot{\boldsymbol{\varepsilon}}]=\dot{\boldsymbol{\varepsilon}}^{(2)}-\dot{\boldsymbol{\varepsilon}}^{(1)}$ across an unloading wave is

$$[\dot{\boldsymbol{\varepsilon}}] = \mathbf{L}[\dot{\boldsymbol{\sigma}}] - \frac{1}{h}\varphi^{(1)}\mathbf{f}_{\sigma} \tag{7.3}$$

where $\varphi^{(1)} \geq 0$ is the non-negative rate of loading in front of an unloading wave. Denote by $\varphi^{(2)} = \mathbf{f}_\sigma \cdot \dot{\sigma}^{(2)} + f_\theta \dot{\theta} \leq 0$ the non-positive rate of loading behind the wave and suppose that the ratio

$$\frac{\varphi^{(2)}}{\varphi^{(1)}} = \nu' \leq 0 \tag{7.4}$$

is given. Then

$$[\varphi] = \varphi^{(2)} - \varphi^{(1)} = (\nu' - 1)\,\varphi^{(1)} = \mathbf{f}_\sigma \cdot [\dot{\sigma}] \tag{7.5}$$

and the relation (7.3) may be written in the form

$$[\dot{\varepsilon}] = \mathbf{L}^{(u)}[\dot{\sigma}] \tag{7.6}$$

where

$$\mathbf{L}^{(u)} = \mathbf{L} + \frac{1}{h(1-\nu')}\, \mathbf{f}_\sigma \otimes \mathbf{f}_\sigma \tag{7.7}$$

Comparing $\mathbf{L}^{(P)}$ and $\mathbf{L}^{(u)}$ it is seen that the tensor $\mathbf{L}^{(u)}$ differs from $\mathbf{L}^{(P)}$ only due to the fact that h is replaced by $h(1-\nu') > 0$. Using this analogy and accounting for Eqs. (6.5), (6.6) - (6.8) one can verify that $\varrho c_i^{(u)2}$ $(i = I, II, III)$ are the eigenvalues of the tensor

$$\mathbf{Q}^{(u)} = \mathbf{Q}^{(e)} - r'\,\mathbf{a} \otimes \mathbf{a} \tag{7.8}$$

Here, $c_i^{(u)}$ $(i = I, II, III)$ denote speeds of unloading waves, $\mathbf{a}$ is defined by $(6.7)_2$ and

$$\frac{1}{r'} = h(1-\nu') + M_f^2\,, \quad 0 \leq r' \leq r \tag{7.9}$$

The tensor $\mathbf{Q}^{(u)}$ has the same mathematical properties as $\mathbf{Q}^{(P)}$ i.e., it is symmetric and positive-definite. Hence, we can draw the conclusion [3, 5]:

Conclusion 5

For every direction $\mathbf{n}$, there exist three speeds

$$c_{I}^{(u)} \geqslant c_{II}^{(u)} \geqslant c_{III}^{(u)} \tag{7.10}$$

of second-order unloading waves. These speeds are functions of the ratio ν'. The eigenvectors corresponding to the values (7.10) are mutually orthogonal.

Let the coordinate axes coincide with the principal directions of the tensor $\mathbf{Q}^{(e)}$. Denote by $F'(X)$ the expression (6.13) when r is replaced by r'. Since $r' \geqslant 0$ it follows that

$$F'(Q_{I}^{(e)}) \leqslant 0 \; ; \quad F'(Q_{II}^{(e)}) \geqslant 0 \; ; \quad F'(Q_{III}^{(e)}) \leqslant 0 \tag{7.11}$$

On the other hand, in view of (6.13), we have

$$r F'(X) - r' F(X) = (r - r')\left(Q_{I}^{(e)} - X\right)\left(Q_{II}^{(e)} - X\right)\left(Q_{III}^{(e)} - X\right) \tag{7.12}$$

Bearing in mind that $c_i^{(e)} (i = I, II, III)$ are upper bounds of $c_i^{(P)}$ (Eq. 6.15) and that $r - r' \geqslant 0$ we find

$$F'(\varrho c_{I}^{(P)2}) = \left(1 - \frac{r'}{r}\right)\left(Q_{I}^{(e)} - \varrho c_{I}^{(P)2}\right)\left(Q_{II}^{(e)} - \varrho c_{II}^{(P)2}\right)\left(Q_{III}^{(e)} - \varrho c_{III}^{(P)2}\right) \geqslant 0$$

$$F'(\varrho c_{II}^{(P)2}) \leqslant 0 \;, \quad F'(\varrho c_{III}^{(P)2}) \geqslant 0 \tag{7.13}$$

Thus, the following conclusion can be phrased: [3, 5]

Conclusion 6 - Second Mandel's inequalities

The speeds of plastic waves $c_i^{(P)}$ are lower bounds for the corresponding speeds of unloading waves $c_i^{(u)}$. The speeds of elastic waves $c_i^{(e)}$ are upper bounds for $c_i^{(u)}$

$$c_i^{(P)} \leqslant c_i^{(u)} \leqslant c_i^{(e)} \qquad i = I, II, III \tag{7.14}$$

If $\nu' \to -\infty$ we have

$$r' \to 0 \qquad Q^{(u)} \to Q^{(e)}$$

and unloading wave propagate with the speeds of elastic waves. This may occur e.g., when $\Psi^{(1)} = 0$ and $\Psi^{(2)} \neq 0$. When $\Psi^{(1)} = \Psi^{(2)} = 0$, the flow rules coincide with the elasticity laws, and the unloading waves must propagate with the speeds of elastic waves. Thus,

Conclusion 7

The second-order unloading waves propagate through the region of neutral state $(f=0, \Psi^{(1)}=0)$ with the speeds of elastic waves.

Finally, when $\nu'=0$, the unloading waves propagate with the speeds of plastic waves.

To illustrate all possible situations $(\nu' \neq 0, \nu' \neq -\infty; \nu'=0; \nu'=-\infty)$ consider the initial speed of a one-dimensional isothermal $(\dot{\Theta}=0)$ unloading wave in a rod under simple tension. In Fig. 2, the character of the change of the tensile force $\sigma_{11}(0,t)$ at the end $x_1=0$ of the rod is shown at the initial moment of unloading (point A) for all possible cases. In this figure the initial seg-

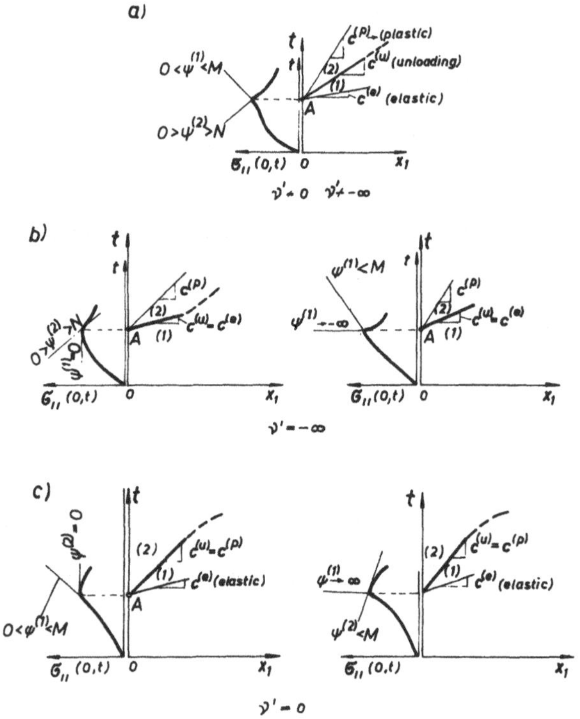

Fig. 2

ment of the unloading wave is also presented in the $t - x_1$ plane.

Note that the unloading wave is not a second order wave when $\dot{\sigma}_{11}(0,t)$ is continuous and equal to zero at $t = t_A$. Therefore, this case is not presented in Fig. 2.

8. Second-order Loading Waves

According to the definition of the second-order loading wave, we have

$$\dot{\varepsilon}^{(1)} = \alpha\dot{\theta} + L\dot{\sigma}^{(1)} \tag{8.1}$$

for the region (1) (Fig. 1), and

$$\dot{\varepsilon}^{(2)} = L^{(P)}\dot{\sigma}^{(2)} + b^{(P)}\dot{\theta} \tag{8.2}$$

for the region 2.

The jump $[\dot{\varepsilon}]$ across a loading wave is

$$[\dot{\varepsilon}] = L[\dot{\sigma}] + \frac{1}{h}\varphi^{(2)} f_\sigma \tag{8.3}$$

where $\varphi^{(2)} \geq 0$ is the non-negative rate of loading behind the wave. Now, denote by $\varphi^{(1)} = f_\sigma \cdot \dot{\sigma}^{(1)} + f_\theta\dot{\theta} \geq 0$ the non-negative rate of loading in front of the wave and suppose that the ratio

$$\frac{\varphi^{(2)}}{\varphi^{(1)}} = \nu' \geq 0 \tag{8.4}$$

is prescribed, so that

$$[\varphi] = \frac{\nu' - 1}{\nu'}\varphi^{(2)} = f_\sigma \cdot [\dot{\sigma}] \tag{8.5}$$

Through (8.5), the relation (8.3) becomes

$$[\dot{\varepsilon}] = L^{(L)}[\dot{\sigma}] \tag{8.6}$$

where

$$\mathbf{L}^{(L)} = \mathbf{L} + \frac{1}{h\left(1-\frac{1}{\nu'}\right)} \mathbf{f}_\sigma \otimes \mathbf{f}_\sigma \tag{8.7}$$

The tensor $\mathbf{L}^{(L)}$ again has the same form as the tensor $\mathbf{L}^{(P)}$. The only difference is that h is replaced by $\dot{h}\left(1-\frac{1}{\nu'}\right)$. Thus, the eigenvalues of the tensor

$$\mathbf{Q}^{(L)} = \mathbf{Q}^{(e)} - r''\mathbf{a}\otimes\mathbf{a}, \tag{8.8}$$

where

$$\frac{1}{r''} = M_f^2 + \left(1-\frac{1}{\nu'}\right)h, \tag{8.9}$$

determine the speeds $c_i^{(L)}$ of the loading waves. In one respect the tensor $\mathbf{Q}^{(L)}$ differs essentially from the corresponding tensor $\mathbf{Q}^{(P)}$ discussed in Sec. 6. Namely, $\mathbf{Q}^{(L)}$ may not be positive-definite for certain values of $\nu' \geq 0$. From (8.7 - 8.9) it follows that this may occur when

$$\frac{a^T}{1+a^T} < \nu' \leq 1 \tag{8.10}$$

where a^T is the isothermal coefficient of hardening defined by

$$a^T = \left[\frac{\mathbf{f}_\sigma\cdot\dot{\boldsymbol{\sigma}}}{(\mathbf{f}_\sigma\cdot\mathbf{f}_\sigma)^{1/2}(\dot{\boldsymbol{\varepsilon}}^P\cdot\dot{\boldsymbol{\varepsilon}}^P)^{1/2}}\right]_{\dot{\theta}=0} \frac{\mathbf{f}_\sigma\cdot\mathbf{f}_\sigma}{M_f^2} = \frac{h}{M_f^2}. \tag{8.11}$$

Indeed, when $\nu'>1$ $\mathbf{L}^{(L)}$ is positive-definite and, therefore, $\mathbf{Q}^{(L)}$ is also positive-definite. The positive definiteness of $\mathbf{Q}^{(L)}$ for $0 \leq \nu' < \frac{a^T}{1+a^T}$ follows directly from (8.8 - 8.9) because r'' is non-positive for these values of ν'.

Hence, it follows that there may exist negative eigenvalues of the tensor $\mathbf{Q}^{(L)}$ when (8.10) is satisfied and the number of loading wave speeds may be less than 3.

The mathematical properties of the function $r''(\nu')$ defined by (8.9), may be deduced from Fig. 3.

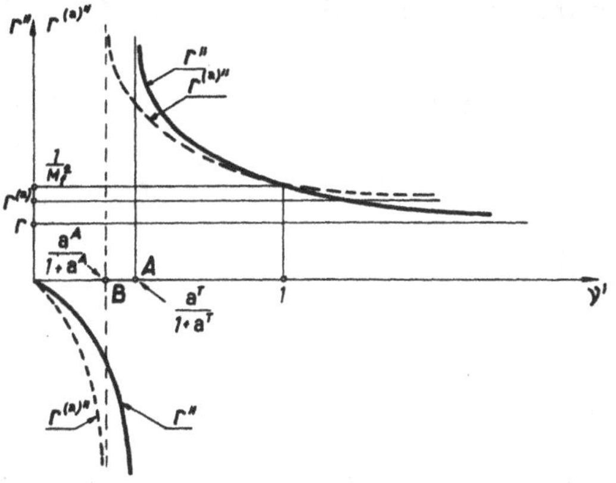

Fig. 3

It is seen that the values of r'' belong to the complement of an open interval $(0,r)$ so that

$$\begin{aligned} -\infty < r'' \leq 0 \quad &\text{for} \quad 0 \leq \nu' < \frac{a^T}{1+a^T} \\ r \leq r'' < \infty \quad &\text{for} \quad \nu' > \frac{a^T}{1+a^T} \end{aligned} \tag{8.12}$$

Let us now denote by $F''(X)$ the expression (6.13) when r is replaced by r''. Making use of the same arguments as in Sec. 6 and 7 we find that

$$\begin{gathered} F''(Q_I^{(e)}) \geq 0 \ ; \ F''(Q_{II}^{(e)}) \leq 0 \ ; \ F''(Q_{III}^{(e)}) \geq 0 \ ; \ F''(\infty) < 0 \\ F''(\varrho c_I^{(P)2}) \geq 0 \ ; \ F''(\varrho c_{II}^{(P)2}) \leq 0 \ ; \ F''(\varrho c_{III}^{(P)2}) \geq 0 \\ \text{when } 0 \leq \nu' < \frac{a^T}{1+a^T} \ ; \ (r'' \leq 0) \end{gathered} \tag{8.13}$$

$$\begin{gathered} F''(Q_I^{(e)}) \leq 0 \ ; \ F''(Q_{II}^{(e)}) \geq 0 \ ; \ F''(Q_{III}^{(e)}) \leq 0 \ ; \ F''(\infty) < 0 \\ F''(\varrho c_I^{(P)2}) \leq 0 \ ; \ F''(\varrho c_{II}^{(P)2}) \geq 0 \ ; \ F''(\varrho c_{III}^{(P)2}) \leq 0 \\ \text{when } \nu' > \frac{a^T}{1+a^T} \qquad (r'' \geq r) \end{gathered} \tag{8.14}$$

The inequalities $(8.13)_2$ and $(8.14)_2$ follow from the identity

$$r'' F(X) - r F''(X) = (r'' - r)\left(Q_I^{(e)} - X\right)\left(Q_{II}^{(e)} - X\right)\left(Q_{III}^{(e)} - X\right). \qquad (8.15)$$

Thus, we arrived at the conclusions [3, 5].

Conclusion 8

For every direction $\mathbf{n}$ there exist three speeds

$$c_I^{(L)} \geq c_{II}^{(L)} \geq c_{III}^{(L)} \qquad (8.16)$$

of second-order loading waves, provided that

$$0 \leq \nu' < \frac{a^T}{1 + a^T} \qquad \text{or} \qquad \nu' > 1. \qquad (8.17)$$

When ν' satisfies (8.10), there exists such $\mathbf{n}$ that second-order loading waves may propagate with only two speeds.

Conclusion 9 - Third Mandel's inequalities

If ν' satisfies (8.17) the ordered speeds of elastic waves are lower bounds for corresponding speeds of loading waves

$$c_i^{(L)} \geq c_i^{(e)} \qquad (i = I, II, III) \qquad (8.18)$$

whereas the upper bounds for $c_{II}^{(L)}$ and $c_{III}^{(L)}$ are, respectively, speeds $c_I^{(P)}$ and $c_{II}^{(P)}$ of plastic waves. When ν' satisfies (8.10) the ordered speeds of plastic waves are upper bounds for the corresponding speeds of loading waves, and the lower bounds for the speeds of loading waves are

$$c_I^{(L)} \geq c_{II}^{(e)} \quad ; \quad c_{II}^{(L)} \geq c_{III}^{(e)}. \qquad (8.19)$$

An example of a loading wave that propagates with a speed greater than $c_I^{(e)}$ may be found in Ref. [12] where the plane waves generated by simultaneous thermal and mechanical loading at the surface of a half-space were analysed.

Note that $c_i^{(L)} = c_i^{(e)}$ when $\nu' = 0$, and $c_i^{(L)} = c_i^{(P)}$ when $\nu' \to \infty$. Thus, [3]

Conclusion 10

The second-order loading waves propagate through a region of neutral state $(f = 0, \Psi^{(1)} = 0)$ with the speeds of plastic waves.

All general features of unloading and loading waves discussed in Secs. 7 and 8 remain valid when the medium is isotropic with respect to elastic properties. A more detailed analysis can be made in the way we did it in Sec. 6 with reference to plastic waves. In an isotropic medium $c_{II}^{(e)} = c_{III}^{(e)}$ and we may conclude:

Conclusion 11

In an elastic-plastic conductor that is isotropic with respect to elastic properties, there exist neutral loading waves and neutral unloading waves which propagate with the speed of transverse elastic waves.

The conclusions 2, 6 and 9 are recapitulated in Fig. 4, where the possible mutual positions of the speeds of elastic, plastic unloading and loading waves are illustrated on c-axis.

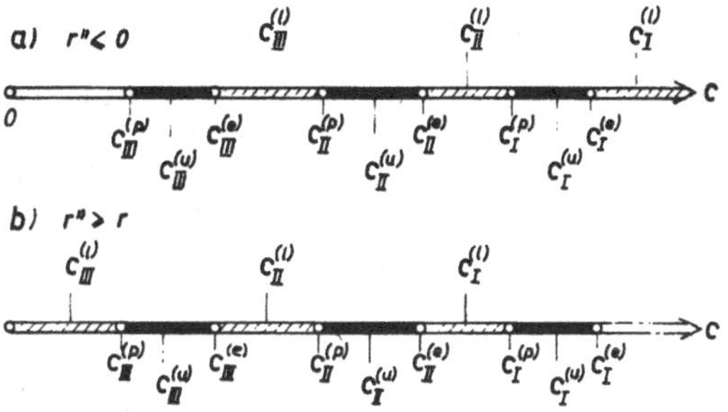

Fig. 4

9. Remarks on Higher-order Waves in Elastic-plastic Conductors

In this section we shall briefly discuss Nth-order waves in elastic-plastic conductors. These waves, under appropriate continuity conditions of the functions entering the constitutive relations, have the same properties as the second-order waves. Thus, Nth-order waves are homothermal since

$$\left[\operatorname{div} \overset{(N-3)}{\mathbf{q}}\right] = 0 \quad \text{and} \quad \left[\operatorname{div} \overset{(N-3)}{\mathbf{q}}\right] = -\frac{\mathbf{n}\cdot\mathbf{K}\mathbf{n}}{c^2}\left[\overset{(N-1)}{\theta}\right] \qquad (N \geq 3) \tag{9.1}$$

Here we use the notation $\frac{\partial^N A}{\partial t^N} \equiv \overset{(N)}{A}$. The first equation follows from the equation for temperature (2.6), the second one from Fourier's law (2.7) and kinematical compatibility condition for θ. Bearing in mind this homothermal property and noting that $\overset{(N-3)}{\Psi}{}^{(1)} = \overset{(N-3)}{\Psi}{}^{(2)} = 0$ across loading and unloading Nth-order waves, one eventually finds the following relations

$$\left[\overset{(N-1)}{\varepsilon}\right] = \mathbf{L}^{(P)}\left[\overset{(N-1)}{\sigma}\right] \tag{9.2}$$

across a plastic wave

$$\left[\overset{(N-1)}{\varepsilon}\right] = \mathbf{L}^{(u)}\left[\overset{(N-1)}{\sigma}\right] \tag{9.3}$$

across an unloading wave,

$$\left[\overset{(N-1)}{\varepsilon}\right] = \mathbf{L}^{(L)}\left[\overset{(N-1)}{\sigma}\right] \tag{9.4}$$

across a loading wave,

where $\mathbf{L}^{(P)}$, $\mathbf{L}^{(u)}$ and $\mathbf{L}^{(L)}$ are defined by (2.5), (7.7) and (8.7) respectively, and

$$\nu' = \frac{\overset{(N-2)}{\Psi}{}^{(2)}}{\overset{(N-2)}{\Psi}{}^{(1)}}$$

Since the above jump-relations are the same as those for second-order waves, all properties of the latter are also valid with reference to Nth order waves. Finally note that if the region (1) in front of an Nth order unloading or loading wave is a region of constant and homogeneous state, then

$$\psi^{(1)} = \dot{\psi}^{(1)} = \ldots = \overset{(N\ 2)}{\psi}{}^{(1)} = 0$$

and

$$\nu' \rightarrow \mp \infty \ , \quad r' \rightarrow 0 \ , \quad r'' \rightarrow r$$

$$L^{(u)} \rightarrow L \qquad\qquad L^{(L)} \rightarrow L^{(P)}$$

for every $N \geqslant 2$.

Conclusion 12

The ordinary unloading waves propagate through a region of homogeneous state with the speeds of elastic waves.

The ordinary loading waves propagate through a region of homogeneous state with the speeds of plastic waves.

10. On Waves in Non-conductors

The waves in non-conductors are sometimes called "adiabatic waves" since each elementary subsystem of the body undergoes the adiabatic process. Adiabatic waves and isothermal waves are two extreme idealizations of the real wave processes generated by mechanical impact at the surface of an elastic-plastic body in the usual experiments.

In isothermal plasticity it is assumed that the temperature of a body is uniform and constant, say θ_0. The field equations for the isothermal plasticity may be obtained by substituting $\dot{\theta} = 0$ and $\theta = \theta_0$ in Eqs. (1-1) - (1.5). Due to the homothermal property of the waves in conductors and due to the analogy of the fundamental equations, all properties of waves in conductors discussed in Secs. 6 - 9 remain valid with reference to the waves in the isothermal plasticity (the latter are referred to as "isothermal waves"). Moreover, for a given wave direction $\mathbf{n}$ and for a given ν' the ordered speed of isothermal waves are equal to the corresponding speeds of waves in conductors provided that the thermodynamical state is the same in both cases. On the other hand, the simplified flow rules for non-conductors discussed in Sec. 2 have the same form as isothermal flow rules except for $\mathbf{h}$ that is replaced by an adiabatic hardening function $\mathbf{h}_1$. The general features of wave propagation in conductors and non-conductors are, therefore, the same provided that small coupling effects discussed in Sec. 2 are neglected. Thus, the remark concerning the number of waves and the bounds for wave speeds remain valid with reference to the waves in non-conductors. There are, however, some principal differences. For given $\mathbf{n}$ and ν' the ordered speeds of waves in non-conductors are generally not equal to the corresponding speeds of waves in conductors even though the thermodynamical state of elementary subsystems of the conductor and non-conductor are the same. Furthermore, the waves in non-conductors are not homothermal and the temperature propagates with a finite speed. This follows from the fact that in the case of non-conductors the heat transport which according to Fourier's law has a diffusive character, is neglected. The jump of temperature rate across any second-order adiabatic wave may easily be determined by evaluating the temperature rate on both sides of the wave according to Eq. (2.3). In this section, however, we shall be concerned with the comparison of wave speeds in conductors and non-conductors.

Let the yield limit be a non-increasing function of the temperature, so that

$$m f_\theta \geqslant 0 \tag{10.1}$$

and

$$h_1 = h - m f_\theta \leqslant h \tag{10.2}$$

according to the discussion presented in Sec. 2.

Denote by $r^{(a)}$, $r^{(a)'}$ and $r^{(a)''}$ the expressions $(6.7)_1$, (7.9) and (8.9) when h is replaced by h_1

$$\frac{1}{r^{(a)}} = h_1 + M_f^2 \; ; \; \frac{1}{r^{(a)'}} = h_1\left(1-\nu'\right) + M_f^2 \; ; \; \frac{1}{r^{(a)''}} = h_1\left(1-\frac{1}{\nu'}\right) + M_f^2 \tag{10.3}$$

Introduce the notations $F^{(a)}$, $F^{(a)'}$ and $F^{(a)''}$ for the function F (Eq. 6.13) when r is replaced, in sequence, by $r^{(a)}$, $r^{(a)'}$, $r^{(a)''}$.

(A) The comparison of speeds of plastic waves.

Denoting by $\overset{A}{c}{}_i^{(P)}(i = \mathrm{I,II,III})$ the speeds of plastic waves in non-conductors we note that $\varrho\, \overset{A}{c}{}_i^{(P)2}$ are the roots of the equation $F^{(a)}(X) = 0$, whereas $\varrho\, c_i^{(P)2}(i = \mathrm{I,II,III})$ satisfy equation $F = 0$.

Since $r^{(a)} > 0$, the function $F^{(a)}(X)$ has the same mathematical properties as the function $F(X)$ (cf. Eq. 6.14). Moreover

$$r^{(a)} = \frac{1}{h + M_f^2 - m f_\theta} \geqslant r \tag{10.4}$$

on account of (10.1). To compare $\overset{A}{c}{}_i^{(P)}$ and $c_i^{(P)}$ we may repeat, therefore, the procedure already used in Sec. 7 while comparing the speeds of unloading waves and speeds of plastic waves in conductors. Thus replacing F by $F^{(a)}$

$$F \rightarrow F^{(a)}$$

and

$$r \rightarrow r^{(a)}, \quad c_i^{(P)} \rightarrow \overset{A}{c}{}_i^{(P)}$$

$$F' \rightarrow F, \quad r' \rightarrow r, \quad c_i^{(u)} \rightarrow c_i^{(P)}$$

in equations (7.12 - 7.13) we find that

$$F\left(\varrho \overset{A}{c}{}_I^{(P)2}\right) \geq 0 \quad ; \quad F\left(\varrho \overset{A}{c}{}_{II}^{(P)2}\right) \leq 0 \quad ; \quad F\left(\varrho \overset{A}{c}{}_{III}^{(P)2}\right) \geq 0 \qquad (10.5)$$

Bearing in mind that $F(\varrho c_i^{P2}) = 0$ and $F(-\infty) > 0$, we conclude, [25]

Conclusion 13

For a given n the ordered speeds of plastic waves in non-conductors are not greater than the corresponding speeds of plastic waves in conductors

$$\overset{A}{c}{}_i^{(P)} \leq c_i^{(P)} \qquad (i = I, II, III) \qquad (10.6)$$

provided that the thermodynamical state of a conductor is the same as the thermodynamical state of a non-conductor and provided that the yield limit does not increase with the temperature.

(B) The comparison of speeds of unloading waves

From (10.1), (10.3) it follows that

$$r^{(a)\prime} \geq r' \qquad (10.7)$$

and we may again repeat the procedure used in Sec. 7. Replacing F by $F^{(a)\prime}$

$$F \rightarrow F^{(a)\prime}$$

and

$$r \to r^{(a)\prime} \quad , \quad c_i^{(P)} \to \overset{A}{c}{}_i^{(u)} \qquad \left(i = I, II, III \right)$$

in the equation (7.12) we get (cf. Eq. 10.7)

$$F'\left(\varrho\, \overset{A}{c}{}_I^{(u)2}\right) \geqslant 0 \ ; \quad F'\left(\varrho\, \overset{A}{c}{}_{II}^{(u)2}\right) \leqslant 0 \ ; \quad F'\left(\varrho\, \overset{A}{c}{}_{III}^{(u)2}\right) \geqslant 0 \qquad (10.8)$$

since

$$F^{(a)\prime}\left(\varrho\, c_i^{(u)2}\right) = 0 \qquad \left(i = I, II, III \right)$$

where $\overset{A}{c}{}_i^{(u)}$ are the ordered speeds of unloading waves in non-conductors, i.e. $\overset{A}{c}{}_I^{(u)} \geqslant \overset{A}{c}{}_{II}^{(u)} \geqslant \overset{A}{c}{}_{III}^{(u)}$.

Thus, we arrived at the conclusion [25] .

<u>Conclusion 14</u>

For given $\mathbf{n}$ and ν' , the ordered speeds of unloading waves in a non-conductor are not greater than the corresponding speeds of unloading waves in a conductor.

$$\overset{A}{c}{}_i^{(u)} \leqslant c_i^{(u)} \qquad \left(i = I, II, III \right) \qquad (10.9)$$

provided that the thermodynamical state of a conductor is the same as the thermodynamical state of a non-conductor and provided that the yield limit does not increase with the temperature.

(C) The comparison of speeds of loading waves

In the case of loading waves the situation becomes slighlty more involved. The mathematical properties of the function

$$r^{(a)\prime\prime} = r^{(a)\prime\prime}\left(\nu'\right) \qquad (10.10)$$

may be deduced from Fig. 3. The quantity $\mathbf{a}^A$ appearing in this figure is the "adiabatic coefficient of hardening" defined by (cf. Eq. 8.11)

$$a^A = \frac{h_1}{M_f^2} = a^T - \frac{m f_\theta}{M_f^2} \leq a^T \tag{10.11}$$

It is seen that

$$\begin{aligned}
& 0 \geq r'' \geq r^{(a)''} && \text{for} \quad 0 \leq \nu' < \frac{a^A}{1+a^A} \\
& r'' \geq r^{(a)''} > 0 && \text{for} \quad \frac{a^T}{1+a^T} < \nu' \leq 1 \\
& r^{(a)''} > 0\,, \quad r'' < 0 && \text{for} \quad \frac{a^T}{1+a^T} < \nu' < \frac{a^T}{1+a^T} \\
& r^{(a)''} > r'' > 0 && \text{for} \quad \nu' \geq 1
\end{aligned} \tag{10.12}$$

To compare the speeds $\overset{A}{c}{}_i^{(L)}$ and $c_i^{(L)} (i = I, II, III)$ of loading waves in non-conductors and conductors, we use the identity

$$r'' F^{(a)''}(X) - r^{(a)''} F''(X) = \left(r'' - r^{(a)''}\right)\left(Q_I^{(e)} - X\right)\left(Q_{II}^{(e)} - X\right)\left(Q_{III}^{(e)} - X\right) \tag{10.13}$$

from which it follows that

$$-r^{(a)''} F\left(\varrho \overset{A}{c}{}_i^{(L)2}\right) = \left(r'' - r^{(a)''}\right)\left(Q_I^{(e)} - \varrho \overset{A}{c}{}_I^{(L)2}\right)\left(Q_{II}^{(e)} - \varrho \overset{A}{c}{}_{II}^{(L)2}\right)\left(Q_{III}^{(e)} - \varrho \overset{A}{c}{}_{III}^{(L)2}\right) \tag{10.14}$$

since

$$F^{(a)''}\left(\varrho \overset{A}{c}{}_i^{(L)2}\right) = 0 \qquad (i = I, II, III)$$

Bearing in mind that $\varrho \overset{A}{c}{}_i^{(L)2}$ are bounded by $Q_i^{(e)}$ in a similar fashion as $\varrho c_i^{(L)2}$ are (conclusion 9), from (10.12) and (10.14) we find

$$F''\left(\varrho \overset{A}{c}{}_I^{(L)2}\right) \leq 0 \;; \quad F''\left(\varrho \overset{A}{c}{}_{II}^{(L)2}\right) \geq 0 \;; \quad F''\left(\varrho \overset{A}{c}{}_{III}^{(L)2}\right) \leq 0 \tag{10.15}$$

for $0 < \nu' \leq \frac{a^A}{1+a^A}$, $\left(r^{(a)''} \leq 0,\, r'' \leq 0\right)$ and $\frac{a^T}{1+a^T} < \nu' \leq 1$, $\left(r^{(a)''} > 0,\; r'' > 0\right)$,

$$F''\left(\varrho \overset{A}{c}{}_I^{(L)2}\right) \geq 0 \;; \quad F''\left(\varrho \overset{A}{c}{}_{II}^{(L)2}\right) \leq 0 \;; \quad F''\left(\varrho \overset{A}{c}{}_{III}^{(L)2}\right) \geq 0 \tag{10.16}$$

for

$$\nu' \geq 0 \qquad \left(r^{(a)''} > 0\ ;\ r'' > 0\right)$$

Hence,

$$\overset{A}{c}{}_i^{(L)} \geq c_i^{(L)} \qquad \left(i = \mathrm{I, II, III}\right) \tag{10.17}$$

if

$$0 \leq \nu' < \frac{a^T}{1+a^T} \quad \text{or} \quad \frac{a^T}{1+a^T} < \nu' \leq 1 \qquad \left(r'' \geq r^{(a)''}\right)$$

and

$$\overset{A}{c}{}_i^{(L)} \leq c_i^{(L)} \quad \text{if} \quad \nu' \geq 1 \qquad \left(r'' < r^{(a)''}\right) \tag{10.18}$$

on account of the properties of the function F''. When

$$\frac{a^A}{1+a^A} < \nu' < \frac{a^T}{1+a^T} \tag{10.19}$$

we have

$$\overset{A}{c}{}_i^{(L)} < c_i^{(L)} \tag{10.20}$$

since $c_i^{(e)}$ are upper bounds for $\overset{A}{c}{}_i^{(L)}$ and lower bounds for $c_i^{(L)}$ $\left(r^{(a)''} > 0,\ r'' < 0\right)$. For this range of ν' the differences between $c_i^{(L)}$ and $\overset{A}{c}{}_i^{(L)}$ and between $r^{(a)''}$ and r'' are the greatest.

Thus, it has been shown that at given state and given $\mathbf{n}$, the loading waves in a non-conductor may propagate with speeds both greater and less than the corresponding speeds of loading waves in a conductor, depending on the value of ν'.

11. Simple Waves in Non-conductors

Fo field equations of rate-independent elastic-plastic non-conductors there exist solutions which depend on $\mathbf{x}$ and t only through the dependence on a single independent variable, say η, on $\mathbf{x}$ and t

$$\sigma = \sigma\left[\eta(\mathbf{x},t)\right]; \quad \mathbf{v} = \mathbf{v}(\eta); \quad \varkappa = \varkappa(\eta); \quad \varkappa_1 = \varkappa_1(\eta); \quad \theta = \theta(\eta) \tag{11.1}$$

Let us assume that each particle of a medium undergoes plastic loading $(f=0, \Psi>0)$, and denote by c a normal speed of the travelling surface $\eta(\mathbf{x},t) = \text{const}$ and by $\mathbf{n}$ the unit vector normal to the surface in the direction of propagation, i.e.

$$(\dot{\eta})^2 = c^2(\nabla_x \eta \cdot \nabla_x \eta); \qquad c\mathbf{n} = -\frac{\dot{\eta}}{(\nabla_x \eta \cdot \nabla_x \eta)} \nabla_x \eta . \tag{11.2}$$

Substituting (11.1) into the simplified field equations for non-conductors (Sec. 2) and using (11.2) it is found that

$$-\sigma' \mathbf{n} = \varrho c \mathbf{v}' \tag{11.3}$$

$$-c\varepsilon' = \frac{1}{2}(\mathbf{n} \otimes \mathbf{v}' + \mathbf{v}' \otimes \mathbf{n}) \tag{11.4}$$

$$\sigma' = \overset{A}{\mathbf{M}}{}^{(P)} \varepsilon' \tag{11.5}$$

$$\varkappa' = \frac{1}{h_1}(f_\sigma \cdot \sigma')\, d^* ; \quad \varkappa_1 = \frac{1}{h_1}(f_\sigma \cdot \sigma')\, d_1^* \tag{11.6}$$

$$\theta' = \frac{m}{h_1} f_\sigma \cdot \sigma' \tag{11.7}$$

where $\overset{A}{\mathbf{M}}{}^{(P)}$ is defined by (2.8), and we used the notation $\frac{dA}{d\eta} = A'$. σ' and ε' may be eliminated from (11.3) - (11.5) to give

$$\left(\overset{A}{\mathbf{Q}}{}^{(P)} - \varrho c^2 \mathbf{1}\right) \mathbf{v}' = 0 \tag{11.8}$$

where

$$\overset{A}{Q}{}^{(P)}_{ij} = \overset{A}{M}{}^{(P)}_{imnj} n_m n_n . \tag{11.9}$$

Since the above characteristic problem is the same as the corresponding problem for plastic waves in non-conductors it follows that c must be equal to one of the three speeds of plastic waves. Such identities concern also eigenvectors. Thus, the surface η = const. coincides with the surface of an ordinary plastic wave.

Now, suppose that $\mathbf{n} = \mathbf{n}(\eta)$. Then

$$c = c(\eta) \tag{11.10}$$

on account of (11.1) and (11.8), and the solution of the equation $(11.2)_1$ is

$$\eta = \eta_0 \left[\mathbf{l}(\eta) \cdot \mathbf{x} + c(\eta) t \right]. \tag{11.11}$$

Here $\eta_0(z)$ and $\mathbf{l}(z)$ are arbitrary functions. The latter has to satisfy the condition

$$\mathbf{l}(\eta) \cdot \mathbf{l}(\eta) = 1$$

It is seen that η = const is a travelling plane. The travelling planes on which the state variables are constant are said to be simple waves. By combining the various simple waves it is possible to find explicit solutions of certain class of boundary-value problems.

A typical example is discussed in Part III. Finally, note that if we substitute $\theta = \theta_0$ = const and $f_\theta = 0$ into (11.3 - 11.6) then these equations become fundamental equations for simple waves in usual isothermal plasticity.

III. ADIABATIC SIMPLE WAVES IN A THIN-WALLED TUBE

12. Basic Equations

This part is concerned with the brief analysis of one-dimensional simple waves in a thin-walled semi-infinite tube. The waves are generated by combined longitudinal and torsional impact at the end of a tube and, thus, belong to the class of one-dimensional elastic-plastic waves of combined stress. The latter are already well-investigated problems of the dynamic plasticity. Although the first results on this subject were made known in the paper of Rakhmatulin [13] in 1958 and in the paper of Cristescu [14] in 1959, a wide interest in the study of combined stress waves was simulated in 1966 by the papers of Bleich and Nelson [15] , Fukuoka [16] and Clifton [17] . Paper [15] was concerned with the analysis of pressure-shear waves in a half space, whereas in the papers [16],[17] stress waves in a thin-walled tube were investigated. Clifton's paper is especially recommended since it contains detailed analysis of the mechanical couplings between the torsion and the tension. Since 1966 numerous papers have been published on this subject and various features of elastic-plastic waves of combined stress have been explored. Recent surveys on these types of problems which include numerous references are available in [18 - 21] and in the paper of Ting [22] in which the unified method for the analysis of one-dimensional waves is developed.

Here we shall demonstrate that Mandel's method presented in previous sections can be used to analyse one-dimensional waves of combined stress and show that the energy dissipation influences noticeably the profiles of stress-waves in thin-walled tube made of mild steel, at the temperature range 400 to 600° C. It has to be clearly stated that we do not attempt to discuss all the details, but rather aim at an introduction to the field; no methods for the theory of partial differential equations are used.

Consider a semi-infinite thin-walled tube with mean radius $\bar{r}$ and denote by

$$x_1 = z \quad ; \qquad x_2 = \phi \quad ; \qquad x_3 = r \tag{12.1}$$

the cylindrical coordinates, as shown in Fig. 5. Assume that the tube is in an axi-symmetric plane state of stress so that the only non-zero physical components of the stress tensor are

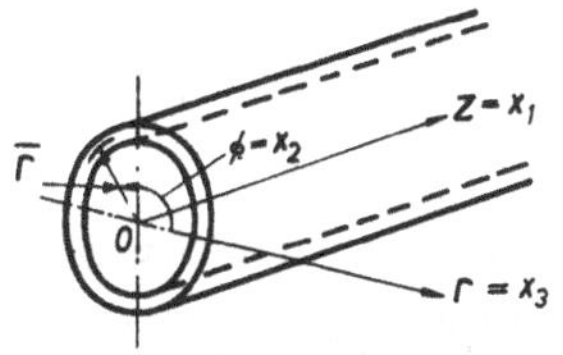

Fig. 5

$$\sigma_{11} = \sigma_{zz} \quad ; \qquad \sigma_{12} = \sigma_{21} = \sigma_{z\phi} = \sigma_{\phi z} \tag{12.2}$$

and they are functions of only two independent variables x_1 and t.

$$\sigma_{11} = \sigma_{11}(x_1, t) \; ; \quad \sigma_{12} = \sigma_{12}(x_1, t) \tag{12.3}$$

12.1 Strain Rate - Stress Rate Relations

Adopt the Huber-Mises yield criterion and assume that the non-conductor is elastically isotropic. The simplified flow rules (cf. Sec. 3) for the considered case take the form

$$\begin{aligned} \dot{\varepsilon}_{11} &= \frac{1}{E}\,\dot{\sigma}_{11} + \frac{\dot{\sigma}_{(i)}}{h_1\,\sigma_{(i)}}\,\sigma_{11} \\ \dot{\varepsilon}_{12} = \dot{\varepsilon}_{21} &= \frac{1}{2\mu}\,\dot{\sigma}_{12} + \frac{3}{2}\,\frac{\dot{\sigma}_{(i)}}{\sigma_{(i)}\,h_1}\,\sigma_{12} \end{aligned} \tag{12.4}$$

$$\dot{\varepsilon}_{22} = \dot{\varepsilon}_{33} = \left(\frac{1}{E} - \frac{1}{2\mu}\right)\dot{\sigma}_{11} + \frac{1}{2}\,\frac{\dot{\sigma}_{(i)}}{\sigma_{(i)}h_1}\,\sigma_{11}$$

$$\text{if} \quad f = 0 \qquad \dot{\sigma}_{(i)} \geq 0 \tag{12.5}$$

where

$$f = \sigma_{(i)} - Y(\varkappa_1, \theta) \; ; \quad \sigma_{(i)} = \left(3\,\sigma_{12}^2 + \sigma_{11}^2\right)^{1/2} \tag{12.6}$$

h_1 is defined by (3.11), E is Young's modulus and

$$\dot{\varepsilon}_{11} = \dot{\varepsilon}_{zz} \; ; \quad \dot{\varepsilon}_{12} = \dot{\varepsilon}_{z\phi} \; ; \quad \dot{\varepsilon}_{22} = \dot{\varepsilon}_{\phi\phi} \; ; \quad \dot{\varepsilon}_{33} = \dot{\varepsilon}_{rr} \tag{12.7}$$

are the only non-zero physical components of strain rate tensor in the fixed cylindrical coordinate system.

Since the relation (12.5) is not used in calculating σ_{11} and σ_{12} it will not be of interest in the further discussion.

The equations (12.4) may be rewritten in a compact form as follows

$$\dot{\epsilon}^*_{\alpha\beta} = \overset{A(P)}{L}_{\alpha\beta\gamma\delta}\,\dot{\sigma}_{\gamma\delta} \quad \text{if} \quad f = 0\,, \; f_{\alpha\beta}\,\dot{\sigma}_{\alpha\beta} \geq 0 \tag{12.8}$$

where Greek indices assume the values 1 or 2

$$f_{\alpha\beta} = \frac{\partial f}{\partial \sigma_{\alpha\beta}} \; ; \quad \dot{\epsilon}^*_{\alpha\beta} = \dot{\varepsilon}_{\alpha\beta} - \delta_{\alpha 2}\,\delta_{\beta 2}\,\dot{\varepsilon}_{22} \tag{12.9}$$

$$\overset{A(P)}{L}_{\alpha\beta\gamma\delta} = L_{\alpha\beta\gamma\delta} + \frac{1}{h_1}\,f_{\alpha\beta}\,f_{\gamma\delta} \tag{12.10}$$

$$L_{\alpha\beta\gamma\delta} = \delta_{\alpha 1}\,\delta_{\beta 1}\,\delta_{\gamma 1}\,\delta_{\delta 1}\left(\frac{1}{E} - \frac{1}{2\mu}\right) + \frac{1}{4\mu}\left(\delta_{\gamma\alpha}\,\delta_{\beta\delta} + \delta_{\alpha\delta}\,\delta_{\beta\gamma}\right)$$

$$\delta_{\alpha\beta} = \begin{cases} 1 & \text{if} \quad \alpha = \beta \\ 0 & \text{if} \quad \alpha \neq \beta \end{cases}$$

and the summation convention is applied to every repeated Greek index. If we substitute $\sigma_{22} = 0$ and (12.6) into (12.8) we get again the relations (12.4). Since the relation (12.8) is of the same form as (2.2) the inverse relation is similar to that presented in Sec. 2.

$$\dot{\sigma}_{\alpha\beta} = \overset{A}{M}{}^{(P)}_{\alpha\beta\gamma\delta}\,\dot{\epsilon}^{*}_{\gamma\delta} \tag{12.11}$$

where

$$\overset{A}{M}{}^{(P)}_{\alpha\beta\gamma\delta} = M_{\alpha\beta\gamma\delta} - \frac{1}{\left(h_1 + f_{\gamma\delta} M_{\gamma\delta\nu\mu} f_{\nu\mu}\right)} M_{\alpha\beta\varrho\xi} f_{\varrho\xi} M_{\gamma\delta\nu\mu} f_{\nu\mu}$$

$$M_{\alpha\beta\gamma\delta} = \delta_{\alpha1}\delta_{\beta1}\delta_{\gamma1}\delta_{\delta1}\left(E - 2\mu\right) + \mu\left(\delta_{\alpha\gamma}\delta_{\beta\delta} + \delta_{\beta\gamma}\delta_{\alpha\delta}\right) \tag{12.12}$$

Note that $\overset{A}{M}{}^{(P)}_{\alpha\beta\gamma\delta}$ has the same mathematical properties as an elastic compliance tensor.

12.2 Kinematical Relations. Equations of Motion

Denote by $v_1 = v_z$, $v_2 = v_\phi$ the physical components of the particle velocity vector in the cylindrical coordinates, and assume that they depend only on x_1 and t,

$$v_1 = v_1(x_1, t) \qquad v_2 = v_2(x_1, t) \tag{12.13}$$

Consider the equations

$$\dot{\epsilon}^{*}_{\alpha\beta} = \frac{1}{2}\left(\frac{\partial v_\alpha}{\partial x_\beta} + \frac{\partial v_\beta}{\partial x_\alpha}\right) \tag{12.14}$$

$$\frac{\partial \sigma_{\alpha\beta}}{\partial x_\beta} = \varrho\,\dot{v}_\alpha \tag{12.15}$$

If we substitute $(12.9)_2$, (12.13) into (12.14) we obtain the kinematical relations for the tube

$$\dot{\varepsilon}_{11} = \frac{\partial v_1}{\partial x_1} \quad ; \quad \dot{\varepsilon}_{12} = \dot{\varepsilon}_{21} = \frac{1}{2}\frac{\partial v_2}{\partial x_1} \tag{12.16}$$

Similarly, substituting $\sigma_{22} = 0$ into (12.15) and taking into account that σ_{12} and σ_{11} are independent of x_2 and x_3 we find the equations of motion for the tube

$$\frac{\partial \sigma_{12}}{\partial x_1} = \varrho \dot{v}_2 \quad ; \quad \frac{\partial \sigma_{11}}{\partial x_1} = \varrho \dot{v}_1 \tag{12.17}$$

Finally, the kinematical compatibility condition across waves in the tube is

$$\left[\frac{\partial Z}{\partial x_\alpha}\right] = -\frac{n_\alpha}{\Omega}\left[\frac{\partial Z}{\partial t}\right] \tag{12.18}$$

where

$$n_\alpha = \delta_{\alpha 1} \tag{12.19}$$

is the unit vector normal to the plane x_1 = const, and $Z = Z(x_1, t)$ is a physical continuous property of the tube.

The basic equations describing some other types of one-dimensional elastic-plastic waves of combined stress (in plane stress state) may also be expressed in the general form (12.11) (12.14 - 12.15) and (12.18). On the other hand, the latter have the same form as fundamental equations for three-dimensional waves in a non-conductor. The only difference is that here we deal with two-dimensional "tensors" instead of three dimensional used in the previous analysis. Mandel's method presented in Secs. 6 - 9 may, therefore, be applied without modifications to the analysis of elastic-plastic waves of combined stress in non-conductors. All results obtained in Secs 6 - 9 may easily be modified to expose some important features of one-dimensional waves in the tube. Thus, for example, two families of adiabatic plastic waves in the tube may be distinguished: fast waves which propagate with the speed, say $\hat{c}_I^{(P)}$, and slow waves which propagate with the speed $\hat{c}_{II}^{(P)} \leq \hat{c}_I^{(P)}$. These two wave speeds are bounded by the elastic bar speed $c_{II}^{(e)} = (E/\varrho)^{1/2}$ and the elastic transverse wave speed $c_{II}^{(e)}=(\mu/\varrho)^{1/2}$, according to the inequalities

$$c_{II}^{(e)} \leqslant \overset{A}{c}{}_{I}^{(P)} \leqslant c_{I}^{(e)} \quad ; \qquad \overset{A}{c}{}_{II}^{(P)} \leqslant c_{II}^{(e)}$$

The adiabatic unloading waves may propagate with two distinct speeds $\overset{A}{c}{}_{I}^{(u)}$ and $\overset{A}{c}{}_{II}^{(u)} \leqslant \overset{A}{c}{}_{I}^{(u)}$. These speeds satisfy the inequality

$$\overset{A}{c}{}_{I}^{(P)} \leqslant \overset{A}{c}{}_{I}^{(u)} \leqslant c_{I}^{(e)} \quad ; \qquad \overset{A}{c}{}_{II}^{(P)} \leqslant \overset{A}{c}{}_{II}^{(u)} \leqslant c_{II}^{(e)}$$

The adiabatic loading waves propagate with the speeds whose values belong to the complement of the open intervals $\left(\overset{A}{c}{}_{I}^{(P)}, c_{I}^{(e)}\right)$ and $\left(\overset{A}{c}{}_{II}^{(P)}, c_{II}^{(e)}\right)$.

•

13. Analysis of Speeds of Adiabatic Simple Waves

In section 10 we have shown that simple waves are planes which travel with the speed of plastic waves. Bearing in mind the analogy of the basic equations we may deduce that there are two types of adiabatic simple waves of combined loading in the tube: fast simple waves (speed $\overset{A}{c}_{I} = \overset{A}{c}{}_{I}^{(P)}$) and slow simple waves (speed $\overset{A}{c}_{II} = \overset{A}{c}{}_{II}^{(P)}$). These waves may be represented in the $x_1 - t$ plane by two families of straight lines

$$\eta = t - x_1/\overset{A}{c}_{I} \qquad \text{fast waves}$$
$$\eta = t - x_1/\overset{A}{c}_{II} \qquad \text{slow waves} \tag{13.1}$$

Substituting (12.6), $(12.12)_1$ and (12.19) into (11.8) - (11.9), and expanding the latter, we eventually find the explicit form of algebraic equations for $dv_\alpha/d\eta = v'_\alpha \quad (\alpha = 1,2)$

$$\left(E - r^{(a)}a_1^2 - \varrho c^2\right) v'_1 - r^{(a)} a_1 a_2 v'_2 = 0$$
$$- r^{(a)} a_1 a_2 v' + \left(\mu - r^{(a)} a_2^2 - \varrho c^2\right) v'_2 = 0 \tag{13.2}$$

where

$$a_1 = E f_{11} = E \frac{\sigma_{11}}{\sigma_{(i)}} \quad ; \quad a_2 = 2\mu f_{12} = 3\mu \frac{\sigma_{12}}{\sigma_{(i)}}$$

$$r^{(a)} = \frac{1}{h_1 + E f_{11}^2 + 4\mu f_{12}^2} = \frac{\omega + 1}{(h_1 + 3\mu)(\omega + 1) - (3\mu - E)} \tag{13.3}$$

$$\omega = 3 \frac{\sigma_{12}^2}{\sigma_{11}^2}.$$

Here h_1 may be expressed in terms of the effective stress $\sigma_{(i)}$, as indicated in Sec. 3 (cf. Eqs. 3.11)

$$h_1 = \left[\frac{dY^{(a)}(x_1)}{dx_1} \right]_{x_1 = \overset{-1}{Y}{}^{(a)}(\sigma_{(i)})} \sigma_{(i)} = h_1(\sigma_{(i)}) \tag{13.4}$$

where (cf. Eq. 3.1)

$$\sigma_{(i)} = Y^{(a)}(x_1) = Y(\theta, x_1)\Big|_{\theta = \theta(x_1)} \tag{13.5}$$

represents the adiabatic curve $\sigma_{(i)} - x_1$, and $\overset{-1}{Y}{}^{(a)}$ represents the inverse function with respect to the function $Y^{(a)}$. At moderate pressures the hardening of metals usually decreases with increasing x_1, and henceforth we shall assume that

$$\frac{d}{dx_1}\left(Y^{(a)} \frac{dY^{(a)}}{dx_1} \right) \leq 0 \quad \longleftrightarrow \quad \frac{dh_1}{d\sigma_{(i)}} \leq 0. \tag{13.6}$$

The non-zero solution of the set of equations (13.2) exists if $\varrho c^2 = x$ satisfies the following equation for plastic wave speeds

$$F(x) = (E - x)(\mu - x) + x\, r^{(a)}(a_1^2 + a_2^2) - r^{(a)}(E a_2^2 + \mu a_1^2) = 0. \tag{13.7}$$

It is seen that the simple waves propagate with the speeds of elastic waves when $r^{(a)} = 0 \quad (h_1 \to \infty)$

Let $r^{(a)} \neq 0$. The roots of Eq. (13.7) are the abscissas of the points A_1, A_2 (Fig. 6) which are the points of intersection of the curve $y_1 = (x - E)(\mu - x)$ with the straight line l_1 described by

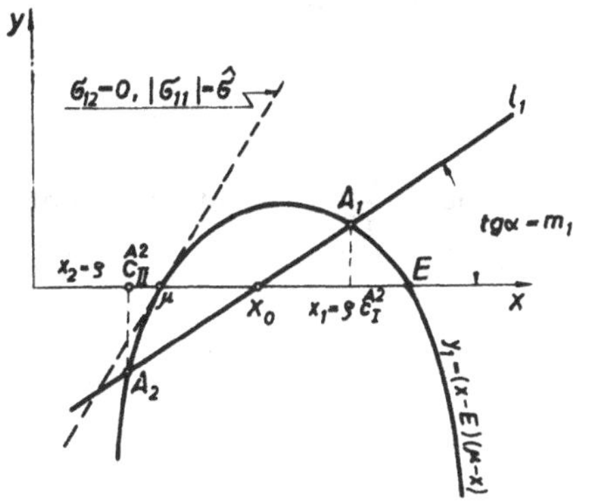

Fig. 6

$$y_2 = m_1 (x - x_0)$$

where

$$m_1 = r^{(a)}(a_1^2 + a_2^2) = r^{(a)}\left(3\mu^2 + \frac{E^2 - 3\mu^2}{\omega + 1}\right) \geq 0$$

$$X_0 = \frac{E a_2^2 + \mu a_1^2}{a_1^2 + a_2^2} = \frac{3\mu\omega + E}{\frac{E}{\mu} + 3\omega\frac{\mu}{E}} \tag{13.8}$$

Note that x_0 is independent of $\sigma_{(i)}$, and m_1 depends on $\sigma_{(i)}$ only through the dependence of h_1 on $\sigma_{(i)}$. Careful investigation of the values of $\overset{A}{c}_I$ and $\overset{A}{c}_{II}$ gives:

(a) The speed of fast waves is equal to $c_I^{(e)}$ if and only if $\sigma_{11} = 0$

(b) The speed of fast waves $\overset{A}{c}_I$ is equal to $c_{II}^{(e)}$ if and only if

$$\sigma_{12} = 0 \quad \text{and} \quad |\sigma_{11}| \geq \hat{\sigma} \tag{13.9}$$

where $\hat{\sigma}$ may be determined from the equation

$$h_1\Big|_{\substack{\sigma_{12}=0 \\ \sigma_{11}=\hat{\sigma}}} = \frac{E}{\frac{E}{\mu} - 1} \tag{13.10}$$

(c) The speed of the slow waves $\overset{A}{c}_{II}$ is equal to $c_{II}^{(e)}$ if and only if

$$\sigma_{12} = 0 \qquad |\sigma_{11}| \leq \hat{\sigma} \tag{13.11}$$

(d) When $\omega = 3\frac{\sigma_{12}^2}{\sigma_{11}^2}$ is kept constant, $\overset{A}{c}_I$ and $\overset{A}{c}_{II}$ are monotonically decreasing with increasing effective stress $\sigma_{(i)}$, i.e.

$$\frac{\partial \overset{A}{c}_I(\sigma_{(i)}, \omega)}{\partial \sigma_{(i)}} \leq 0 \quad ; \quad \left.\frac{\partial \overset{A}{c}_{II}}{\partial \sigma_{(i)}}\right|_{\omega = const} \leq 0 \tag{13.12}$$

(e) When $\sigma_{(i)}$ is kept constant, $\overset{A}{c}_I$ is monotonically increasing with increasing ω,

$$\left.\frac{\partial \overset{A}{c}_I}{\partial \omega}\right|_{\sigma_{(i)} = const} \geq 0 \tag{13.13}$$

whereas $\overset{A}{c}_{II}$ is monotonically decreasing with increasing ω,

$$\left.\frac{\partial \overset{A}{c}_{II}}{\partial \omega}\right|_{\sigma_{(i)} = const} \leq 0 \tag{13.14}$$

To justify the property (d) note that on account of the assumption (13.6) the straight line l_1 rotates towards the y-axis (Fig.6) when $\sigma_{(i)}$ increases, i.e.

$$\frac{\partial m_1(\sigma_{(i)}, \omega)}{\partial \sigma_{(i)}} \geq 0 \quad ; \quad x_0 = const$$

The property (13.13) follows from the fact that

$$\frac{\partial m_1}{\partial \omega} \leq 0 \quad \text{and} \quad \frac{d x_0(\omega)}{\partial \omega} \geq 0 ,$$

so that l_1 rotates towards the x-axis and translates to the right of Fig.6 when ω increases. Finally, we note that

$$\left(\varrho \overset{A}{c}_I \overset{A}{c}_{II}\right)^2 = E\mu h_1 r^{(a)} \; ; \qquad \frac{\partial r^{(a)}(\sigma_{(i)},\omega)}{\partial \omega} \leq 0 \tag{13.15}$$

Differentiating $(13.15)_1$ with respect to ω and using (13.13) and $(13.15)_2$ we obtain the inequality (13.14).

14. Stress Trajectories

We shall now proceed to discuss the possible stress paths (in the $\sigma_{12} - \sigma_{11}$ plane) associated with simple wave solutions. Let us first note that the vector $\frac{d\sigma_{1\alpha}}{d\eta}$ $(\alpha = 1,2)$ is parallel to the vector $\frac{dv_\alpha}{d\eta}$

$$-\frac{d\sigma_{12}}{d\eta} = \varrho c \frac{dv_2}{d\eta} \; ; \qquad -\frac{d\sigma_{11}}{d\eta} = \varrho c \frac{dv_1}{d\eta} \tag{14.1}$$

on account of (12.17). Multiplying $(13.2)_1$ by a_2 and $(13.2)_2$ by a_1 and subtracting the second equation obtained from the first one, we find

$$E f_{11}\left(\mu - \varrho c^2\right) v_2' = 2\mu f_{12}\left(E - \varrho c^2\right) v_1'$$

Hence,

$$\frac{d\sigma_{11}}{d\sigma_{12}} = \frac{f_{11}\left(1 - \frac{\varrho c^2}{\mu}\right)}{2 f_{12}\left(1 - \frac{\varrho c^2}{E}\right)} = \frac{\sigma_{11}\left(1 - \frac{\varrho c^2}{\mu}\right)}{3\sigma_{12}\left(1 - \frac{\varrho c^2}{E}\right)} \tag{14.2}$$

on account of (14.1). Thus, the stress trajectories for fast ($c = \overset{A}{c}_I$) and also slow ($c = \overset{A}{c}_{II}$) waves are the solutions of the first order differential equation (14.2). Since the eigenvectors corresponding to $c = \overset{A}{c}_I$ and $c = \overset{A}{c}_{II}$ are mutually orthogonal, the stress trajectories associated with the fast waves are orthogonal to the stress trajectories for the slow waves.

Substitute $c = \overset{A}{c}_{II}$ into (14.2). Bearing in mind the properties (c)-(e) of $\overset{A}{c}_{II}$ discussed in Sec. 13, and investigating the right-hand side of Eq. (14.2) the following properties of the trajectories for slow waves may be demonstrated [17] :

1°) The direction of the unit normal vector tangent to a slow wave trajectory lies between the direction of the σ_{12}-axis and the direction of a normal to the yield curve

$$3\sigma_{12}^2 + \sigma_{11}^2 = \text{const}$$

Furthermore,

$$0 \leq \frac{d\sigma_{11}}{d\sigma_{12}} \leq \frac{\sigma_{11}}{3\sigma_{12}} \qquad (14.3)$$

2°) The only singular points of (14.2) are the points of the σ_{11}-axis for which

$$|\sigma_{11}| \geq \hat{\sigma} \qquad (\sigma_{12} = 0) \qquad (14.4)$$

where $\hat{\sigma}$ is determined by (13.10), and the unique trajectory passes through any point ($\overset{0}{\sigma}_{12}$, $\overset{0}{\sigma}_{11}$) except the points whose coordinates satisfy (14.3)

3°) $\sigma_{11} = 0$ is the unique trajectory for slow waves

4°) The slow wave trajectories are orthogonal to the σ_{11}-axis at the following points

$$\sigma_{12} = 0 \qquad \sigma_Y \leq |\sigma_{11}| < \hat{\sigma} \qquad (14.5)$$

where $\sigma_Y = Y(0,\Theta_0)$ is the initial yield stress at simple tension.

5°) Along every slow wave trajectory the speed $\overset{A}{c}_{II}$ is decreasing with increasing effective stress $\sigma_{(i)}$. To show the last property, regard $\overset{A}{c}_{II}$ as a function of $\sigma_{(i)}$ and ω . Then

$$\frac{d\hat{c}_{II}}{d\sigma_{(i)}} = \frac{\partial \hat{c}_{II}}{\partial \sigma_{(i)}} + \frac{\partial \hat{c}_{II}}{\partial \omega}\,\frac{d\omega}{d\sigma_{(i)}}$$

Recall the inequalities (13.12), (13.14). From the property 1°) (Eq. 14.3) it follows that $\frac{d\omega}{d\sigma_{(i)}}$ is positive and consequently

$$\frac{d\hat{c}_{II}}{d\sigma_{(i)}} \leq 0$$

The above properties are illustrated in Fig. 7. In this figure the double line curve represents the initial yield. Three types of trajectories may be distinguished:

(a) trajectories which intersect the initial yield-curve,

(b) trajectories which intersect the σ_{11}-axis in the interval (14.5),

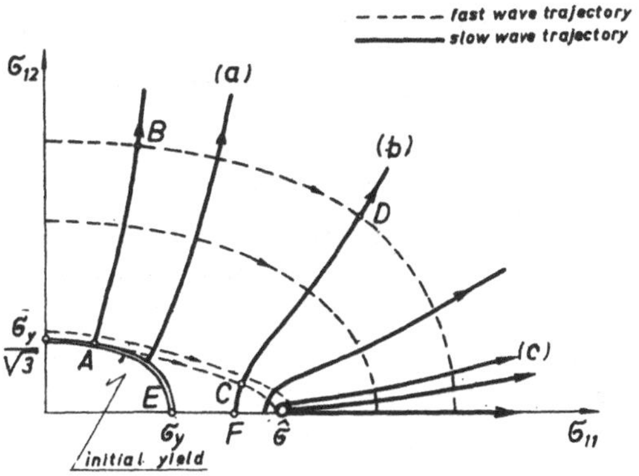

Fig. 7

(c) trajectories that pass through the point $\sigma_{12}=0$, $\sigma_{11}=\hat{\sigma}$. For sufficiently small initial hardening the solution of Eq. (13.10) does not exist and the condition (13.9) is satisfied for every $|\sigma_{11}| \geq \sigma_Y$. Then there is only one type of trajectories - those that intersect the initial yield curve (type (a) - see Sec. 16).

The speed $\hat{c}_{II}$ decreases along every slow wave trajectory in the direction indicated by arrows in Fig. 7. The trajectories associated with the fast waves are orthogonal to the trajectories for slow waves. They are represented by dotted lines in Fig. 7. Again, it may be shown that the speed of fast waves $\hat{c}$ decreases along every fast wave trajectory in the direction indicated by arrows in Fig. 7.

Finally note, that if

$$\left[\frac{E}{\frac{E}{\mu}-1}-\frac{(1-\pi_1)}{\varrho_0 c_\sigma}\frac{\partial Y}{\partial \theta}\right]_{x_1=0} \geqslant \left[Y\frac{\partial Y}{\partial x_1}\right]_{x_1=0} > \frac{E}{\frac{E}{\mu}-1} \tag{14.6}$$

then there exist three types of trajectories for isothermal slow waves and only one type (a) of trajectories for adiabatic simple waves. In such a case not only quantitative but also qualitative differences between adiabatic and isothermal simple wave solutions may be expected.

To determine the velocity vector $v_\alpha(\alpha=1,2)$ use is made of Eqs. (14.1)

$$\frac{dv_2}{d\sigma_{12}} = -\left[\frac{1}{\varrho \overset{A}{c}_{II}}\right]_{\sigma_{11}=\Psi_1(\sigma_{12})} ; \quad \frac{dv_1}{d\sigma_{11}} = -\left[\frac{1}{\varrho \overset{A}{c}_{II}}\right]_{\sigma_{12}=\Psi_2(\sigma_{11})} \tag{14.7}$$

Once the stress trajectory

$$\sigma_{11} = \Psi_1(\sigma_{12}) \qquad \text{or} \qquad \sigma_{12} = \Psi_2(\sigma_{11})$$

is known, the right hand sides of Eq. $(14.7)_1$ and Eq. $(14.7)_2$ are known functions of σ_{12} and σ_{11} respectively, and the equations (14.7) may be integrated to determine the velocity v_α associated with each point of the stress trajectory.

15. Examples of Simple Wave Solutions for Stresses

Since in the case of simple wave solutions, σ_{11} and σ_{12} depend on x_1 and t only through the dependence of the single independent variable η on x_1 and t, the stress path (in the $\sigma_{12}-\sigma_{11}$ plane) for all cross-sections x_1 = constant are the same during elastic-plastic straining $(f=0;\ \dot{\sigma}_{(i)} \geq 0)$. The stress path associated with the simple wave solution may, generally, be composed of the segment of a fast wave trajectory and the segment of the trajectory for slow wave. When determining the solutions care must be taken to satisfy two conditions: 1°) The segment of a fast wave trajectory cannot follow the segment of a slow wave trajectory; 2°) the wave speed cannot increase in the course of a plastic straining. Otherwise either the condition $\dot{\sigma}_{(i)} \geq 0$ will not be satisfied or false, shock waves will be formed along which the dynamical compatibility conditions are not satisfied. Thus, for example, A-C-F or A-B-D (Fig. 7) are not admissible stress paths, but A-B or A-C-D are paths for which simple wave solutions exist.

Let us discuss in detail three examples of simple wave solutions in the $x_1 - t$ plane.

15.1 Monotonic Loading

Denote by

$$\sigma_{11} = \varphi_B(\sigma_{12}) \tag{15.1}$$

the equation of the slow wave trajectory A-B (Fig. 7) and assume the following initial boundary conditions for the tube

$$\sigma_{11}\Big|_{t=0} = \sigma_{11}^{A} \qquad \sigma_{12}\Big|_{t=0} = \sigma_{12}^{A}$$

$$\sigma_{12}\Big|_{x_1=0} = \begin{cases} \bar{\varphi}(t) & \text{for} \quad t \leqslant t_0 \\ \sigma_{12}^{B} = \text{const} & \text{for} \quad t \geqslant t_0 \end{cases}$$

$$\sigma_{11}\Big|_{x_1=0} = \Psi_B(\sigma_{12})\Big|_{x_1=0}$$

where $\bar{\varphi}(t)$ is a monotonically increasing function of the time such that

$$\bar{\varphi}(0) = \sigma_{12}^{A} \quad ; \quad \bar{\varphi}(t_0) = \sigma_{12}^{B}$$

Here $(\sigma_{12}^{A}, \sigma_{11}^{A})$ and $(\sigma_{12}^{B}, \sigma_{11}^{B})$ are the coordinates of the points A and B (Fig. 7), respectively. The solution of this type of initial-boundary value problem in the $(x_1 - t)$ plane is shown in Fig. 8. The plane $x_1 \geqslant 0$ $t \geqslant 0$ consists of two regions A and B of constant states (the field equations are then satisfied trivially) and of the region S of the slow simple waves. Substituting $x_1 = 0$ into $(13.1)_2$ we note that η's can be interpreted as times at which the slow waves are generated at the end $x_1 = 0$. Therefore, the solution for stresses in the region S is determined implicitly by the set of algebraic equations

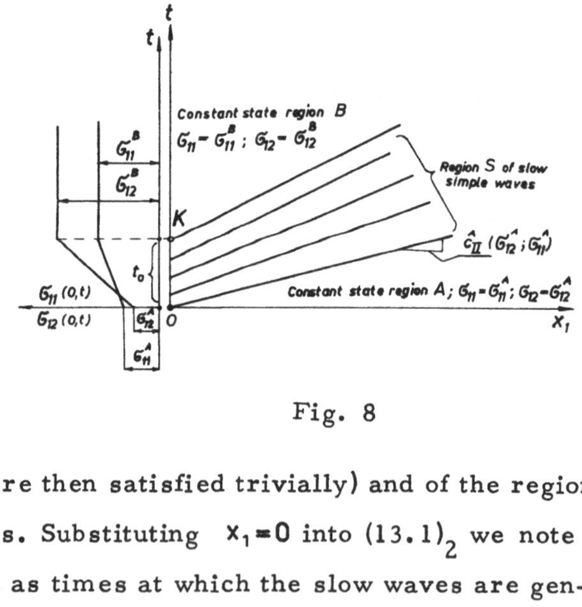

Fig. 8

$$\sigma_{12} = \bar{\varphi}\left[t - \frac{x_1}{\overset{A}{c}_{II}(\sigma_{12}, \sigma_{11})}\right]$$

$$\sigma_{11} = \Psi_B \left[\bar{\varphi} \left(t - \frac{x_1}{\overset{A}{c}_{II}} \right) \right]$$

15.2 Step-loading of a Tube

(a) Let $t_0 \to 0$. Then the point K approaches point 0 in Fig. 8 and the region S is transformed into the region S_1 of centered slow simple waves which are emanating from the origin 0

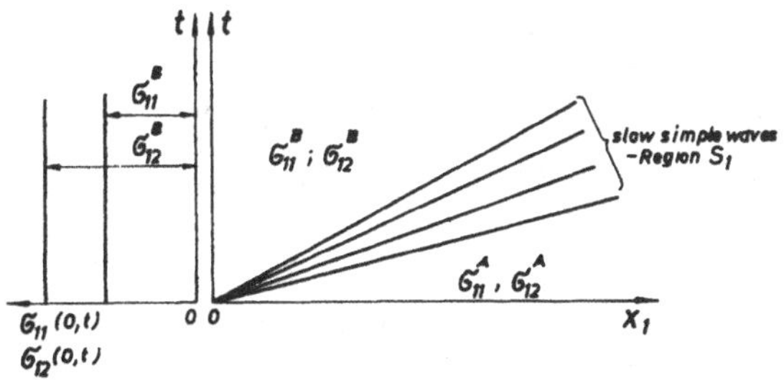

Fig. 9

of $t - x_1$ axes (Fig. 9). The solution for the region S_1 is determined implicitly by the relations

$$\sigma_{11} = \Psi_B(\sigma_{12})$$

$$\frac{x_1}{t} = \overset{A}{c}_{II}(\sigma_{12}, \sigma_{11})$$

(b) Assume that the tube is initially unstressed and that the end $x_1 = 0$ is simultaneously subjected to a constant normal stress and a constant shear stress

$$\sigma_{11}\Big|_{\substack{x_1 = 0 \\ t > 0}} = \overset{D}{\sigma}_{11} = \text{const} \quad ; \quad \sigma_{12}\Big|_{\substack{x_1 = 0 \\ t > 0}} = \overset{D}{\sigma}_{12} = \text{const}$$

Here $\left(\overset{D}{\sigma}_{12}, \overset{D}{\sigma}_{11}\right)$ are the coordinates of the point D in Fig. 7.

Now, the terminal state $\left(\overset{D}{\sigma}_{12}, \overset{D}{\sigma}_{11}\right)$ and the initial yield curve (Fig.

7) may be connected by various paths consisting of segments of slow and fast wave trajectories. But only one path exists such that the wave speed decreases while approaching the point D. This is the path E-F-D; (E-F is the segment of the fast wave trajectory and F-D is the segment of the slow wave trajectory). Stress levels represented by points lying on the segment F-D are propagating with the speed $\overset{A}{c}_{II}$ while represented by points lying on the segment E-F propagate with the speed $\overset{A}{c}_{I}$. Since $\overset{A}{c}_{I} > \overset{A}{c}_{II}$ there is a jump over the wave speed at the point F, and we have an additional constant state region in the x_1-t plane. The solution in this plane is shown in Fig. 10. It is seen that this characteristic diagram consists of four constant state regions (1) - (4), region F of fast simple waves, region S of slow simple waves and strong discontinuity (first-order wave) elastic wave that propagates with the speed c_I. In this figure $(0, \sigma_{11}^F)$ and $(0, \sigma_Y)$ are the coordinates of the points F and E marked in Fig. 7, respectively.

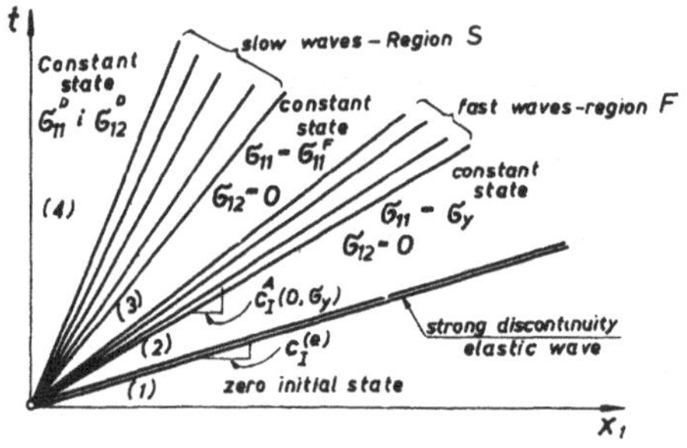

Fig. 10

The solution for stresses as functions of x_1 and t in the regions F and S are implicitly determined by the relations

Region F

$$\frac{x_1}{t} = \overset{A}{c}_I(0, \sigma_{11}) \; ; \quad \sigma_{12} = 0$$

Region S

$$\frac{x_1}{t} = \overset{A}{c}_{II}(\sigma_{12}, \sigma_{11}) \; ; \quad \sigma_{11} = \Psi_D(\sigma_{12})$$

where $\sigma_{11} = \Psi_D(\sigma_{12})$ is the equation of the slow wave trajectory F-D (Fig.7).

The above three examples show how the stress trajectories should be used to obtain the solutions of some initial-boundary value problems for a semi-infinite tube. Other examples may be found, e.g., in Ref [17].

16. The Example of a Numerical Solution

Assume the following relation between true stress σ plastic strain ε^P and temperature θ°C in simple tension

$$\sigma = c_1(1 - a\,\theta)\left(\varepsilon^P + b_1\right)^n \tag{16.1}$$

This relation fairly well describes Manjoine's data [23] for mild steel in the temperature range 400°C -650°C. The values of the parameters a, b_1, n occurring in Eq. (16.1) are [23]

$$a = 1.4 \cdot 10^{-3}\,{}^\circ C^{-1}\ ; \quad n = 0.2 \quad b_1 = 0.01 \tag{16.2}$$

and for strain rates of the order of 10^3 sec^{-1}, the value of c_1 is

$$c_1 = 330\ \frac{KG}{mm^2} \tag{16.3}$$

Since Manjoine's data were obtained in the experiments during which a constant temperature was controlled, the relation between the work-hardening parameter $\varkappa_1$, σ and θ may be derived by the integration

$$\varkappa_1 = \int_{\sigma_Y}^{\sigma} \frac{\partial\,\varepsilon^P(\sigma_1,\theta)}{\partial\sigma_1}\,\sigma_1\,d\sigma_1 \tag{16.4}$$

where $\sigma_Y = c_1(1-a\theta)\,b_1^n$ is the initial yield limit in simple tension and $\varepsilon^P = \varepsilon^P(\sigma,\theta)$ is the solution of (16.1) with respect to ε^P. Solving the set of equations (16.4) and (4.9) with respect to σ and θ , and substituting

$\sigma = \sigma_{(i)}$, $\theta_0 = 400°C$ and the values (16.2) - (16.3) into the results one can derive the function $Y^{(a)}(\varkappa_1)$ (cf. Eq. 13.5). Once the function $Y^{(a)}(\varkappa_1)$ is determined, the adiabatic hardening function $h_1(\sigma_{(i)})$ for mild steel at the initial temperature $\theta_0 = 400°C$ takes the form (cf. Eq. 13.4)

$$h_1(\sigma_{(i)}) = a_1^* \sigma_{(i)}^{-4} - a_2^* \sigma_{(i)}^2 + a_3^* \sigma_{(i)}^8 \tag{16.5}$$

where

$$a_1^* = 1.297 \cdot 10^{10} \left(\frac{KG}{mm^2}\right)^5 \; ; \quad a_2^* = 0.864 \cdot 10^{-2} \frac{mm^2}{KG}$$
$$a_3^* = 1.444 \cdot 10^{-15} \left(\frac{KG}{mm^2}\right)^{-7} . \tag{16.6}$$

To obtain the values (16.6) the following data concerning the physical properties of the mild steel at $\theta_0 = 400°C$ were used

$$E = 1.5 \cdot 10^4 \frac{KG}{mm^2} \; ; \quad \mu = 0.6 \cdot 10^4 \frac{KG}{mm^2} \; ; \quad \varrho_0 c_\sigma = 0.55 \frac{KG}{°C\, mm^2}$$

and $\pi_1 = 0.1$.

The isothermal hardening function h for $\theta = \theta_0 = 400°C$ may be derived in a similar fashion

$$h = \bar{a}_1 \sigma_{(i)}^{-4} \quad ; \quad \bar{a}_1 = 1.291 \cdot 10^{10} \left(\frac{KG}{mm^2}\right)^5 . \tag{16.7}$$

The above two functions (16.5) and (16.7) were used to determine the stress trajectories and speeds of adiabatic and isothermal simple waves. The results of a numerical integration [25] of Eq. (14.2) are shown in Fig. 11. The adiabatic stress trajectories turned out to be "very close" to the isothermal one, so that they cannot be distinguished in the stress scale used in Fig. 11.

Since for other ranges of the temperature, the yield limit of the mild steel is less temperature sensitive, one can conclude that the en-

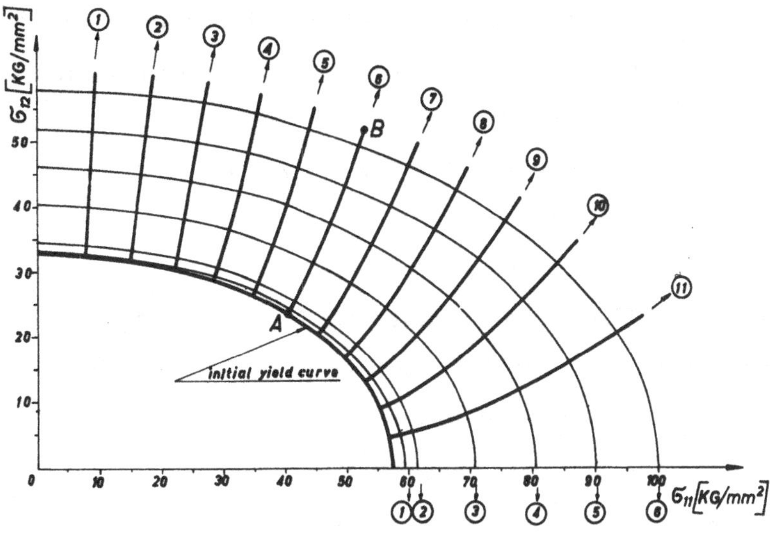
σ12 [KG/mm²]
σ11 [KG/mm²]
initial yield curve
A
B
0
10
20
30
40
50
60
70
80
90
100

Fig. 11

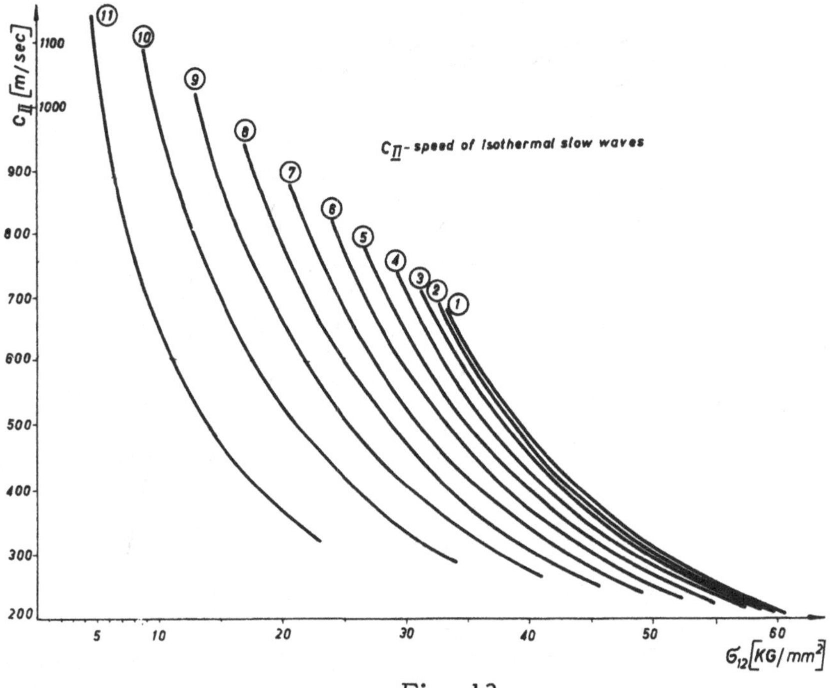
c_II [m/sec]
c_II - speed of isothermal slow waves
σ12 [KG/mm²]
200
300
400
500
600
700
800
900
1000
1100
5
10
20
30
40
50
60

Fig. 12

ergy dissipation does not influence the stress trajectories for the mild steel. At the temperature range 400°- 600°C the hardening of the mild steel is small, to that the solution of Eq. (13.10) does not exist and all slow wave trajectories intersect the initial yield curve, as shown in Fig. 11. The successive trajectories for slow waves and fast waves are numbered in Fig, 11 and the change in the isothermal slow wave speed c_{II} as the shear stress σ_{12} varies along every slow wave trajectory is presented in Fig. 12. The speeds of adiabatic fast waves $\overset{A}{c}_{I}$ turned out to be again "yery close" to the speeds of isothermal fast waves c_{I} , so that for given$(\sigma_{12},\sigma_{11})$,$\overset{A}{c}_{I}$ and c_{I} may be assumed to be the same with sufficient accuracy. There are, however, essential differences between the speeds of adiabatic slow waves $\overset{A}{c}_{II}$ and the speeds of isothermal slow waves c_{II} as may be seen from Fig. 13. In this figure the change in the ratio

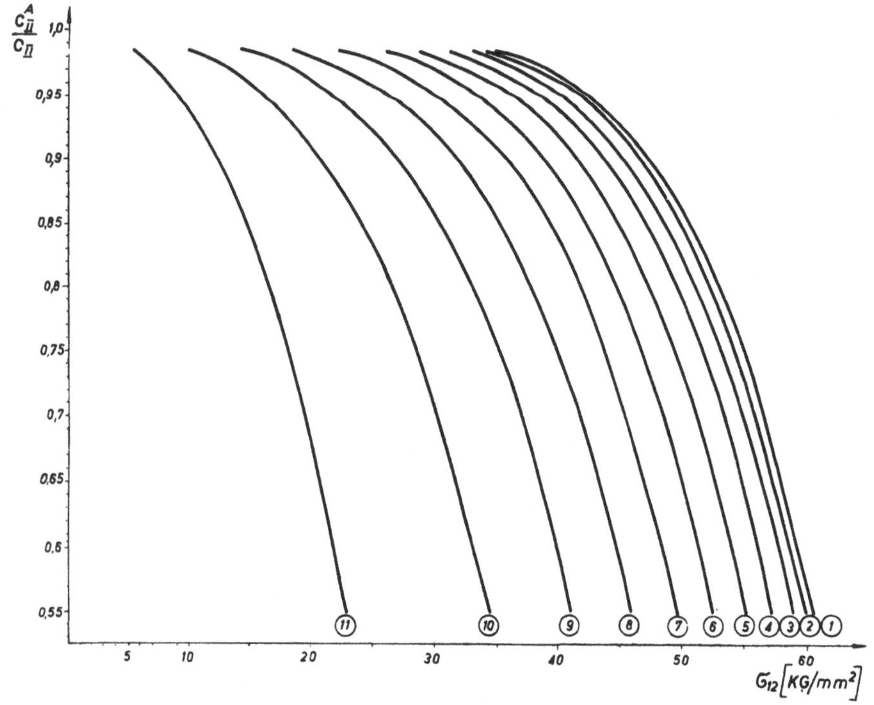

Fig. 13

$\overset{A}{c}_{II} / c_{II}$ as σ_{12} varies along every slow wave trajectory is presented. It is seen that the speeds of slow waves may be diminished by 45 % due to the energy dissipation. The profiles of the adiabatic stress waves and the isothermal stress waves at time $t = 10^{-3}$ sec. are shown in Fig. 14. The tube was initially prestressed to the level represented by point A in Fig. 11, and then step-loaded at the end $x_1 = 0$ to the stress level represented by point B in this figure. In the figure 14 the profile of the temperature wave is also shown. It is seen that the energy dissipation results in the reduction of the constant state region and causes stress reduction up to about 15 % in some cross-sections.

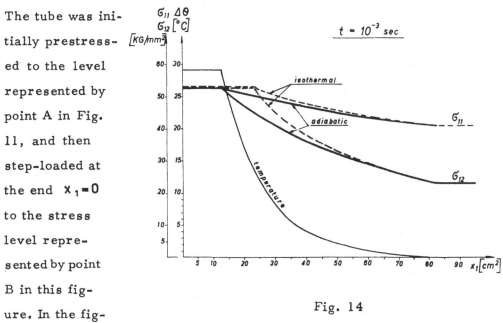

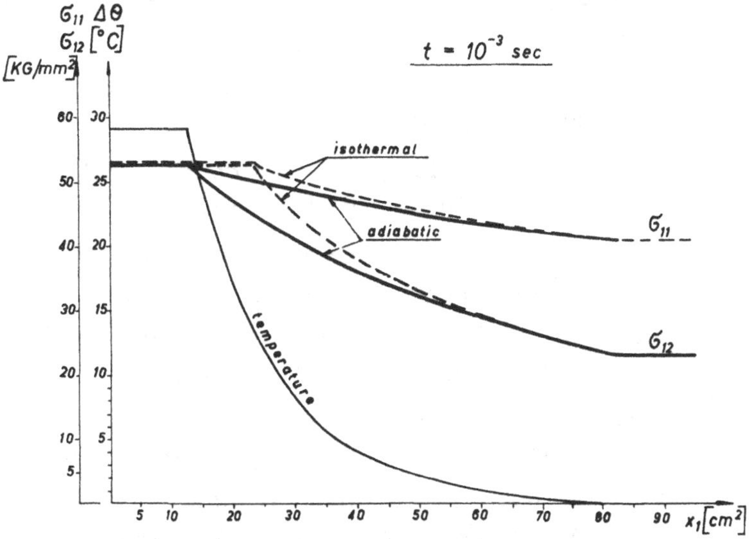

Fig. 14

BIBLIOGRAPHY

[1] Thomas, T.Y: "On the characteristic surfaces of the von Mises plasticity equations", J. Rational Mech. and Anal., 1, 1952, p. 355.

[2] Thomas, T.Y.: "Plastic flow and fracture in solids", Academic Press, N.Y. 1961.

[3] Mandel, J.: "Ondes plastiques dans un milieu indéfini à trois dimensions", Journal de Mécanique, Vol. 1 No 1, 1962, p. 3-30.

[4] Hill, R.: "Acceleration waves in solids", J. Mech. Phys. of Solids, Vol. 10, No. 1, 1962, p. 1-16.

[5] Mandel, J.: "Thermodynamique et ondes dans les milieux viscoplastiques", J. Mech. Phys. of Solids, Vol. 17, 1969, pp. 125-140.

[6] Mroz, Z., Raniecki B.: "On the uniqueness problem in coupled thermoplasticity", Int. J. Engn. Sci., Vol. 13, 1975 (in print).

[7] Prager, W.: "Non-isothermal plastic deformation" K. Nederl. Ak. Wetensch., Proc., Vol LXI, ser. B., 1958, p. 176-192.

[8] Nguyen Quoc Son: "Contribution à la théorie macroscopique de l'élastoplasticité avec ecrouissage" These de doctorat d'état es - sciences physiques, a l'Université de Paris VI, 1973.

[9] Mroz, Z., Raniecki, B.: "A note on variational principles in coupled thermoplasticity", Bull. Pol. Acad. Sci, Ser. des Sc. Techn., Vol. XXIII, No 3, 1975.

[10] Piau, M.: "Ondes d'accélération dans les milieux elastoplastiques viscoplastiques", Journ. de Mécanique, Vol. 14, No 1, 1975, pp. 1-38.

[11] Kestin, J., Rice, J.R.: "Paradoxes in the application of thermodynamics to strained solids - A critical Rev. of Thermodynamics", Mono Book Corp., USA, 1970, pp. 275-298.

[12] Raniecki, B.: "The influence of dynamical thermal expansion on the propagation of plane elastic-plastic stress waves", Quart. Appl. Math., July 1971, pp. 277-290.

[13] Rakhmatulin, K.A.: "On the propagation of elastic-plastic waves owing to combined loading", Appl.Math.Mech. PMM, Vol. 22, 1958, pp. 1079-1088.

[14] Cristescu, N.: "On propagation of elastic-plastic waves for combined stresses", Appl.Math.Mech. PMM, Vol. 23, 1959, pp. 1605-1612.

[15] Bleich, H.H., Nelson, I.: "Plane waves in an elastic-plastic half space due to combined surface pressure and shear" J. Appl.Mech., Vol. 33, 1966, pp. 149-158.

[16] Fukuoka, H.: "Infinitesimal plane waves in elastic-plastic tubes under combined tension-torsion loads", Proc. of Sixteenth Japan Nat. Congr.Appl. Mech., 1966, pp. 110-133.

[17] Clifton, R.J.: "An analysis of combined longitudinal and torsional plastic waves in a thin-walled tube", Fifth U.S. Nat.Congr. of Appl.Mech., Proceedings ASME, N.Y. 1966, pp. 465-480.

[18] Cristescu, N.: "Dynamic plasticity", J.Wiley & Sons Inc. N.Y. 1968.

[19] Nowacki, W.K.: "Wave problems in the theory of plasticity", P.W.N., Warsaw 1974, in Polish.

[20] Herrman, W.: "Nonlinear stress waves in metals" in Wave Propagation in Solids, ASME, 1969, pp. 129-183.

[21] Lee; E.H.: "Some recently developed aspects of plastic wave analysis" in Wave Propagation in Solids, ASME, 1969, pp.115-128.

[22] Ting, T.G.: "A unified theory of elastic-plastic wave propagation of combined stress", Proc.Symp. Foundation of Plasticity", Ed. A.Swaczuk, Noordhoff Int. Publish., Leiden 1973, pp. 301--316.

[23] Manjoine, M.J.: "Influence of rate of strain and temperature on yield stresses of mild steel", J.Appl. Mech., Vol. 11, 1944, pp. 211-218.

[24] Litonski, J.: "The study of plastic torsion instabilities using thermomechanical coupling; local instability" (yet unpublished).

[25] Podolak, K., Raniecki, B.:" The influence of energy dissipation on the propagation of elastic-plastic waves" (yet unpublished).

ONDES DANS LES MILIEUX VISCOPLASTIQUES
QUELQUES METHODES DE SOLUTIONS NUMERIQUES

W.K.NOWACKI
Centre Scientifique de l'Académie
Polonaise des Sciences à Paris
74,rue Lauriston, 75116 Paris
Ecole Polytechnique, Laboratoire
de Mécanique des Solides
91120 Palaiseau

1. EQUATIONS DYNAMIQUES EN VISCOPLASTICITE

1.1. Relations de comportement

On suppose qu'il existe une frontière des déformations viscoplastiques définie par

$$F(\boldsymbol{\sigma}, \alpha) = 0 , \tag{1.1}$$

où $\boldsymbol{\sigma}$ - tenseur contrainte , α - famille de paramètres cachés et observables caractèrisant l'état interne du matériau (ou l'écrouissage).

La déformation viscoplastique apparaîtra uniquement lorsque $F(\boldsymbol{\sigma}, \alpha) > 0$ (voir [19]). Le tenseur vitesse de déformation viscoplastique $\dot{\boldsymbol{\varepsilon}}^{vp}$ et $\dot{\alpha}$ ne sont liés qu'aux valeurs actuelles de $\boldsymbol{\sigma}$ et de α (indépendantes de $\dot{\boldsymbol{\sigma}}$). On écrit alors:

$$\begin{aligned} \dot{\boldsymbol{\varepsilon}}^{vp} &= \dot{\boldsymbol{\varepsilon}}^{vp}(\boldsymbol{\sigma}, \alpha) \cdot H\{ F(\boldsymbol{\sigma}, \alpha)\} , \\ \dot{\alpha} &= G(\boldsymbol{\sigma}, \alpha) , \end{aligned} \tag{1.2}$$

où H - fonction de Heaviside, les fonctions G , F et $\dot{\boldsymbol{\varepsilon}}^{vp}$ sont généralement déterminées expérimentalement.

Pour la plupart des matériaux , il n'y a pas de déformation irréversible instantanée. Les relations de comportement en élasto-viscoplasticité se mettent sous la forme:

$$\begin{aligned} \dot{\boldsymbol{\varepsilon}} &= \mathbb{L} \cdot \dot{\boldsymbol{\sigma}} + \dot{\boldsymbol{\varepsilon}}^{vp} \cdot H\{ F(\boldsymbol{\sigma} , \alpha)\} \\ \dot{\alpha}^{vp} &= G(\boldsymbol{\sigma} , \alpha) , \end{aligned} \tag{1.3}$$

$\mathbb{L}$ - matrice des complaisances élastiques.

Dans le cas particulier, des équations de comportemant de Perzyna [9] ,on pose:

$$F(\sigma_{ij} , \alpha) = \frac{f(\sigma_{ij} , \varepsilon_{ij}^{vp})}{\kappa} - 1 , \tag{1.4}$$

où $f(\sigma_{ij} , \varepsilon_{ij}^{vp})$ dépend de l'état des contraintes σ_{ij} et de l'état des déformations viscoplastiques ε_{ij}^{vp} : ($\varepsilon_{ij} = \varepsilon_{ij}^{e} + \varepsilon_{ij}^{vp}$). Le paramètre κ est le paramètre d'écrouissage, défini par:

$$\kappa = \kappa(W_p) = \kappa(\int_0^t \sigma^{kl} \, d\varepsilon_{vp}^{kl}) , \tag{1.5}$$

W_p désigne l'énergie des déformations plastiques du milieu. Les équations de comportement ont la forme suivante:

$$\dot{\varepsilon}_{ij} = \underbrace{\frac{1}{2\mu} \dot{s}_{ij} + \frac{1 - 2\nu}{E} \dot{\sigma}_{kk} \, \delta_{ij}}_{\dot{\varepsilon}_{ij}^{e}} + \underbrace{< \Phi(F) > \frac{\partial f}{\partial \sigma_{ij}} \gamma}_{\dot{\varepsilon}_{ij}^{vp}} , \tag{1.6}$$

où:

ε_{ij} sont les composantes du tenseur des déformations,

s_{ij} composantes du tenseur déviateur des contraintes,

E le module d'Young,

ν coefficient de Poisson,

μ module de cisaillement,

γ coefficient de viscosité du matériau,

Φ est en général une fonction non linéaire de son argument F .

Le symbole $<\Phi(F)>$ est défini comme suit:

$$<\Phi(F)> = \begin{cases} 0 & \text{si } F \leqq 0 \\ \Phi(F) & \text{si } F > 0 \end{cases} .$$

La fonction $\Phi(F)$ est déterminée expérimentalement [9] .

Les équations (1.6) montrent que la vitesse de déformation viscoplastique est une fonction de la différence entre l'état réel et l'état correspondant à la condition d'écoulement statique (analogue à la loi de Maxwell). Les composantes élastiques du tenseur des déformations sont indépendantes de la vitesse de déformation.

Les équations de comportement (1.6) sont écrites en coordonnées cartesiennes. Ces relations s'écrivent en coordonnées curvilignes sous la forme suivante (en composantes contravariantes du tenseur des contraintes σ^{ij} et du tenseur de vitesse de déformation d^{ij} dans la base naturelle)

$$d^{ij} = \frac{1}{2\mu}\dot{s}^{ij} + \frac{1-2\nu}{E}\,\text{Trace}\,\dot{\sigma}^k_{\ k}\, g^{ij} + \gamma<\Phi(F)>\frac{\partial f}{\partial \sigma_{ij}} \qquad (1.8)$$

avec

$$s^{ij} = \sigma^{ij} - \frac{1}{3}\,\text{Trace}\,\sigma^k_{\ k}\, g^{ij} , \quad \sigma^k_{\ k} = g_{km}\sigma^{km} .$$

Le tenseur de vitesse de déformation d^{ij} est défini comme suit:

$$d^k_l = \frac{1}{2}\left(\frac{Dv^k}{\partial q^l} + \frac{Dv^l}{\partial q^k}\right), \qquad d^{ij} = g^{jn}\, d^i_n , \qquad (1.9)$$

où v^i désignent les composantes contravariantes du vecteur de vitesse $v^i = \frac{Dq^i}{dt}$; $\frac{Dv^i}{\partial q^j}$ représentent les dérivées covariantes, et sont définies de la façon suivante;

$$\frac{Dv^k}{\partial q^l} = \frac{\partial v^k}{\partial q^l} + \Gamma^k_{jl} \; v^j , \qquad (1.10)$$

q^i désignent les coordonnées du point en coordonnées curvilignes,
g_{ij} sont les composantes du tenseur métrique,
Γ^k_{jl} sont les symboles de Christoffel de deuxième espèce.

Le tenseur de déformation en coordonnées curvilignes orthogonales quelconques, et en petites déformations, a la forme suivante:

$$\begin{aligned} \varepsilon_{ij} &= \frac{1}{2} \left(g_{\underline{ii}} \frac{\partial \xi^{\underline{i}}}{\partial q^j} + g_{\underline{jj}} \frac{\partial \xi^j}{\partial q^i} \right) && \text{pour } i \neq j , \\ \varepsilon_{ii} &= \frac{\partial \xi^{\underline{i}}}{\partial q^{\underline{i}}} + \frac{1}{2} \frac{\partial g_{\underline{ii}}}{\partial q^k} \xi^k && \text{pour } i = j , \\ & && (\, \underline{i} \; : \text{pas de sommation en } i \,) , \end{aligned} \qquad (1.11)$$

où $\vec{\xi}$ représente le vecteur de déplacement. Les composantes contravariantes du tenseur de déformation sont les suivantes:

$$\varepsilon^{ij} = g^{im} \, g^{jn} \, \varepsilon_{mn} \, .$$

Les composantes physiques du tenseur de contrainte $\sigma^{(ij)}$, les composantes physiques du tenseur de déformation $\varepsilon^{(ij)}$, et les composantes physiques du vecteur de vitesse $v^{(i)}$, sont définies de la façon suivante:

$$\sigma^{(ij)} = \sigma^{\underline{ij}} \, h_{\underline{i}} \, h_{\underline{j}} \; , \quad \varepsilon^{(ij)} = \varepsilon^{\underline{ij}} \, h_{\underline{i}} \, h_{\underline{j}} \; , \quad v^{(i)} = v^{\underline{i}} \, h_{\underline{i}} \; ,$$

avec $h_i = \sqrt{g_{\underline{ii}}}$.

1.2. Equations de la dynamique.

Nous écrivons à présent les équations du mouvement en coordonnées curvilignes. Ces équations ont la forme [4] :

$$\frac{D\sigma^{ij}}{\partial q^j} + \rho(F^i - a^i) = 0 , \qquad (1.12)$$

où: $\vec{F}$ est la force de masse (nous supposerons dans la suite $\vec{F} = 0$) ,

ρ - densité, $\vec{a}$ est l'accélération.

Les composantes contravariantes du vecteur d'accélération a^i sont définies de la façon suivante:

$$a^i = \frac{\partial v^i}{\partial t} + \frac{\partial v^i}{\partial q^k} v^k + \Gamma^i_{hk} v^h v^k . \tag{1.13}$$

Dans le cas du système des coordonnées curvilignes orthogonales, les équations du mouvement (1.12) avec (1.13) prennent la forme suivante:

$$\frac{1}{\sqrt{g}} \frac{\partial}{\partial q^j} \{\sqrt{g}\, \sigma^{ij} g_{\underline{ii}}\} - \frac{1}{2} \{ \sigma^{\underline{jj}} \frac{\partial g_{\underline{jj}}}{\partial q^i} \} = g_{\underline{ii}}\, \rho\, a^i , \tag{1.14}$$

avec g déterminant de la matrice g_{ij} .

L'équation de continuité s'écrit en coordonnées curvilignes et en variables d'Euler :

$$\sqrt{g} \frac{\partial \rho}{\partial t} + \frac{\partial}{\partial q^i} (\rho \sqrt{g}\, v^i) = 0 . \tag{1.15}$$

1.3. Relations de compatibilité.

Dans le cas de propagation des ondes de discontinuité forte (discontinuité d'ordre 1 : c'est-à-dire la vitesse $\vec{v}$ et les composantes du tenseur σ_{ij} et ε_{ij} ont les discontinuités) , il faut satisfaire les relations de compatibilité cinématique et dynamique dues à Hadamard (voir J.Mandel [18]).

- condition de compatibilité dynamique :

$$\left[\sigma_{ij}\right] n^j = - \rho\, c \left[v_i \right], \tag{1.16}$$

- condition de compatibilité cinématique :

$$\left[v_j\right] = - \frac{c}{n_i} \left[\varepsilon_{ij} + \omega_{ij}\right] , \tag{1.17}$$

$$\varepsilon_{ij} = u_{(j,i)} , \quad \omega_{ij} = u_{[j,i]} ,$$

où : c appelé célérité de l'onde,

$\vec{n}$ est le vecteur normal à l'onde.

Dans le cas, quand le mouvement est irrotationel nous avons $\omega_{ij} = 0$. La condition de compatibilité cinématique (1.17) s'écrit alors:

$$\left[v_j \right] = - \frac{c}{n_i} \left[\varepsilon_{ij} \right] \quad . \tag{1.18}$$

2. FORME DES EQUATIONS DE LA PROPAGATION DES ONDES DANS LES MILIEUX UNIDIMENSIONNELS ET BIDIMENSIONNELS.

De nombreux problèmes concernant la propagation des ondes dans les milieux viscoplastiques ont déja été traités. Mais, ils sont tous fondés sur hypothèse restrictives pour le milieu et les conditions aux limites afin d'obtenir un problème à une seule variable spatiale. C'est le cas par exemple :

1. Symétrie du milieu et des conditions aux limites, donc par conséquant problème à symètrie cylindrique ou sphérique,
2. Demi-espace chargé uniformément sur sa surface.

Mais en réalité, il est rare que la distribution des contraintes sur la surface d'un milieu soit uniforme. En général, dans le cas d'une explosion sur la surface d'un milieu, il y a une concentration de pression sur une partie de la surface et à l'extérieur de celle-ci la pression décroit (rapidement).

La résolution de tels problèmes est difficile. Jusqu'à présent dans la littérature, il n'y a pas beaucoup de travaux concernant ces problèmes qui sont importants du point de vue pratique. Ils nécessitent d'une part des traitements théoriques et d'autre part des calculs numériques assez compliqués. Le problème de la détermination des vitesses de propagation des ondes a été traité dans quelques communications.

Dans cet exposé nous allons présenter d'abord quelques remarques concernant des solutions des problèmes de la propagation des ondes dans un milieu unidimensionnel. Nous voulons présenter ensuite le problème de la propagation des ondes dans un milieu bidimensionnel. Nous avons deux variables spatiales et une variable temporelle. Nous faisons l'hypothèse des petites déformations.

2.1. Exemple d'une tige.

Considérons l'exemple de la propagation des ondes dans une tige. Nous avons le système des équations à resoudre:

$$\dot{\varepsilon} = \frac{1}{E}\dot{\sigma} + \gamma^{*} < \Phi(F) > \text{sign}\,\sigma \quad , \tag{2.1}$$

d'après (1.6), avec $\gamma^{*} = \frac{2}{\sqrt{3}}\gamma$,

et

$$\frac{\partial\sigma}{\partial x} = \rho\frac{\partial v}{\partial t} \quad , \quad \frac{\partial v}{\partial x} = \frac{\partial\varepsilon}{\partial t} \quad , \tag{2.2}$$

avec les conditions initiales :

$$\sigma(x,0) = \sigma_o(x) \quad , \quad v(x,0) = v_o(x) \quad , \quad \varepsilon(x,0) = 0 \; , \tag{2.3}$$

avec $\sigma_o(x)$, $v_o(x)$ donnés, et les conditions aux limites, par exemple:

$$\sigma(0,t) = \sigma_1(t) \; , \; v(l,t) = 0 \; , \; \text{pour } t > 0 \text{ et } \sigma_1(0) > 0 \quad , \tag{2.4}$$

$\sigma_1(t)$ donné, l - longeur d'une tige.

En plus, nous avons les conditions de compatibilité dynamique et cinématique suivante (voir (1.16) et (1.17)):

$$[\sigma] = \mp \rho c [v] \quad , \quad [v] = \mp c[\varepsilon] \quad , \tag{2.5}$$

avec $c = \sqrt{E/\rho}$.

Dans le cas considéré, le système des équations (2.1) et (2.2) prend alors la forme suivante :

$$L[\mathbf{u}] = \mathbf{A}\mathbf{u}_{,t} + \mathbf{B}\mathbf{u}_{,x} + \mathbf{D} = 0 \tag{2.6}$$

où : $\mathbf{u}^T = \{\sigma \;\; v\}$

$$\mathbf{A} = \begin{bmatrix} -\frac{1}{E} & 0 \\ 0 & -\rho \end{bmatrix} , \quad \mathbf{B} = \begin{bmatrix} 0 & 1 \\ 1 & 0 \end{bmatrix} , \quad \mathbf{D} = \begin{bmatrix} < D > \\ 0 \end{bmatrix}$$

avec : $< D > = - \gamma^{*} < \Phi(F) > \ \mathrm{sign}\sigma$.

2.2. Exemple d'un massif semi-infini contenant une cavité.

Nous allons commencer par un cas particulier de propagation des ondes. Nous étudions d'abord le mouvement du demi espace élasto-visco-plastique $x^1 > 0$ chargé à sa surface par une force normale, variable en fonction du temps en chaque point de sa surface, suivant l'axe x^2 , mais constante en fonction de l'axe x^3 (Fig.1),

$$\sigma^{(11)} = - p_0(x^2,t) \ , \tag{2.7}$$

et par des contraintes tangentielles quelconques en fonction du temps:

$$\sigma^{(12)} = - p_1(x^2,t) \ . \tag{2.8}$$

Nous supposons de plus que ce massif contient une cavité cylindrique de rayon $r = r_0$ parallèle à l'axe x^3 et située à une profondeur h par rapport à la surface du massif.

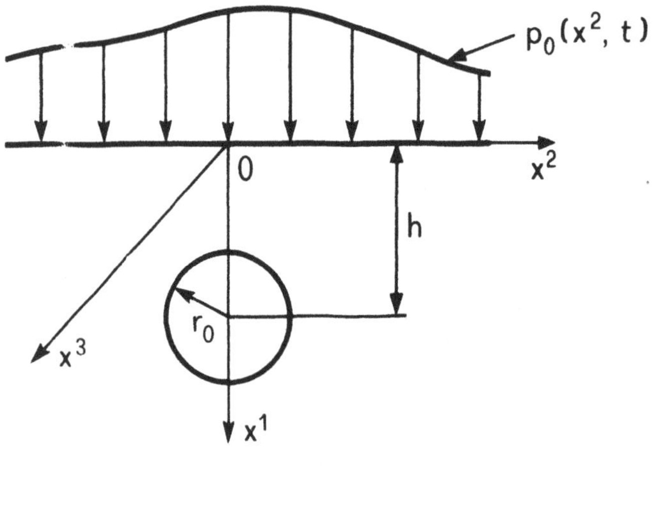

Fig.1.

Dans ce cas le mouvement du massif est en déformations planes (il ne dépend pas de la composante du vecteur de déplacement suivant de l'axe x^3, c'est-à-dire $u^3 = 0$), et nous avons pour le tenseur déformations $\varepsilon^{33} = \varepsilon^{13} = \varepsilon^{23} = 0$, ainsi que pour le tenseur contrainte : $\sigma^{13} = \sigma^{23} = 0$.

Dans notre problème particulier, il semble utile d'introduire des coordonnées curvilignes bipolaires pour les raisons suivantes :

1. En coordonnées bipolaires, on peut très facilement satisfaire les conditions aux limites sur la surface du demi espace et en même temps sur la cavité cylindrique,
2. En coordonnées bipolaires, le domaine semi infini extérieur à la cavité (semi espace) se transforme dans un domaine borné,
3. En coordonnées bipolaires, on peut aussi facilement présenter les autres problèmes de propagation des ondes, comme par exemple :
   i - Problème de la diffraction des ondes cylindriques sur un autre contour cylindrique dans un espace infini (Fig.2),

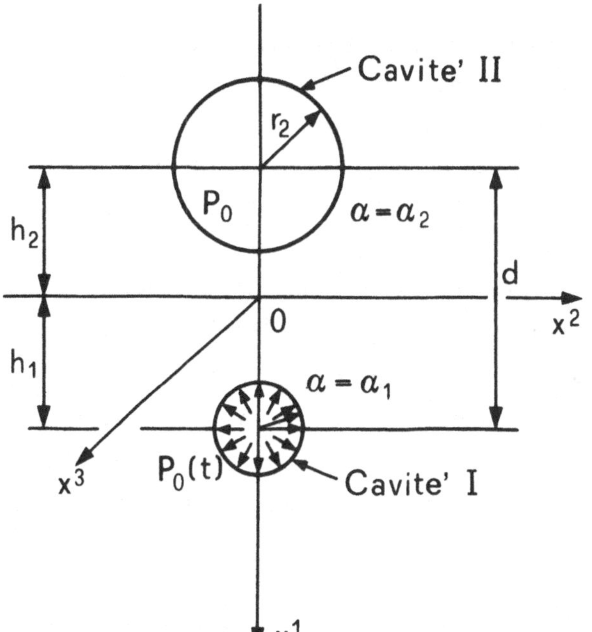

Fig.2.

ii - Propagation des ondes dans un cylindre contenant une cavité cylindrique non concentrique, provoquée par des chargements dynamiques (Fig.3) ,

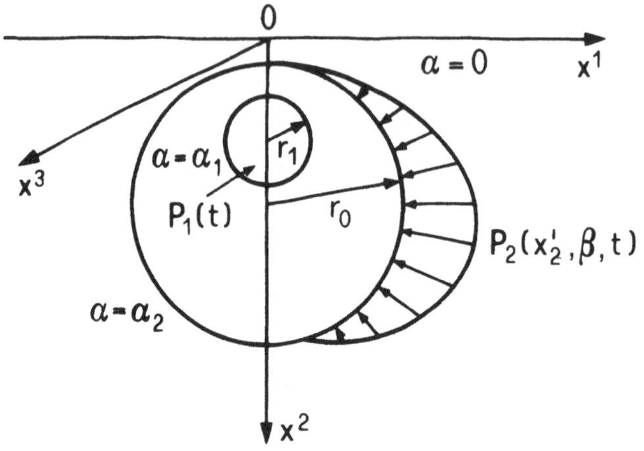

Fig.3.

iii - Les mêmes problèmes pour des ondes sphériques (problèmes de révolution) .

Remarque: Aussi que nous le verrons plus loin, nous pouvons considérer les problèmes de propagation unidimensionelle (ondes plane, onde spherique, onde cylindrique) comme cas particuliers de ceux mentiones ci-dessus.

Dans le plan (x^1, x^2) , nous avons choisi le système des coordonnées bipolaires (α, β) (voir [1,2,3,17]) , x^1 et x^2 désignent les coordonnées d'un certain point M à l'intérieur du massif, et le rayon de la cavité cylindrique, X et Y sont les coordonnées réduites du point M : $X = x^1/r_o$, $Y = x^2/r_o$; h_r est la profondeur réduite de la cavité par rapport à la surface du massif : $h_r = h/r_o$.

Nous avons alors :

$$\alpha = \ln \frac{r_1}{r_2} \quad , \quad \beta = \theta_1 - \theta_2 \quad ,$$

$$X = a\,\frac{\mathrm{sh}\,\alpha}{\mathrm{ch}\,\alpha - \cos\beta} \quad , \quad Y = a\,\frac{\sin\beta}{\mathrm{ch}\,\alpha - \cos\beta} \quad , \quad Z = \frac{x^3}{r_o} \quad , \tag{2.9}$$

avec $a = \sqrt{h_r - 1}$.

Dans le plan (α , β) le domain extérieur à la cavité devient un rectangle OO'A'A (Fig.4) .

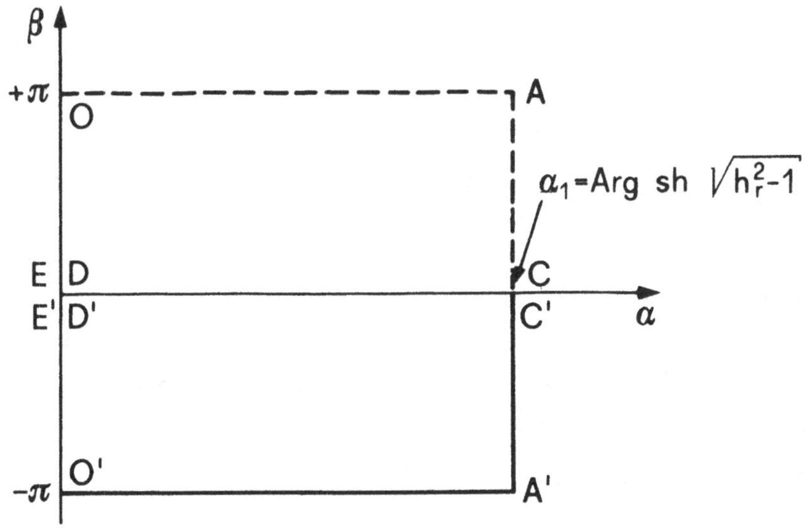

Fig.4.

Le tenseur métrique g_{ij} en coordonnées bipolaires (α, β) a pour composantes :

$$g_{11} = \frac{a^2}{(\mathrm{ch}\,\alpha - \cos\beta)^2} \quad , \quad g_{22} = g_{11} \quad , \quad g_{33} = 1 \; . \tag{2.10}$$

Les symboles de Christoffel de deuxième espèce ont la forme suivante :

$$\Gamma^1_{11} = \frac{-\,\mathrm{sh}\,\alpha}{\mathrm{ch}\,\alpha - \cos\beta} \quad , \quad \Gamma^2_{11} = \frac{\sin\beta}{\mathrm{ch}\,\alpha - \cos\beta} \quad , \qquad (2.11)_1$$

$$\Gamma^{2}_{12} = \Gamma^{2}_{21} = -\Gamma^{1}_{22} = \Gamma^{1}_{11} \quad \text{et} \quad \Gamma^{1}_{12} = \Gamma^{1}_{21} = \Gamma^{2}_{22} = -\Gamma^{2}_{11} , \qquad (2.11)_2$$

(les autres sont égaux à zero).

Dans ce problème particulier que nous considérons ici, le tenseur de vitesse de déformation a pour composantes:

$$\begin{aligned}
d^{\alpha\alpha} &= d(\alpha,\beta,t) = \{ \frac{\partial v^{\alpha}}{\partial\alpha} - \frac{1}{\mathrm{ch}\alpha - \cos\beta}(v^{\alpha} \,\mathrm{sh}\, \alpha + v^{\beta} \sin \beta)\} g^{11} , \\
d^{\alpha\beta} &= d^{\alpha\beta}(\alpha, \beta,t) = \frac{1}{2} (\frac{\partial v^{\alpha}}{\partial\beta} + \frac{\partial v^{\beta}}{\partial\alpha}) g^{11} = d^{\beta\alpha} , \qquad (2.12) \\
d^{\beta\beta} &= d^{\beta\beta}(\alpha, \beta,t) = \{\frac{\partial v^{\beta}}{\partial\beta} - \frac{1}{\mathrm{ch}\alpha - \cos\beta} (v^{\alpha} \,\mathrm{sh}\alpha + v^{\beta}\sin \beta) \} g^{11} ,
\end{aligned}$$

les autres composantes d^{zz} , $d^{\alpha z}$, $d^{\beta z}$ sont nulles.

En coordonnées bipolaires (α,β,z) les seules composantes non nulles du tenseur de contrainte σ^{ij} sont : (en représentation contravariante)

$$\begin{aligned}
&\sigma^{\alpha\alpha}=\sigma^{\alpha\alpha}(\alpha,\beta,t) , \quad \sigma^{\beta\beta} =\sigma^{\beta\beta}(\alpha,\beta,t) , \\
&\sigma^{\alpha\beta}=\sigma^{\alpha\beta}(\alpha,\beta,t) , \quad \sigma^{zz} =\sigma^{zz}(\alpha,\beta,t) ,
\end{aligned} \qquad (2.13)$$

et le tenseur de déformation a pour composantes :

$$\varepsilon^{\alpha\alpha} = \varepsilon^{\alpha\alpha}(\alpha,\beta,t) , \quad \varepsilon^{\beta\beta} = \varepsilon^{\beta\beta}(\alpha,\beta,t) , \quad \varepsilon^{\alpha\beta} = \varepsilon^{\alpha\beta}(\alpha,\beta,t) \qquad (2.14)$$

(les autres sont nulles).

En tenant compte des conditions (2.13) et (2.14) les équations du comportement (quatre équations) et les équations du mouvement (deux équations) peuvent être écrites sous la forme :

$$L\left[\mathbf{u}\right] = \mathbf{A}\,\mathbf{u},_{t} + \mathbf{B}\,\mathbf{u},_{\alpha} + \mathbf{C}\,\mathbf{u},_{\beta} + \mathbf{D} = 0 , \qquad (2.15)$$

où **u** est une fonction vectorielle à six composantes

$$\mathbf{u}^T = \{ v^\alpha \quad v^\beta \quad \sigma^{\alpha\beta} \quad \sigma^{\alpha\alpha} \quad \sigma^{\beta\beta} \quad \sigma^{zz} \}$$

A , **B** , **C** sont des matrices. Les éléments de **A** , **B** , **C** sont fonctions des α, β, t et **u** :

$$\mathbf{A} = \begin{bmatrix} \rho & 0 & 0 & 0 & 0 & 0 \\ 0 & \rho & 0 & 0 & 0 & 0 \\ 0 & 0 & \frac{1}{\mu} g_{11} & 0 & 0 & 0 \\ 0 & 0 & 0 & b_2 & -g_{11}b_3 & -b_3 \\ 0 & 0 & 0 & -b_3 g_{11} & b_2 & -b_3 \\ 0 & 0 & 0 & -b_3 & -b_3 & b_2 g^{11} \end{bmatrix} ,$$

$$\mathbf{B} = \begin{bmatrix} \rho v^\alpha & 0 & 0 & -1 & 0 & 0 \\ 0 & \rho v^\alpha & -1 & 0 & 0 & 0 \\ 0 & -1 & 0 & 0 & 0 & 0 \\ -1 & 0 & 0 & 0 & 0 & 0 \\ 0 & 0 & 0 & 0 & 0 & 0 \\ 0 & 0 & 0 & 0 & 0 & 0 \end{bmatrix} , \quad \mathbf{C} = \begin{bmatrix} \rho v^\beta & 0 & -1 & 0 & 0 & 0 \\ 0 & \rho v^\beta & 0 & 0 & -1 & 0 \\ -1 & 0 & 0 & 0 & 0 & 0 \\ 0 & 0 & 0 & 0 & 0 & 0 \\ 0 & 0 & 0 & 0 & 0 & 0 \\ 0 & -1 & 0 & 0 & 0 & 0 \end{bmatrix} .$$

D est un vecteur fonction non linéaire de **u** :

$$\mathbf{D}^T = \{ \quad -\phi_1 \quad -\phi_2 \quad \Phi_{44} \quad \Phi_{11} \quad \Phi_{22} \quad \Phi_{33} \} ,$$

où :

$$\phi_1 = \frac{1}{\mathrm{ch}\,\alpha - \cos\beta}\{\mathrm{sh}\alpha\ (\sigma^{\alpha\alpha}+\sigma^{\beta\beta}-\rho(v^\alpha)^2 + \rho(v^\beta)^2) + 2\rho\sin\beta\ v^\alpha\ v^\beta \} ,$$

$$\phi_2 = \frac{1}{\mathrm{ch}\,\alpha - \cos\beta}\{\sin\beta\ (\sigma^{\alpha\alpha}+\sigma^{\beta\beta}-\rho(v^\alpha)^2 + \rho(v^\beta)^2) + 2\rho\ \mathrm{sh}\alpha\ v^\alpha\ v^\beta \} ,$$

$$\Phi_{11} = \frac{1}{\mathrm{ch}\,\alpha - \cos\beta}\{ v^\alpha \mathrm{sh}\alpha + v^\beta \sin\beta \} + \gamma < \tilde{\Phi}(F) > (\sigma^{\alpha\alpha} - \frac{1}{3}\sigma\, g^{11})\ g_{11} ,$$

$$\Phi_{22} = \frac{1}{ch\alpha - \cos\beta}\{v^\alpha sh\alpha + v^\beta \sin\beta\} + \gamma < \tilde{\Phi}(F) > \quad (\sigma^{\beta\beta} - \frac{1}{3}\sigma\, g^{11})\, g_{11} \ ,$$

$$\Phi_{33} = (g^{11})^2 \quad \gamma < \tilde{\Phi}(F) > \quad (\sigma^{zz} - \frac{1}{3}\sigma\, g^{11}) \quad ,$$

$$\Phi_{44} = 2 \quad \gamma < \Phi(F) > \sigma^{\alpha\beta} g_{11} \ ,$$

avec : $b_2 = \dfrac{\Gamma^2 - 1}{3\,\Gamma^2 - 4}\ \Gamma^2\, g_{11}$, $b_3 = \dfrac{2 - \Gamma^2}{2(3\,\Gamma - 4)}\ \Gamma^2$,

$$\gamma < \tilde{\Phi}\,(F) > \; = \; \gamma < \Phi\,(F) > \quad \frac{1}{\sqrt{J_2}} \quad ,$$

où : $J_2 = \frac{1}{2}\{\, g_{11}^2\, ((\sigma^{\alpha\alpha})^2 + (\sigma^{\beta\beta})^2 + 2(\sigma^{\alpha\beta})^2) + (\sigma^{zz})^2 -$

$- \frac{1}{9}\,(\sigma^{\alpha\alpha} + \sigma^{\beta\beta} + \sigma^{zz} g^{11})^2\ (2\, g_{11}(3 - g_{11}) - 1)\}$.

Nous devons résoudre ce système d'équations avec les conditions initiales pour $t = 0$:

$$\sigma^{\alpha\alpha}(\alpha,\beta,0) = \sigma^{\beta\beta}(\alpha,\beta,0) = \sigma^{\alpha\beta}(\alpha,\beta,0) = \sigma^{zz}(\alpha,\beta,0) \equiv 0 \ ,$$
$$v^\alpha(\alpha,\beta,0) = v^\beta\,(\alpha,\beta,0) \equiv 0 \quad , \qquad (2.16)$$

et avec les conditions aux limites :

... sur $\alpha = 0$ (surface du massif)

$$\sigma^{\alpha\alpha}(0,\beta,t) = \frac{1}{a^2}\ (1 - \cos\beta)^2 \cdot \sigma_o^{\alpha\alpha}(\beta,t) \quad ,$$
$$\sigma^{\alpha\beta}(0,\beta\ t) = \frac{1}{a^2}\ (1 - \cos\beta)^2 \cdot \sigma_o^{\alpha\beta}(\beta,t) \quad , \qquad (2.17)$$

où : $\sigma_o^{\alpha\alpha}(\alpha,t)$ est la composante physique normale à la surface du tenseur de contrainte ;

... sur $\alpha = \alpha_1$ (cavité) , avec $\alpha_1 = \mathrm{Arg\ sh}\ (\sqrt{h_r^2 - 1})$

$$\sigma^{\alpha\alpha}(\alpha_1,\beta,t) = \frac{1}{a^2}\ (h_r - \cos\beta\,)^2\ \sigma_o^{\alpha\alpha}(\beta,t) \ ,$$
$$\sigma^{\alpha\beta}(\alpha_1,\beta,t) = \frac{1}{a^2}\ (h_r - \cos\beta\,)^2\ \sigma_o^{\alpha\beta}(\beta,t) \quad \text{avec} \quad \alpha_1 = \mathrm{Arg\ sh}\ a \ . \qquad (2.18)$$

3. LES METHODES DE SOLUTIONS

3.1. Problèmes unidimensionnels

3.1.1. Méthode des caractéristiques. Dans les prolèmes unidimensionnels de propagation des ondes dans un milieu plastique ou viscoplastique, la méthode des caractéristiques est la plus souvent utilisée (voir R.Courant, D.Hilbert [20]). Dans le cas où le mouvement du milieu considéré dépend d'une seule variable spatiale x , le système des équations prend alors la forme (2.6) :

$$L\left[\mathbf{u}\right] = \mathbf{A}\,\mathbf{u}_{,t} + \mathbf{B}\,\mathbf{u}_{,x} + \mathbf{D} = 0 \ , \qquad (3.1)$$

Quand la matrice $\mathbf{A}$ est singulière en un point (x_o,t_o) la ligne $x = x_o$ est appelée la ligne caractéristique du point (x_o,t_o) . Dans le cas contraire cette ligne est non caractéristique.

Nous allons poser le problème de Cauchy sur un ligne C , d'équation $\phi(x,t) = 0$. Sur cette ligne, nous nous donnons $\mathbf{u}$.

Sur cette ligne nous pouvons écrire :

$$d\,\mathbf{u} = \mathbf{u}_{,x}\,dx + \mathbf{u}_{,t}\,dt \ ,$$

et aussi

$$\phi_{,t}\,dt + \phi_{,x}\,dx = 0 \ .$$

Alors, (3.1) prend la forme suivante:

$$L\left[\mathbf{u}\right] = \mathbf{A}\,\frac{d\mathbf{u}}{dt} + (\mathbf{B} - c\,\mathbf{A})\,\mathbf{u}_{,x} + \mathbf{D} = 0 \ , \qquad (3.2)$$

où $c = \frac{dx}{dt} = -\,\phi_{,t}/\phi_{,x}$.

La condition nécessaire et suffisante pour définir d'une façon unique toutes les dérivées prémieres du vecteur $\mathbf{u}$ sur C est :

$$Q = \left|\mathbf{B} - c\,\mathbf{A}\right| \neq 0 \ , \qquad (3.3)$$

Q est appelé le déterminant caractéristique du système (3.1) . Alors, quand $c(x,t)$ est une solution réelle de l'équation algébraique $Q = 0$, les lignes C déterminées par l'équation differentielle

$$\frac{dx}{dt} = - \frac{\phi,_t}{\phi,_x} = c \tag{3.4}$$

sont des lignes caractéristiques.

Il faut souligner, que dans le cas de propagation des ondes élasto-viscoplastiques (avec les équations de comportement du type (1.8)), le système d'équations (3.1) est du type semi-linéaire c.à.d. des composantes de $\mathbf{A}$ et $\mathbf{B}$ sont les fonctions de x et t seulement. Nous pouvons aperçevoir facilement que le vecteur $\mathbf{D}$ (non linéaire de $\mathbf{u}$) n'a pas d'influence sur la vitesse de propagation des ondes.

Remarque: Les céléritées des ondes viscoplastiques sont donc les mêmes que celles des ondes élastiques.

Le système des équations (3.1) peut être remplacé par le système des équations différentielles le long des caractéristiques :

$$\mathbf{1} \cdot L\left[\mathbf{u}\right] = \mathbf{1} \cdot \mathbf{A} \cdot \left(\frac{d\mathbf{u}}{dt}\right) + \mathbf{1} \cdot \mathbf{D} = 0 \ , \tag{3.5}$$

où $\mathbf{1}$ est un vecteur solution de

$$\mathbf{1} \cdot (\mathbf{B} - c\, \mathbf{A}) = 0 \ . \tag{3.6}$$

Les équations (3.5) donnent les relations le long des caractéristiques. Le vecteur $\mathbf{1}$ est déterminé d'après les équations (3.6). Dans le cas du système d'équations (3.1) nous obtenons un système (3.5) où seules interviennent les dérivées suivant la direction caractéristique dans chaque des ceux équations.

Pour la résolution des différents problèmes aux limites, on utilise très souvent méthode numérique qui consiste à remplacer les dérivées partielles par des différences finies.

Dans certains cas particuliers, nous pouvons trouver la solution exacte du problème considéré, principalement sur les surfaces des ondes de discontinuité forte (discontinuité du 1er ordre). En général, dans ce cas, sur l'onde nous avons des équations intégrales du type de Voltera de seconde espéce. Nous pouvons facilement résoudre ces équations par la méthode des itérations successives.

Remarque: Il faut souligner, que dans le cas du milieu élasto-viscoplastique étudie, les ondes de discontinuité forte sont dues uniquement aux conditions aux limites non-continues.

Le système des équations fondamentales (3.1) peut être remplacé, d'après (3.5),par le système des relations le long des caractéristiques $dx = \pm\ c\ dt$ et $dx = 0$:

$$d\sigma \mp \rho c\ dv \pm \rho c\ \gamma^* < \Phi(F) > dx = 0 \qquad (3.7)$$

$$\text{sur}\quad dx = \pm\ c\ dt\ .$$

L'onde $dx = +\ c\ dt$, peut être une onde de discontinuité forte, d'après $(3.7)_1$ et $(2.5)_1$ nous avons (en supposant que l'onde se propage dans un milieu non perturbé, σ et v devant le front de l'onde sont nuls) :

$$\sigma(x) = \sigma_1(0) - \int_0^x \Psi(\zeta,\sigma(\zeta))\,d\zeta \quad , \qquad (3.8)$$

avec

$$\Psi(x,\sigma(x)) = \frac{1}{2}\ \rho c\ \gamma^* < \Phi(F) >$$

et $\sigma(0) = \sigma_1(0)$ (voir (2.4)) comme la condition au limite,pour $x = 0$. Maitenant, nous pouvons facilement résoudre cet équation par la méthode des iterations successives.

3.1.2. Méthode d'intégration directe. Nous allons considérer le système des équations (3.1) sous la forme (2.1) et (2.2). Nous allons resoudre directement ce système avec les conditions initiales (2.3) et les conditions aux limites (2.4) (voir J.L.Lions [7]) .

Introduisons

$$h = \frac{1}{N+1} \quad , \quad x_j = j\, h \quad , \quad 0 \leqq j \leqq N+1 \qquad (3.9)$$

h est le pas d'espace. Soit Δt le pas de temps. Posons σ_j^n = approximation de $\sigma(jh, n\,\Delta t)$, v_j^n = approximation de $v(jh, n\,\Delta t)$.

Pour la discretisation de $\frac{d}{dt}$ et $\frac{d}{dx}$ (pour intégrer numériquement (2.1) et (2.2)) il y a une infinité de possibilités. Prenons par exemple les deux schémas de discretisation suivantes (voir Fig.5):

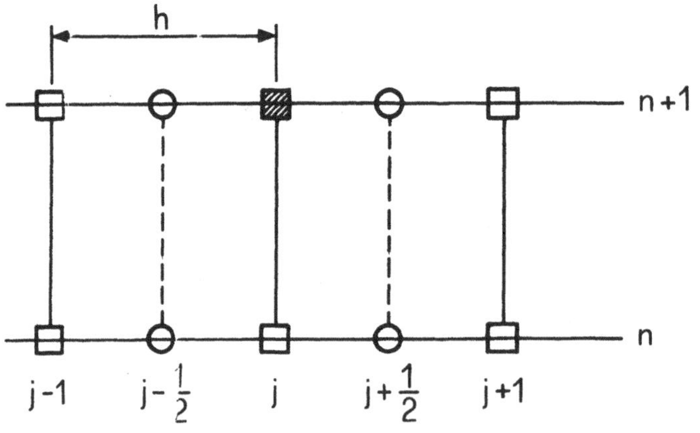

Fig.5.

$$\frac{v_{j+0.5}^n - v_{j-0.5}^n}{h} = \frac{1}{E}\,\frac{\sigma_j^{n+1} - \sigma_j^n}{\Delta t} + \gamma^{*}\langle\Phi\{F(\sigma_j^n\, ,\ \varepsilon_j^{(vp)n})\}\rangle \text{ sign } \sigma_j^n \ ,$$

$$\frac{\sigma_j^{n+1} - \sigma_{j-1}^{n+1}}{h} = \rho\,\frac{v_{j-0.5}^{n+1} - v_{j-0.5}^n}{\Delta t} \ , \qquad (3.10)$$

$$\frac{v_{j+0.5}^n - v_{j-0.5}^n + v_{j+0.5}^{n+1} - v_{j-0.5}^{N+1}}{2\,h} = \frac{1}{E}\ \frac{\sigma_j^{n+1} - \sigma_j^n}{\Delta t} +$$

$$+ \gamma^{*}\langle\Phi\{ F(\sigma_j^n , \varepsilon_j^{(vp)n})\} \rangle \text{ sign } \sigma_j^n \quad ,$$

$$\frac{\sigma_j^{n+1} - \sigma_{j-1}^{n+1} + \sigma_j^n - \sigma_{j-1}^n}{2\,h} = \rho\,\frac{v_{j-0.5}^{n+1} - v_{j-0.5}^n}{\Delta t} \quad . \tag{3.11}$$

On ajoute à ces équations les conditions initiales (2.3)

$$\sigma_j^o = \sigma_o(jh) \quad , \quad v_j^o = v_o(jh) \quad , \quad \varepsilon_j^o = \varepsilon_o(jh) \; , \tag{3.12}$$

et les conditions aux limites (2.4) :

$$\sigma_o^n = \sigma_1(n\,\Delta t) \qquad , \quad v_N^o = 0 \qquad \text{pour tout} \quad n \geqq 0 \; . \tag{3.13}$$

Le schéma (3.10) avec (3.12) et (3.13) donne explicitement σ_j^{n+1} et $v_{j-0.5}^{n+1}$. C'est un schéma explicite. Le schéma explicite (3.10) est stable si et seulement si :

$$c\,\frac{\Delta t}{h} \leqq 1 \quad , \tag{3.14}$$

avec $c = \sqrt{\frac{E}{\rho}}$ - célérité des ondes longitudinales dans une tige.

Le schéma (3.11) donne σ_j^{n+1} et $v_{j+0.5}^{n+1}$ par la résolution d'un système des équations linèaires. C'est un schéma implicite. Le schéma implicite (3.11) est toujour stable, i.e. quelque soient Δt et h .

3.1.3. Méthode d'intégration directe - la méthode de Treanor. Le système (3.10) nous permet de séparer $\mathbf{u},_t$ ($\mathbf{u}^T = \{ \sigma ,v \}$) et d'obtenir un système d'équations différentielles que nous intégrerons par la méthode de Treanor [10,8] . Il faut en effet intégrer formallement :

$$\frac{d\tilde{u}_i}{dt} = f_i\,(t,\tilde{\mathbf{u}}) \quad , \tag{3.15}$$

avec $\tilde{u} = \tilde{u}^o$ connue pour $t = t_n$.

Cet algorithme a été proposé pour la résolution du système d'équations différentielles à vitesse de relaxation très différente. Durant l'intégration, une petite erreur dans la solution peut provoquer une divergence rapide. Cet algorithme ressemble beaucoup à la méthode de Runge-Kutta au quatrième ordre.

On suppose que la fonction $f_i(t,\tilde{u})$ dans l'intervale t_n , $t_n + H$ est approximée sous la forme suivante :

$$\frac{d\tilde{u}_i}{dt} \sim - P_n^i (\tilde{u}_i - \tilde{u}_i^o) + a_n^i + b_n^i (t-t_n) + c_n^i (t-t_n)^2 \quad . \tag{3.16}$$

La résolution de l'équation (3.16) nous donnera la solution approchée du vecteur $\tilde{u}$ sous la forme :

$$\tilde{u}_i \sim \tilde{u}_i^o - \frac{1}{P_n^i} (a_n^i - \frac{b_n^i}{P_n^i} + 2 \frac{c_n^i}{(P_n^i)^2}) \exp \{- P_n^i (t-t_n)\} + \tag{3.17}$$

$$+ \frac{1}{P_n^i} \{ (a_n^i - \frac{b_n^i}{P_n^i} + 2 \frac{c_n^i}{P_n^i}) + (b_n^i - 2 \frac{c_n^i}{P_n^i}) (t - t_n) +$$

$$+ c_n^i (t - t_n)^2 \} \quad .$$

On peut adopter un pas d'intégration variable par rapport au temps $H = H(t)$, c'est-à-dire que l'on détermine un pas optimal d'intégration du système (3.10) en fonction d'une erreur tolérée. La méthode de Treanor est très bien décrite dans les publications [8,16] .

Nous pouvons comparer par exemple l'efficacité de la méthode des caractéristiques (differences finies) ou des méthodes d'intégration directe des équations du problème dans le cas de la propagation des ondes dans une tige de longueur 1 . Nous pouvons appliquer la méthode des differences finis: 1° suivant les caractéristiques, 2° en intégrant directement des équations du problème - schéma explicite , 3° la même méthode, mais avec le schéma implicite , 4° la même que celle en 2°, mais en appliquant la méthode de Treanor pour l'intégration par rapport au temps. Nous avons effectué les calculs numériques pour le quatre cas mentiones ci-dessus en prennant les mêmes conditions : même nombre de pas suivant la longueur d'une tige, même region sur le plan de phase (x,t) . Les temps de calculs pour les differentes méthodes (en faisant l'optimisation de chaque programme numérique) sont respectivement :

1° méthode des caractéristiques	12 " 221
2° méthode directe - explicite	27 " 012
3° méthode directe - implicite	52 " 814
4° méthode directe - utilisant Treanor	16 " 386 .

Nous pouvons constater tout de suite, que la méthode la plus efficace est la méthode des caractéristiques. La méthode d'intégration directe est a la rigeur à efficacité comparable lorsque pour l'intégration par rapport au temps nous appliquons l'algorithme de Treanor.

3.2. Problèmes bidimensionneles.

3.2.1. Méthode des bicaractéristiques. Nous pouvons résoudre le système (2.15) par la méthode utilisée en dynamique des gaz, ou dans les problèmes dynamiques de la théorie de l'élasticité, par de nombreux auteurs (par exemple par: Butler[11] , Burnat et autres [12] , Ziv[13] , Recker[15] , Bejda[14]). Cette méthode est fondée sur la détermination des cônes caractéristiques du système des équations du problème, la construction des surfaces caractéristiques, les bicaractéristiques et les relations différentielles sur les bicaractéristiques comme au § 3.1.

Pour qu'une surface $\Phi(\alpha,\beta,t)$ = Const. soit une surface caractéristique du système d'équations (2.15) la condition est la suivante:

$$\text{Dét } \mathbf{A}^{\dagger} = 0 , \qquad (3.18)$$

où :

$$\mathbf{A}^{+} = \mathbf{A}\ \Phi,_{t} + \mathbf{B}\ \Phi,_{\alpha} + \mathbf{C}\ \Phi,_{\beta} \tag{3.19}$$

En développant le déterminant (3.18), nous obtiendrons la relation suivante :

$$\Phi,_{t}^{2} \cdot \{ \Phi,_{t}^{2} - c_{1}^{2} (\Phi,_{\alpha}^{2} + \Phi,_{\beta}^{2}) \} \cdot \{ \Phi,_{t}^{2} - c_{2}^{2} (\Phi,_{\alpha}^{2} + \Phi,_{\beta}^{2}) \} = 0; \tag{3.20}$$

où: c_1 et c_2 sont les célérités des ondes longitudinale et transversale élastiques.

La condition pour déterminer ces célérités à la forme suivante:

$$\text{Dét}\ \mathbf{A}^{++} = 0 \tag{3.21}$$

avec

$$\mathbf{A}^{++} = \mathbf{A}\, a + \mathbf{B} + \mathbf{C}\ . \tag{3.22}$$

Les bicaractéristiques du système d'équations (2.15) forment les génératrices des cônes caractéristiques passant par le point (α_o, β_o, t_o) - voir Fig.6.:

$$c_{1,2}\ (t-t_o)^2 = (\alpha - \alpha_o)^2 + (\beta - \beta_o)^2\ . \tag{3.23}$$

Nous obtenons le système d'équations différentielles le long des bicaractéristiques à partir de l'équation :

$$\mathbf{l} \cdot L\left[\mathbf{u}\right] = 0\ , \tag{3.24}$$

où $\mathbf{l}$ est un vecteur solution de

$$\mathbf{l} \cdot \mathbf{A}^{+} = 0\ . \tag{3.25}$$

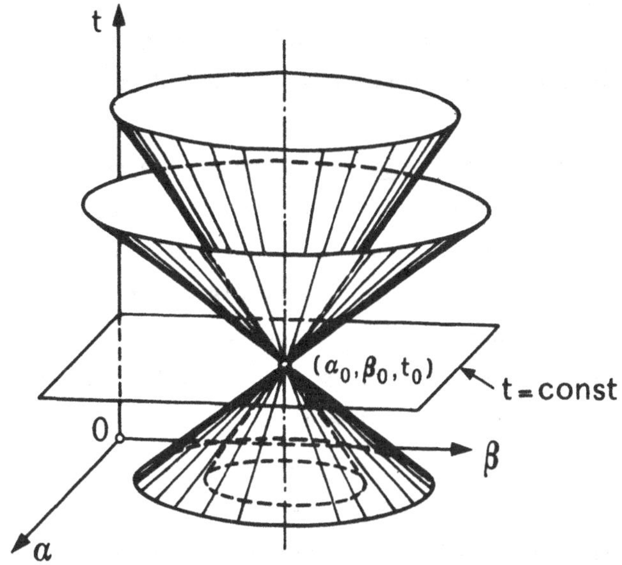

Fig.6.

Nous allons considérer dans l'espace tridimensionnel (α, β,t) une famille de plans $t = n\,\Delta t$ où n est un nombre , et Δt un nombre positif égal au pas de discrétisation par rapport au temps. Connaissant la solution de l'équation (2.15) dans le plan n avec t = constante nous allons chercher la solution pour un point (α_o, β_o) dans le plan (n+1), dans le domaine de dépendance, en intégrant des équations différentielles le long des bicaractéristiques.

Nous pouvons déterminer les dérivées partielles, intervenant dans les équations différentielles le long des bicaractéristiques, au point (α_o , β_o) dans le plan n ,au moyen de combinaisons linèaires des équations différentielles le long de certaines bicaractéristiques ainsi que des équations (2.15) elles-mêmes intégrées par rapport au temps (avec $\alpha = \alpha_o$ et $\beta = \beta_o$). Pour les dérivées partielles suivant les directions α et β dans le plan (n-1) , il faut remplacer les équations par des schémas différentiels.

La méthode ici brièvement présentée possède un intérêt: elledonne une bonne illustration du processus de la propagation des ondes,de leur diffraction et de leurs intéractions. De plus, dans des cas particuliers, nous pouvons déterminer les solutions des fronts d'ondes sous une forme explicite.

3.2.2. Méthode numérique d'intégration directe. La méthode présentée dans le point 3.2.1. est cependant très compliquée du point de vue des transformations algébraiques. De plus, elle conduit à la nécessité de déterminer la solution par la voie des calculs numériques onéreux du point de vue du temps des ordinateurs. C'est pourquoi nous avons préféré résoudre le système d'équations du problème (2.15) en le discrétisant par rapport aux variables spatiales à l'aide de la méthode des différences finies, et en intégrant par rapport au temps à l'aide de la méthode de Treanor [10] avec un pas d'intégration variable [8].

3.2.2.1. Discrétisation du problème. Nous allons considérer dans l'espace tridimensionnel (α, β, t) une famille de plans $t = n^{\circ} H$, ou n° est un nombre, et H un nombre positif, égal au pas de discrétisation par rapport au temps.

Pour trouver la solution numérique du système (2.15), nous cherchons un opérateur différentiel $L[\mathbf{u}^{\dagger}] = 0$ pour que dans un point quelconque du domaine de dépendance sur le plan $n+1$ de discrétisation avec t = constante, la solution soit approximée avec une certain précision par l'opération $L[\mathbf{u}^{\dagger}] = 0$. $\mathbf{u}^{\dagger}$ est donnée sur le plan n de t = constante (schéma explicite). Alors, dans les points intérieurs du domaine de dépendance, il y a un problème de Cauchy. Sur les point limites du domaine, le vecteur doit satisfaire aux conditions aux limites.

a) Discretisation du domaine. Nous découpons le domaine D $(0 \leqq \alpha \leqq \alpha_1$, $-\pi < \beta < 0)$ à l'aide d'un maillage régulier α = const. et β = const. - voir Fig.7.- de pas Δh_β et Δh_α, où $\Delta h_\alpha = {}^{\alpha}1/_{n_1}$, $\Delta h_\beta = \pi/_{n_2}$ et n_1 et n_2 sont les nombres de division du domaine suivant les directions α et β ; on pose $n_\alpha = n_1 + 1$ et $n_\beta = 1 + n_2$. Dans les points d'intersections du maillage, nous déterminons la géométrie du problème c'est-à-dire nous déterminons la composante du tenseur métrique g_{11} et ses dérivées suivant les directions α= const. et β= const.

Pour le point singulier dans le plan (α, β), qui correspond dans le plan (X,Y) à la région infiniment éloignée de l'orgine, on a pris $\mathbf{u} = 0$. Celà signifie qu'à l'infini les perturbations provoquées par le chargement extérieur du demi espace ne sont pas encore arrivées dans le temps pour lequel nous cherchons la solution. On a donc:

$$u^i (1, n_\beta) = 0 . \tag{3.26}$$

b) Discrétisation des fonctions et des dérivées. On suppose que, sur le plan n, dans les points d'intersection du maillage (J,I), les valeurs du vecteur $\mathbf{u}\dagger$ sont connues et on cherche l'opérateur $L[\mathbf{u}\dagger]=0$ sur le plan n+1.

Dans les points intérieurs du domaine D, pour t = const., nous remplaçons les dérivées partielles des composantes du vecteur $\mathbf{u}$ suivant les directions α et β par les différences finies centrées :

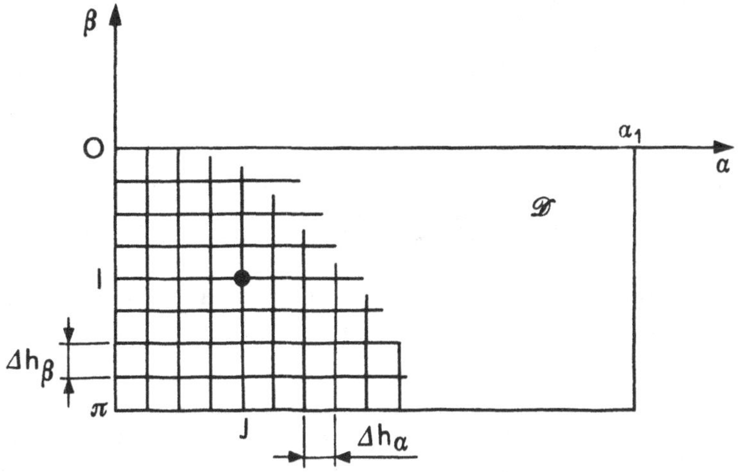

Fig.7.

$$\frac{du_i}{d\alpha} = \frac{1}{\Delta h_\alpha} \{ u_i^\dagger(J+1,I) - u_i^\dagger(J,I) \} ,$$
$$\frac{du_i}{d\beta} = \frac{1}{\Delta h_\beta} \{ u_i^\dagger(J,I+1) - u_i^\dagger(J,I) \} , \tag{3.27}$$

et dans les point limites du domaine D ,sur $\alpha = 0$ et $\alpha = \alpha_1$ les dérivées partielles des composantes du vecteur **u** suivant la direction α sont remplacées par les différences finies en avant et en arrière respectivement:

$$\frac{du_i}{d\alpha} = \frac{1}{\Delta h_\alpha} \{ u_i^\dagger(2,I) - u_i^\dagger(1,I) \} ,$$
$$\frac{du_i}{d\alpha} = \frac{1}{\Delta h_\alpha} \{ u_i^\dagger(n_\alpha,I) - u_i^\dagger(n_\alpha-1,I) \} . \tag{2.28}$$

Les matrices **A** , **B** , **C** et le vecteur **D** dans l'équation (2.15) sont aussi déterminés sur le plan n .

Le vecteur $\mathbf{u}^\dagger$ dans le plan $t = (n+1)\cdot H$ doit satisfaire aux conditions aux limites (2.17) pour $\alpha = 0$ et (2.18) pour $\alpha = \alpha_1$. De plus, il doit satisfaire les conditions liées à la symètrie du problème (on a supposé que le chargement du demi espace est symétrique par rapport à l'axe OX). Ces composantes doivent vérifier les conditions supplémentaires :

$$\left.\begin{array}{ll} \sigma^{\alpha\beta}(\alpha,-\pi,t) = 0 , & \\ & \text{pour} \quad \beta = -\pi , \\ v^{\beta}(\alpha,-\pi,t) = 0 , & \\ \sigma^{\alpha\beta}(\alpha,0,t) = 0 , & \\ v^{\beta}(\alpha,0,t) = 0 , & \text{pour} \quad \beta = 0 . \end{array}\right. \qquad (3.29)$$

<u>3.2.2.2. Intégration par rapport au temps.</u> Le système (2.15) nous permet de séparer $\mathbf{u}_{,t}$ et d'obtenir un système d'équations différentielles que nous intégrerons par la méthode de Treanor - comme c'était dans le 3.1.3.

4. EXEMPLE NUMERIQUE.

Pour illustrer les considérations de cet exposé, nous allons présenter certains résultats des calcules numériques (pour le cas de la diffraction des ondes sur une cavité cylindrique dans un demi espace élasto-viscoplastique).

Nous avons pris le chargement de demi espace sous la forme particulière suivante :

$$\sigma^{\alpha\alpha}(\beta,t)\Big|_{\alpha=0} = \{1 - \exp\left(-\frac{\beta}{a_o}\right)^2\}(1 - e^{t})\,(1 - \cos\beta\,)^2 \quad ,$$

$$\text{pour} \quad 0 < t < t_k$$

$$\sigma^{\alpha\alpha}(\beta,t)\Big|_{\alpha=0} = \{1 - \exp\left(-\frac{\beta}{a_o}\right)^2\}(1 - e^{t_k})(1 - \cos\beta\,) \quad ,$$

$$\text{pour} \quad t \geqq t_k \quad ,$$

avec $t_k = 2\alpha_1$ et $a_o = 10$.

Nous avons supposé de plus que la fonction $\Phi(F)$ est une fonction linéaire de son argument (matériau de Bingham).

Les données physiques (pour l'aluminium) sont les suivantes:

$$E_o = 7.06 \cdot 10^{10} \text{ Pa} , \quad \rho = 2.7 \cdot 10^{-3} \text{ kg/cm}^3 , \gamma = 500 \text{ s}^{-1},$$
$$k_o = 4.9 \cdot 10^7 \text{ Pa} , \quad r_o = 1 , \quad \nu = 0.3 .$$

Nous avons effectué les calculs dans le temps $0 < \tau < 4\alpha_1$, ($\tau = a_1 t / r_o$) en supposant la profondeur de la cavité dans le massif $h = 10$ (avec $\alpha_1 = \text{Arg sh}\left(\sqrt{h_r^2 - 1}\right)$ et $a_1 = \{(3K+4\mu)/3\rho\}^{\frac{1}{2}}$).

Sur la figure 8 nous avons présenté sur le plan XY la propagation du front plastique en fonction du temps. On a défini le front plastique comme le lieu géométrique des points pour lesquels la condition $J_2 = k_o^2$ est satisfaite à l'instant actuel. Sur cette figure on a étudie la propagation du front plastique dans l'intervalle $0 < \tau \leqq 3\alpha_1$ dans le plan XY pour $Y \geqq 0$, avec $p_o = \sigma^{\alpha\alpha} / \rho a_1^2$.

Dans le voisinage de la cavité, on peut apercevoir très nettement des régions d'intensité des contraintes moins élévées. Dans ce cas, pour le temps $\tau > 2\alpha_1$ dans le demi espace, les intéractions avec la cavité disparaissent. Les contraintes commencent à être plus uniformes.

Sur la figure 9 a , b nous avons présenté respectivement la distribution des contraintes $\sigma^{\beta\beta}$ et σ^{zz} sur le contour de la cavité pour $p_o = 0.02$. Les courbes (1) , (2) et (3) correspondent aux temps différentes : $\tau_1 = 2\alpha_1$, $\tau_2 = 2.25\alpha_1$ et $\tau_3 = 2.5\alpha_1$. Les variations

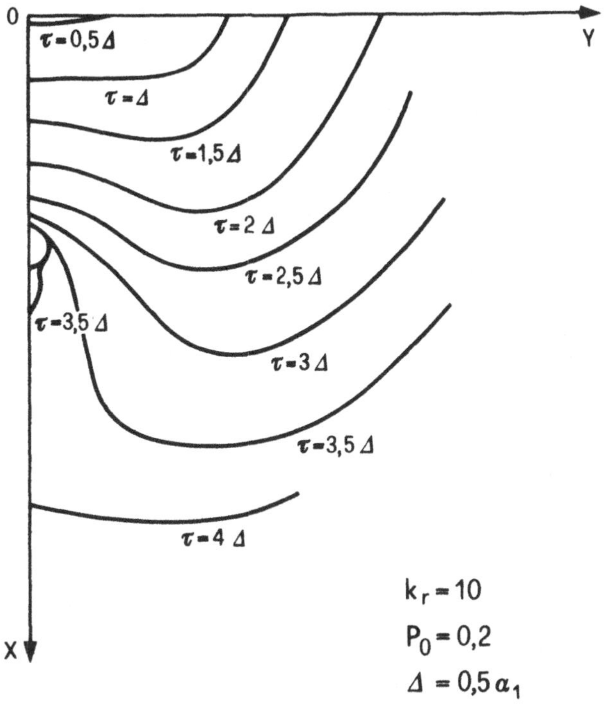

Fig.8.

de $\sigma^{\beta\beta}$ et de σ^{zz} ont la même allure. Ces contraintes sont maxima sur les côtes de la cavité et décroîssent lorsque l'on s'approche de l'axe OX , elles deviennent positives au voisinage de l'axe OX.

Sur la figure 10, on montre l'évolution du deuxième invariant du tenseur contrainte sur la cavité pour des différents temps, entre $\tau = 1.5\ \alpha_1$ ou $\tau = 2.75\ \alpha_1$. On voit où se trouvent sur la cavité les zones avec la plus grande concentration de l'intensité des contraintes.

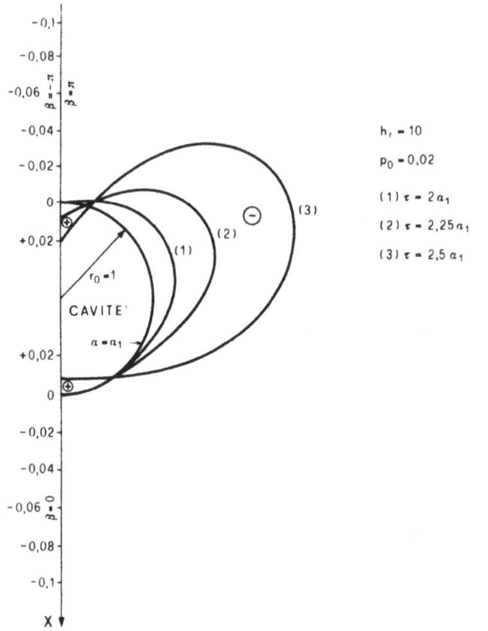
h, = 10
p0 = 0,02
(1) τ = 2a1
(2) τ = 2,25a1
(3) τ = 2,5 a1
CAVITE'
r0 = 1
α = α1
X

Fig.9a.

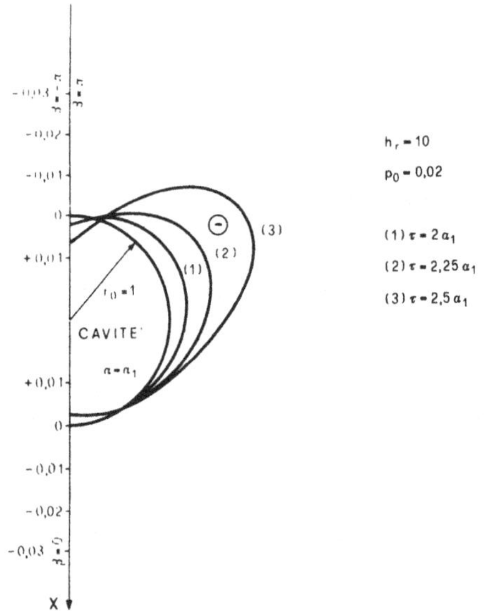
h, = 10
p0 = 0,02
(1) τ = 2a1
(2) τ = 2,25 a1
(3) τ = 2,5 a1
CAVITE'
α = α1
X

Fig.9b.

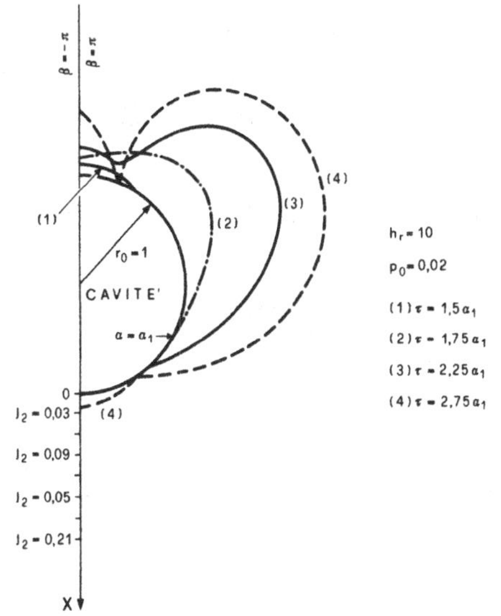

Fig. 10.

Remarque: On a fait une vérification indirecte des résultats en résolvant en coordonnées bipolaires:

1° Le problème de la propagation des ondes dans le cas du chargement du demi espace par une contrainte normale à la surface, uniformément distribuée. On a comparé ces résultats (dans le temps $0 < \tau < \alpha_1$) avec ceux de théorie classique.

2° De plus, le problème suivant: uniquement sur la cavité on a une pression uniforme et variable en fonction du temps. On a comparé les résultats obtenus (dans l'intervalle du temps $0 < \tau < \alpha_1$) avec ceux classiques de la propagation des ondes cylindriques dans un milieu infini.

REFERENCES

1. Jeffery G.B. Plane stress and plane strain in bipolar co-ordinates, *Phil.Trans.Royal Soc.*, série A, 1921.
2. Mindlin D. Stress distribution around a tunel. *American Society of Civil Engineers*, avril 1939.
3. Mandel J. et col. Etude des cavités souterraines. *Rapport CEA*, R-4426, Saclay, 1973.
4. Mandel J. *Introduction à la Mécanique des Milieux Continus Déformables*, PWN, Varsovie, 1974.
5. Nowacki W.K. *Les problèmes de propagation des ondes en plasticité*, (en polonais) , PWN, Varsovie, 1974.
6. Verner E.A. Becker E.B. Finite element stress formation for wave propagation, *Int. Journ. for Numerical Math. in Engineering*, 7, 1973.
7. Lions J.L. *Cours d'analyse numérique*, Ecole Polytechnique, Paris, 1973.
8. Frelat J. Nguyen Q.S. Zarka J. Some remarks about classical problem in plasticity and viscoplasticity. Application to their numerical resolution, *Lectured presented at the University of Wales Swansea*, May, 1974.
9. Perzyna P. The constitutive equations for rate sensitive plastic materials, *Quart.Appl.Math.*, 20,1963.
10. Treanor Ch.E. A method for the numerical integration of coupled first-order differential equations with greatly different time constants, *Math.Comp.*, 20,1966.
11. Butler D.S. The numerical solution of hyperbolic systems of partial differential equations in three independent variables, *Proc. Royal Society*, London,A 255,1962.
12. Burnat A, Kielbasinski A. and Wakulicz A., The method of characteristics for a multidimensional gas flow, *Arch.Mech.Stos.*, 3, 1964.
13. Ziv M.,Two-spatial dimensional elastic Wave propagation by the

theory of characteristics, *Int.Journ. of Solids and Structures*, 5,1969.

14. Bejda J.,Propagation of two-dimensional stress waves in elastic-viscoplastic material, *Proc. 12th International Congress of Appl. Mechanics*, Ed. Heteney M., Springer, 1969.

15. Recker W.W., A numerical solution of three-dimensional problems in dynamic elasticity, *Journ.of Appl.Mech.*, March,1970.

16. Zarka J. Frelat J,Application de l'algorithme de Treanor pour les problèmes en viscoplasticité, Colloque : *Méthodes Numériques en Calcul Scientifique et Technique*, Paris, Novembre 1974.

17. Nowacki W.K., *Stress waves in Non-elastic Solids*, Pergamon Press, (a paraître), Oxford, 1976.

18. Mandel J., Notions générales sur les ondes de discontinuité, dans le même livre.

19. Nguyen Q.S., J.Zarka, Quelques méthodes de résolution numérique en plasticité classique et en viscoplasticité, Séminaire: *Plasticité et viscoplasticité, 1972*, dans *Sciences et Techniques de l'Armement*, 2,47,1973.

20. Courant R. Hilbert D., *Partial Differential Equations*, New York, 1962.

ONDES DANS LES MILIEUX CONTINUS GENERALISES

Witold NOWACKI

UNIVERSITE DE VARSOVIE
Palais de la Culture et de la Science
00901 VARSOVIE

1 - INTRODUCTION

La théorie d'élasticité classique décrit exactement le comportement des matériaux de construction (différentes sortes d'acier, d'aluminium, de béton) sous les contraintes qui ne dépassent pas la limite de l'élasticité et dans tous les cas où les concentrations des contraintes n'interviennent pas.

Une divergence entre les résultats de la théorie d'élasticité et les expérimencesest particulièrement frappante là où entrent en jeu les propriétés de la microstructure du corps, notamment en proximité des entailles et des fentes, où nous avons à faire à des gradients de contraintes significatifs. Ces divergences se font remarquer également dans les corps granuleux et dans les corps multi-cellulaires tels que polymères.

L'influence de la microstructure du corps est marquée surtout dans les cas des oscillations élastiques à haute fréquence et à courte longueur d'ondes.

W. Voigt ([1]) a essayé de parer aux insuffisances de la théorie d'élasticité classique en admettant que la transmission des actions réciproques de deux parties du corps à travers l'élément de surface $\underline{p}dA$ s'opère non seulement par l'intermédiaire du vecteur de force $\underline{p}dA$, mais aussi par le vecteur du moment $\underline{m}dA$. De la sorte à côté des contraintes (de force) σ_{ij} ont été définies les contraintes du moment μ_{ij}.

Ce sont les frères François et Eugène Cosserat ([2]) qui ont le mérite d'avoir établi une théorie complète de l'élasticité asymétrique, publiée en 1909 dans l'ouvrage "Théorie des corps déformables".

Ils ont admis qu'un corps est constitué de particules liées entre elles sous forme de petites boules parfaitement rigides. Chaque particule subit au cours de la déformation un déplacement $\underline{\xi}(\underline{x},t)$ et une rotation $\underline{\phi}(\underline{x},t)$ étant fonction de la position $\underline{x}$ et du temps t.

De telle façon on a décrit un milieu élastique dans lequel tous les points sont orientés (milieu polaire) et dans lequel il s'agit d'une rotation du "point". Les vecteurs $\underline{\xi}$ et $\underline{\phi}$ sont indépendants les uns des autres et décrivent entièrement la déformation du corps. L'introduction des vecteurs $\underline{\xi}$, $\underline{\phi}$ et l'hypothèse que la transmission des forces par l'élément de surface dA s'opère à l'aide du vecteur de force $\underline{p}$ et du vecteur du moment $\underline{m}$ conduit par conséquent aux tenseurs de contrainte σ_{ij} et μ_{ij} asymétriques.

La théorie des frères Cosserat demeurait pourtant inaperçue et n'a pas été appréciée à sa juste valeur du vivant de ses auteurs. La présentation très générale (en tant que théorie non linéaire tenant compte des grandes déformations) et le fait que la théorie dépassait de beaucoup le cadre de la théorie d'élasticité en étaient la cause. Leur théorie constituait un essai d'une théorie des champs générale qui se prête à l'application aux problèmes de la mécanique, de l'optique et de l'électrodynamyque basée sur le principe général du moindre effort (action euclidienne).

Les recherches poursuivies au cours des dernières quinze années dans le domaine des milieux généraux élastiques et non élastiques ont attiré l'attention des chercheurs sur l'oeuvre des Cosserat. Dans la recherche de nouveaux modèles qui décrivent mieux le comportement des corps élastiques réels l'on a trouvé des modèles proches ou identiques au modèle de Cosserat. Il y a lieu de mentionner ici les travaux de C. Truesdell et R.A. Toupin ([3]), de G. Grioli ([4]), R.D. Mindlin et H.F. Tiersten ([5]). Au début les chercheurs s'intéressaient à la théorie d'élasticité simplifiée dite pseudo-continuum des Cosserat. Sous cette notion nous entendons un milieu où apparaissent les contraintes de force et celles du moment asymétriques, mais la déformation est définie par le seul vecteur de déplacement $\underline{\xi}$. On admet ici que $\underline{\phi} = \frac{1}{2} \operatorname{rot} \underline{\xi}$ comme dans la théorie d'élasticité classique. On doit retenir que les Cosserat ont étudié ce modèle et l'ont appelé le cas du tièdre caché.

Plusieurs auteurs allemands, tels W. Günther ([6]), H. Schäfer ([7]) H. Neuber ([8]) continuaient la théorie générale des Cosserat en la complétant par des équations constitutives. Les fondements et les équations de la théorie micropolaire ont été considérés dans les travaux de

E.W. Kuvsinski et A. L. Aero ([9]) et dans ceux de N. A. Palmov ([10]). Il faut mentionner ici également les travaux d'A.C. Eringen et E.S. Suhubi ([11]) où l'on trouve une extension de la théorie.

Actuellement la théorie du milieu des Cosserat est en plein essor. La littérature relative à ce sujet prend de l'ampleur. On a consacré deux symposiums au problème de l'élasticité asymétrique, à savoir : le symposium de l'IUTAM à Freudenstadt en 1968 et un symposium organisé par le CISM en 1972. En 1970 ont paru deux premières monographies de la théorie de l'élasticité micropolaire : de R. Stojanovic ([12]) et de W. Nowacki ([13]).

Dans les présentes conférences nous nous proposons de traiter la théorie de l'élasticité micropolaire.

Considérons un domaine régulier $V \cup A$, limité par une surface A, contenant un milieu micropolaire, milieu homogène, isotrope et, centro-symétrique ; à densité ρ et inertie rotative I.

Sous l'influence des charges extérieures le corps subit une déformation. Admettons que les parties A_σ de la surface limitant le corps soient sous l'action des forces $\underline{p}$ et des moments $\underline{m}$ et les parties A_u sous l'action des déplacements $\underline{\xi}$ et des rotations $\underline{\phi}$. A l'intérieur du corps agissent les forces de masse $\underline{X}$ et les moments de masse $\underline{Y}$. Les charges mentionnées provoquent une déformation du corps définie par le vecteur de déplacement $\underline{\xi}(\underline{x},t)$ et le vecteur de rotation $\underline{\phi}(\underline{x},t)$. A l'intérieur du corps apparaîtront des contraintes σ_{ij} et des contraintes du moment μ_{ij}. Les contraintes sont liées au tenseur de déformation asymétrique γ_{ji} et au tenseur de torsion-courbure κ_{ji}. Les composantes σ_{ij}, μ_{ij} de ces contraintes sont présentées sur la fig. 1.

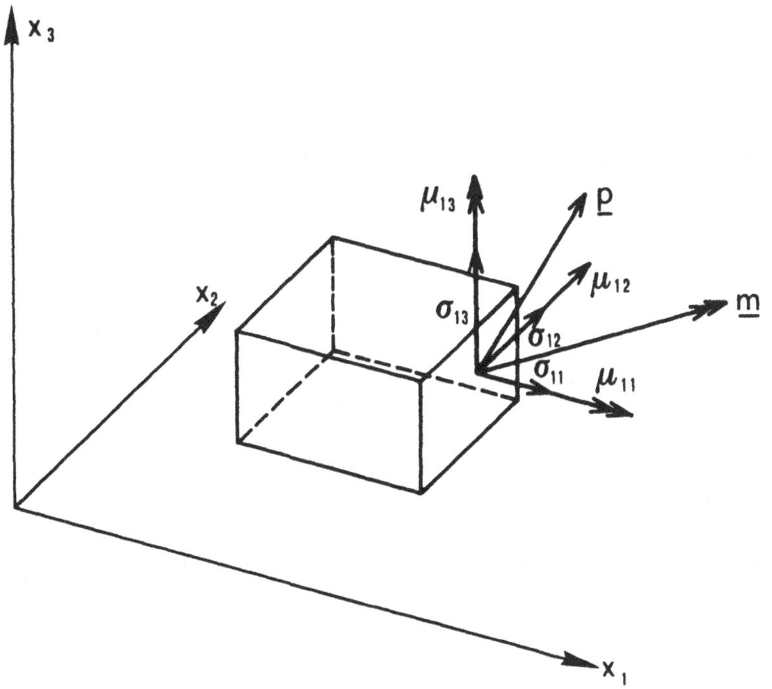

Figure 1.

Le problème dynamique de l'élasticité micropolaire consiste à déterminer les contraintes σ_{ij}, μ_{ij}, les déformations γ_{ij}, κ_{ij} et les déplacements ξ_i et rotations ϕ_i . Ces fonctions peuvent être déterminées en vérifiant des équations du mouvement, des équations constitutives, des conditions aux limites et des conditions initiales.

2 - PRINCIPE DU COMPORTEMENT DE L'ENERGIE - EQUATIONS CONSTITUTIVES -

Les équations du mouvement et les relations constitutives peuvent résulter du principe du comportement de l'énergie. Ce principe, avec l'hypothèse du processus adiabatique, prend la forme

$$\frac{d}{dt} \int_V (U + K)dV = \int_V (X_i v_i + Y_i W_i)dV + \int_A (p_i v_i + m_i W_i)dA \qquad (2.1)$$

où

$$K = \frac{1}{2} (\rho\, v_i v_i + I\, W_i W_i) \; , \quad v_i = \dot{\xi}_i \; , \quad W_i = \dot{\phi}_i \quad .$$

Dans l'équation (2.1) ρ détermine la densité, I l'inertie de rotation. U est une énergie interne, K énergie cinétique, $p_i = \sigma_{ji} n_j$, $m_i = \mu_{ji} n_j$ sont des composantes du vecteur de force et du vecteur du moment sur la surface A, limitant le corps. Ensuite, $v_i = \xi_i$, $W_i = \phi_i$ sont des composantes de la vitesse du déplacement et de la vitesse de rotation.

Les termes du côté gauche de l'équation (2.1) représentent l'accroissement de l'énergie interne et cinétique avec le temps. Les termes du côté droit de l'équation représentent la puissance des forces de masse, des moments de masse et des forces de surface et des moments de surface.

Supposons que le bilan de l'énergie soit invariant dans le cas du mouvement de translation pendant que les grandeurs $\underline{X}$, $\underline{Y}$, $\underline{m}$, $\underline{p}$, ρ sont invariables.

En substituant à

$$v_i \rightarrow v_i + b_i \ , \qquad \dot{v}_i \rightarrow \dot{v}_i \ , \tag{2.2}$$

où b_i est un vecteur constant arbitraire nous obtenons

$$\int_V \left[\dot{U} + \rho(v_i + b_i)\dot{v}_i + I\, W_i \dot{W}_i\right] dV = \int_V \left[X_i(v_i + b_i) + Y_i W_i\right] dV + \\ + \int_A \left[p_i(v_i + b_i) + m_i W_i\right] dA \tag{2.3}$$

En retranchant l'équation (2.1) à (2.3) nous arrivons à l'expression

$$b_i \left\{ \int_V X_i\, dV + \int_A p_i\, dA - \int_V \rho\, \dot{v}_i\, dV \right\} = 0 \ . \tag{2.4}$$

L'application du théorème de divergence à l'intégrale de surface conduit à

$$b_i \int_V (\sigma_{ji,j} + \chi_i - \rho\, \dot{v}_i) dV = 0 \ . \tag{2.5}$$

Compte-tenu du volume arbitraire admis V nous obtenons une équation locale

$$\sigma_{ji,j} + \chi_i = \rho \ddot{\xi}_i \ . \tag{2.6}$$

Maintenant l'équation (2.3) peut être simplifiée compte-tenu de (2.6) Nous obtenons :

$$\int_V (\dot{U} + I\, W_i \dot{W}_i) dV = \int_V (\sigma_{ji} v_{i,j} + Y_i W_i) dV + \int_A m_i W_i\, dA \tag{2.7}$$

Représentant m_i sous la forme $m_i = \mu_{ji} n_j$ et en vertu du théorème de la divergence nous transformons (2.7) en forme

$$\int_V \dot{U} dV = \int_V (\sigma_{ji} v_{i,j} + \mu_{ji} W_{i,j}) dV + \int_V W_i (\mu_{ji,j} + Y_i - I\dot{W}_i) dV \quad (2.8)$$

Nous pouvons écrire la forme locale du bilan de l'énergie sous la forme

$$\dot{U} = \sigma_{ji} v_{i,j} + \mu_{ji} W_{i,j} + W_i(\mu_{ji,j} + Y_i - I\dot{W}_i) \quad (2.9)$$

Supposons ensuite que l'énergie interne est invariante dans le cas de la rotation du corps comme un corps parfaitement rigide. En ce cas là nous posons

$$\underline{v} \to \underline{v} + \underline{\omega} \times \underline{r} \quad , \quad \underline{W} \to \underline{W} + \underline{\omega} \quad (2.10)$$

ou bien

$$v_{i,j} \to v_{i,j} - \varepsilon_{ijK}\, \omega_k \quad , \qquad W_{i,j} \to W_{i,j}$$

Posons que U, K, σ_{ij}, μ_{ij}, I restent invariables nous arrivons à la deuxième équation du mouvement local

$$\varepsilon_{ijK}\, \sigma_{jK} + \mu_{ji,j} + Y_i - I\ddot{\phi}_i = 0 \quad (2.11)$$

L'équation (2.11) permet de simplifier facilement le bilan de l'énergie. Nous trouvons :

$$\dot{U} = \sigma_{ji}(v_{i,j} - \varepsilon_{Kji} W_K) + \mu_{ji} \kappa_{ji} \quad . \quad (2.12)$$

Introduisons une définition des tenseurs de déformation asymétriques :

$$\gamma_{ji} = \xi_{i,j} - \varepsilon_{Kji}\, \phi_K \quad , \quad \kappa_{ji} = \phi_{i,j} \quad (2.13)$$

Nous appelons γ_{ji} tenseur asymétrique de déformation, κ_{ji} - tenseur asymétrique de torsion-courbure. Tenant compte des relations (2.13) nous présentons le bilan de l'énergie sous la forme :

$$\dot{U} = \sigma_{ji} \dot{\gamma}_{ji} + \mu_{ji}\, \dot{\kappa}_{ji} \quad . \quad (2.14)$$

L'énergie interne U est une fonction des variables indépendantes γ_{ji}, κ_{ji} et celle de l'état. Nous avons finalement

$$\dot{U} = \frac{\partial U}{\partial \gamma_{ji}} \dot{\gamma}_{ji} + \frac{\partial U}{\partial \kappa_{ji}} \dot{\kappa}_{ji} \quad . \tag{2.15}$$

Posons que les fonctions σ_{ij}, μ_{ij} ne résultent pas directement des dérivées au respect du temps des fonctions γ_{ji}, κ_{ji} .
De la confrontation de (2.14) et (2.15) nous obtenons

$$\sigma_{ji} = \frac{\partial U}{\partial \gamma_{ji}} \quad , \quad \mu_{ji} = \frac{\partial U}{\partial \kappa_{ji}} \quad . \tag{2.16}$$

On peut présenter l'énergie interne sous la forme

$$\begin{aligned} U = {} & \frac{\mu+\alpha}{2} \gamma_{ji} \gamma_{ji} + \frac{\mu-\alpha}{2} \gamma_{ji} \gamma_{ij} + \frac{\lambda}{2} \gamma_{KK} \gamma_{nn} + \\ & + \frac{\gamma+\varepsilon}{2} \kappa_{ji} \kappa_{ji} + \frac{\gamma-\varepsilon}{2} \kappa_{ji} \kappa_{ij} + \frac{\beta}{2} \kappa_{KK} \kappa_{nn} \end{aligned} \tag{2.17}$$

On explique la forme d'énergie interne présentée ci-dessus comme suit : vu que l'énergie interne est un scalaire, toute formule du côté droit doit être un scalaire. Des composantes du tenseur γ_{ji}, κ_{ji} on peut construire trois invariants carrés indépendants : $\gamma_{ji} \gamma_{ji}$, $\gamma_{ji} \gamma_{ij}$, $\gamma_{KK} \gamma_{nn}$. C'est le cas également du tenseur κ_{ji} . Les termes $\gamma_{ji} \kappa_{ji}$ n'apparaissent pas dans l'expression (2.17), ceci étant contraire au postulat de la centrosymétricité.

Nous avons donc six constantes matérielles, α, β, γ, ε, λ, μ . Ces constantes doivent vérifier les inégalités suivantes :

$$3\lambda + 2\mu > 0, \quad \mu > 0, \quad 3\beta + 2\gamma > 0, \quad \gamma > 0$$

$$\mu + \alpha > 0, \quad \gamma + \varepsilon > 0, \quad \alpha > 0, \quad \varepsilon > 0.$$

Ces restrictions résultent du fait que U est une forme carrée positive définie. Compte-tenu du (2.16) nous obtenons les équations constitutives suivantes :

$$\begin{aligned} \sigma_{ji} &= (\mu + \alpha)\gamma_{ji} + (\mu - \alpha)\gamma_{ij} + \lambda\delta_{ij}\gamma_{KK} , \\ \mu_{ji} &= (\gamma + \varepsilon)\kappa_{ji} + (\gamma - \varepsilon)\kappa_{ij} + \beta\delta_{ij}\kappa_{KK} \end{aligned} \tag{2.18}$$

ou

$$\begin{aligned} \sigma_{ij} &= 2\mu\gamma_{(ij)} + \lambda\delta_{ij}\gamma_{KK} + 2\alpha\gamma_{<ij>} \\ \mu_{ij} &= 2\gamma\kappa_{(ij)} + \beta\delta_{ij}\kappa_{KK} + 2\varepsilon\kappa_{<ij>} \quad . \end{aligned} \tag{2.19}$$

Les symboles ( ) et < > représentent respectivement la partie symétrique et celle asymétrique du tenseur.

3 - EQUATIONS DIFFERENTIELLES FONDAMENTALES D'ELASTODYNAMIQUE

Introduisons les contraintes σ_{ij}, μ_{ij} des relations (2.18) aux équations du mouvement (2.6) et (2.11). Compte-tenu des relations entre les tenseurs de déformations et les déplacements $\underline{\xi}$ et les rotations $\underline{\phi}$ nous obtenons 6 équations de déplacements et de rotations

$$(\mu + \alpha)\xi_{i,jj} + (\lambda + \mu - \alpha)\xi_{j,ji} + 2\alpha\, \varepsilon_{ijK}\, \phi_{K,j} + X_i = \rho\ddot{\xi}_i , \tag{3.1}$$

$$\begin{aligned} (\gamma + \varepsilon)\phi_{i,jj} - 4\alpha\phi_i + (\beta + \gamma - \varepsilon)\phi_{j,ji} &+ \\ + 2\alpha\, \varepsilon_{ijK}\, \xi_{K,j} + Y_i &= I\, \ddot{\phi}_i . \end{aligned} \tag{3.2}$$

Cette équation peut être écrite sous une forme vectorielle plus simple

$$\Box_2\, \underline{\xi} + (\lambda + \mu - \alpha)\text{grad div}\, \underline{\xi} + 2\alpha\, \text{rot}\, \underline{\phi} + \underline{X} = 0, \tag{3.3}$$

$$\Box_4\, \underline{\phi} + (\beta + \gamma - \varepsilon)\text{grad div}\, \underline{\phi} + 2\alpha\, \text{rot}\, \underline{\xi} + \underline{Y} = 0. \tag{3.4}$$

Nous avons introduit des opérateurs différentiels

$$\Box_2 = (\mu + \alpha)\nabla^2 - \rho\partial_t^2 , \quad \Box_4 = (\gamma + \varepsilon)\nabla^2 - 4\alpha - I\partial_t^2 .$$

Le premier en est opérateur d'Alembert, le second opérateur de Klein-Gordon.

Nous avons obtenu un système composé des équations différentielles hyperboliques. Il faut ajouter à ces équations les conditions aux limites et les conditions initiales.

Les conditions aux limites prennent la forme

$$\sigma_{ji}(\underline{x}, t)n_j(\underline{x}) = p_i(\underline{x}, t), \ \mu_{ji}(\underline{x},t)n_j(\underline{x}) = m_i(\underline{x},t), \ \underline{x} \in A_\sigma, \ t > 0, \tag{3.5}$$

$$\xi_i(\underline{x}, t) = f_i(\underline{x}, t), \ \ \phi_i(\underline{x}, t) = g_i(\underline{x}, t), \ \ \underline{x} \in A_u, \ t > 0,$$

où $\underline{n}$ est un vecteur unitiare de la normale, p_i, m_i, f_i, g_i sont des fonctions données.

Les conditions initiales ont la forme

$$\begin{aligned} &\xi_i(\underline{x}, 0) = k_i(\underline{x}), && \phi_i(\underline{x}, 0) = l_i(\underline{x}), \\ &\dot{\xi}_i(\underline{x}, 0) = h_i(\underline{x}), && \dot{\phi}_i(\underline{x}, 0) = j_i(\underline{x}), \ \underline{x} \in V, \ t = 0. \end{aligned} \tag{3.6}$$

Considérons les équations de déplacements et de rotations (3.3) et (3.4). En appliquant l'opérateur de divergence à ces équations nous obtiendrons les relations indépendantes les unes des autres

$$\Box_1 \operatorname{div} \underline{\xi} + \operatorname{div} \underline{X} = 0, \tag{3.7}$$

$$\Box_3 \operatorname{div} \underline{\phi} + \operatorname{div} \underline{Y} = 0, \tag{3.8}$$

où

$$\Box_1 = (\lambda + 2\mu)\nabla^2 - \rho\partial_t^2, \quad \Box_3 = (\beta + 2\gamma)\nabla^2 - 4\alpha - I\partial_t^2 .$$

En effectuant successivement l'opération de rotation sur les équations (3.3) et (3.4), nous avons

$$\Box_2 \operatorname{rot} \underline{\xi} + 2\alpha \operatorname{rot} \operatorname{rot} \underline{\phi} + \operatorname{rot} \underline{X} = 0, \tag{3.9}$$

$$\Box_4 \operatorname{rot} \underline{\phi} + 2\alpha \operatorname{rot} \operatorname{rot} \underline{\xi} + \operatorname{rot} \underline{Y} = 0. \tag{3.10}$$

Effectuons l'opération $\Box_1 \Box_4$ sur l'équation (3.3) et utilisons les relations (3.7) et (3.10) ; appliquons ensuite l'opérateur $\Box_3 \Box_4$ à l'équation (3.4) en utilisant les relations (3.8) et (3.9).

Après avoir fait plusieurs opérations nous arrivons à deux équations indéindépendantes les unes des autres

$$\Box_1(\Box_2 \Box_4 + 4\alpha^2\nabla^2)\underline{\xi} = -(\Box_1 \Box_4 - \operatorname{grad} \operatorname{div} \Pi)\underline{X} + 2\alpha \operatorname{rot} \Box_1\underline{Y}, \tag{3.11}$$

$$\Box_3(\Box_2 \Box_4 + 4\alpha^2\nabla^2)\underline{\phi} = -(\Box_2 \Box_4 - \operatorname{grad} \operatorname{div} \Theta)\underline{Y} + 2\alpha \operatorname{rot} \Box_3\underline{X}. \tag{3.12}$$

Nous avons introduit ici les notations

$$\Pi = (\lambda + \mu - \alpha)\Box_4 - 4\alpha^2, \qquad \Theta = (\beta + \gamma - \varepsilon)\Box_2 - 4\alpha^2.$$

Posons la représentation suivante pour les déplacements et les rotations, introduisant deux fonctions vectorielles $\underline{F}$ et $\underline{G}$

$$\underline{\xi} = (\Box_1 \Box_4 - \operatorname{grad} \operatorname{div} \Pi)\underline{F} - 2\alpha \operatorname{rot}\Box_3 \underline{G}, \tag{3.13}$$

$$\underline{\phi} = (\Box_2 \Box_4 - \operatorname{grad} \operatorname{div} \Theta)\underline{G} - 2\alpha \operatorname{rot}\Box_1 \underline{F}. \tag{3.14}$$

En introduisant cette représentation aux équations (3.11) et (3.12) nous arrivons à deux équations des ondes pour les fonctions $\underline{F}$ et $\underline{G}$.

$$\Box_1 (\Box_2 \Box_4 + 4\alpha^2\nabla^2)\underline{F} + \underline{X} = 0, \tag{3.15}$$

$$\Box_3 (\Box_2 \Box_4 + 4\alpha^2\nabla^2)\underline{G} + \underline{Y} = 0. \tag{3.16}$$

Les représentations (3.13) (3.14) de déplacements et de rotations avec application des vecteurs $\underline{F}$ et $\underline{G}$ ont été données par N. Sandru ([15]) qui recourait pour les introduire à l'algorithme opératoire de Gr. C. Moisil. Les équations (3.15) (3.16) sont particulièrement utiles à obtenir des déplacements et des rotations engendrés par l'action des forces et des moments concentrés dans l'espace infini.

Revenons aux équations (3.3) et (3.4). Faisons une décomposition du vecteur de déplacement $\underline{\xi}$ et de celui de rotation $\underline{\phi}$ sur la partie potentielle et selonoidale

$$\left.\begin{array}{ll}\underline{\xi} = \text{grad}\phi + \text{rot } \underline{\Psi}\,, & \text{div } \underline{\Psi} = 0,\\ \underline{\phi} = \text{grad}\Gamma + \text{rot } \underline{H}, & \text{div } \underline{H} = 0.\end{array}\right\} \quad (3.17)$$

Nous procédons de la même façon avec les forces de masse et les moments de masse

$$\left.\begin{array}{ll}\underline{X} = \rho(\text{grad}\tilde{\nu} + \text{rot } \underline{\chi}\,, & \text{div } \underline{\chi} = 0,\\ \underline{Y} = I(\text{grad}\,\sigma + \text{rot } \underline{\eta}), & \text{div } \underline{\eta} = 0.\end{array}\right\} \quad (3.18)$$

En introduisant ces fonctions aux équations (3.3) et (3.4) nous obtiendrons les équations ondulatoires simples suivantes :

$$\left.\begin{array}{ll}\Box_1\,\phi + \rho\,\tilde{\nu} = 0, & \Box_3\Gamma + I\sigma = 0,\\ \Box_2\,\underline{\Psi} + 2\alpha \text{ rot } \underline{H} + \rho\underline{\chi} = 0, & \\ \Box_4\,\underline{H} + 2\alpha \text{ rot } \underline{\Psi} + I\underline{\eta} = 0. & \end{array}\right\} \quad (3.19)$$

La première de ces équations est une équation de l'onde longitudinale, identique dans sa forme à celle de l'onde longitudinale dans l'élastocinétique classique. La seconde équation constitue un nouveau type d'équation, équation de l'onde longitudinale de microrotation. Les équations trois et quatre décrivent la propagation des ondes transversales, de celles de déplacement et de microrotation.

L'onde longitudianle est bien connue en élastocinétique classique.

Après l'élimination de la fonction $\underline{\Psi}$ et $\underline{H}$ le système de deux équations des ondes transversales du groupe (3.19) prendra la forme suivante :

$$\left.\begin{aligned}(\Box_2\Box_4 + 4\alpha^2\nabla^2)\underline{\Psi} &= 2\alpha I \operatorname{rot}\underline{\eta} - \rho\Box_4\underline{\chi} \;,\\ (\Box_2\Box_4 + 4\alpha^2\nabla^2)\underline{H} &= 2\alpha\rho \operatorname{rot}\underline{\chi} - I\Box_2\underline{\eta} \;.\end{aligned}\right\} \quad (3.20)$$

Ce type d'ondes était l'objectif des recherches de J. Ignaczak ([15]) qui a donné pour ces équations "les conditions de radiation", analogues à celles que A. Sommerfeld a données pour l'élastodynamique classique.

4 - PRINCIPE DES TRAVAUX VIRTUELS - PRINCIPE D'HAMILTON -

Il est facile de vérifier que l'équation suivante est valable

$$\int_V \left[(X_i - \rho\ddot{\xi}_i)\delta\xi_i + (Y_i - I\ddot{\phi}_i)\delta\phi_i\right]dV + \int_A (p_i\delta\xi_i + m_i\delta\phi_i)dA = \\ = \int_V (\sigma_{ji}\delta\gamma_{ji} + \mu_{ji}\delta\kappa_{ji})dV \;. \quad (4.1)$$

Le côté gauche représente le travail virtuel des forces extérieures, le côté droit -le travail virtuel des forces internes. Les grandeurs $\delta\xi_i$, $\delta\phi_i$ constituent des accroissements virtuels des déplacements ξ_i et des rotations ϕ_i. Nous admettons que les grandeurs $\delta\xi_i$, $\delta\phi_i$ sont infiniment petites et arbitraires. Ce sont des fonctions continues satisfaisant aux conditions délimitant le mouvement du corps.

Pour arriver à l'équation (4.1) nous procédons comme suit : nous multiplions par $\delta\xi_i$ l'équation du mouvement (2.6), l'équation du mouvement (2.11) par $\delta\phi_i$. Nous effectuons la somme des équations et intégrons par le champ du corps. Nous obtiendrons de la sorte l'équation :

$$\int_V [(X_i - \rho\ddot{\xi}_i)\delta\xi_i + (Y_i - I\ddot{\phi}_i)\delta\phi_i]dV + \\ + \int_V (\sigma_{ji,j}\delta\xi_i + (\epsilon_{ijK}\sigma_{jK} + \mu_{ji,j})\delta\phi_i)dV = 0 \tag{4.2}$$

En transformant par une voie appropriée la seconde des intégrales volumétriques nous arrivons à l'équation (4.1). En introduisant du côté droit de l'équation (4.1) des relations constitutives (2.18) l'équation (4.1) prend la forme

$$\int_V [(X_i - \rho\ddot{\xi}_i)\delta\xi_i + (Y_i - I\ddot{\phi}_i)\delta\phi_i]dV + \\ + \int_A (p_i\delta\xi_i + m_i\delta\phi_i)dA = \delta\, \mathcal{W} \tag{4.3}$$

où

$$\mathcal{W} = \int_V (\mu\gamma_{(ij)}\gamma_{(ij)} + \alpha\gamma_{<ij>}\gamma_{<ij>} + \frac{\lambda}{2}\gamma_{KK}\gamma_{nn} + \gamma\,\kappa_{(ij)}\kappa_{(ij)} + \\ + \epsilon\,\kappa_{<ij>}\kappa_{<ij>} + \frac{\beta}{2}\kappa_{KK}\kappa_{nn})dV$$

Le principe de variation (4.3) se prête à la mise au point du théorème énergétique, à savoir par comparaison des fonctions $\underline{\xi}$, $\underline{\phi}$ au point $\underline{x}$ et au moment t avec les mêmes grandeurs au même point $\underline{x}$, au moment t + dt. En introduisant à l'équation

$$\delta\xi_i = v_i dt, \qquad \delta\phi_i = W_i dt, \qquad v_i = \dot{\xi}_i, \qquad W_i = \dot{\phi}_i$$

nous obtiendrons la formule suivante

$$\frac{d}{dt}(K + \mathcal{W}) = \int_V (X_i v_i + Y_i W_i)dV + \int_A (p_i v_i + m_i W_i)dA\,. \tag{4.4}$$

L'équation énergétique (4.4) est identique au bilan de l'énergie (2.1). L'équation (4.4) sert à la démonstration du théorème de l'unicité. On déduit ce théorème d'une façon analogue qu'en élastodynamique classique.

Nous passons aisément du principe du travail virtuel à la présentation du principe d'Hamilton pour les milieux micropolaires.

Considérons un corps élastique changeant sa position d'une façon continue entre les moments : $t = t_1$ et $t = t_2$. Comparons les déplacements actuels $\underline{\xi}(\underline{x}, t)$ et les rotations $\underline{\phi}(\underline{x}, t)$ avec ceux $\underline{\xi} + \delta\underline{\xi}$ et les rotations $\underline{\phi}$, $\delta\underline{\phi}$, les accroissements $\delta\xi_i$, $\delta\phi_i$ étant choisis tels qu'ils satisfassent aux conditions

$$\delta\underline{\xi}(\underline{x}, t_1) = \delta\underline{\xi}(\underline{x}, t_2) = 0, \; \delta\underline{\phi}(\underline{x}, t_1) = 0, \; \delta\underline{\phi}(\underline{x}, t_2) = 0 \qquad (4.5)$$

Nous présentons le principe des travaux virtuels de la façon suivante :

$$\delta L - \int_V (\rho\ddot{\xi}_i\delta\xi_i + I\ddot{\phi}_i\delta\phi_i)dV = \delta W , \qquad (4.6)$$

où

$$\delta L = \int_V (X_i\delta\xi_i + Y_i\delta\phi_i)dV + \int_A (p_i\delta\xi_i + m_i\delta\phi_i)dA$$

Nous intégrons l'équation (4.6) dans l'intervalle de temps $t_1 \leqslant t \leqslant t_2$,

$$\delta \int_{t_1}^{t_2} W dt = \int_{t_1}^{t_2} \delta L dt - \int_{t_1}^{t_2} dt \int_V (\rho\ddot{\xi}_i\delta\xi_i + I\ddot{\phi}_i\delta\phi_i)dV \qquad (4.6')$$

En introduisant l'énergie cinétique K et la variation de cette énergie.

$$\delta K = \rho \int_V \frac{\partial}{\partial t} (\dot{\xi}_i\delta\xi_i)dV + I \int_V \frac{\partial}{\partial t} (\dot{\phi}_i\delta\phi_i)dV - \int_V (\rho\ddot{\xi}_i\delta\xi_i + I\ddot{\phi}_i\delta\phi_i)dV,$$

et en faisant l'intégration dans le temps dans l'intervalle $t_1 \leqslant t < t_2$ nous obtiendrons

$$\delta \int_{t_1}^{t_2} K dt = - \rho \int_{t_1}^{t_2} dt \int_V \ddot{\xi}_i\delta\xi_i dV - I \int_{t_1}^{t_2} dt \int_V \ddot{\phi}_i\delta\phi_i dV. \qquad (4.7)$$

Nous avons eu recours aux conditions (4.5) posées sur les déplacements et les rotations virtuels. Compte-tenu des (4.6') et (4.7), nous obtiendrons

$$\delta \int_{t_1}^{t_2} (W - K)dt = \int_{t_1}^{t_2} \delta L dt \tag{4.8}$$

C'est l'extension du principe d'Hamilton sur le milieu micropolaire. Nous pouvons changer le symbole de la variation du côté droit de cette équation seulement dans le cas où les forces extérieures sont conservatrices et dérivent du potentiel ν .

Dans ce cas

$$\delta L = - (\frac{\partial \nu}{\partial \xi_i} \delta \xi_i + \frac{\partial \nu}{\partial \phi_i} \delta \phi_i) = - \delta (\frac{\partial \nu}{\partial \xi_i} \xi_i + \frac{\partial \nu}{\partial \phi_i} \phi_i) ,$$

où ν est un potentiel des forces extérieures. L'équation (4.8) prendra alors la forme suivante

$$\delta \int_{t_1}^{t_2} (\Pi - K)dt = 0 \qquad \Pi = W - \nu \tag{4.9}$$

Ici Π détermine l'énergie potentielle entière, $\Pi - K$ la forme lagrangienne.

5 - THEOREME DE LA RECIPROCITE DU TRAVAIL

Considérons deux systèmes des causes et des effets agissant sur un corps élastique à volume V et limité par la surface A. Désignons le premier groupe des causes par les forces et les moments de masse $\underline{X}$, $\underline{Y}$ et par les charges $\underline{p}$ et $\underline{m}$. Les composantes du vecteur de déplacement $\underline{\xi}$ et du vecteur de rotation $\underline{\phi}$ seront leurs effets. Le second système des causes et des effets se distinguera du premier par les "primes". Dans nos considérations consécutives nous posons l'homogénéïté des conditions initiales.

Appliquons la transformation de Laplace aux équations constitutives (2.18)

$$\begin{aligned}\bar{\sigma}_{ji} &= (\mu+\alpha)\bar{\gamma}_{ji} + (\mu-\alpha)\bar{\gamma}_{ij} + \lambda\delta_{ij}\bar{\gamma}_{KK}\,,\\ \bar{\mu}_{ji} &= (\gamma+\varepsilon)\bar{\kappa}_{ji} + (\gamma-\varepsilon)\bar{\kappa}_{ij} + \beta\delta_{ij}\bar{\kappa}_{KK}\end{aligned} \tag{5.1}$$

où

$$\bar{\sigma}_{ji}(\underline{x}, p) = L(\sigma_{ji}(\underline{x}, t)) = \int_0^\infty \sigma_{ji}(\underline{x}, t)e^{-pt}dt, \quad \text{etc...}$$

Procédons d'une façon analogue avec les grandeurs $\bar{\sigma}'_{ij}$, $\bar{\mu}'_{ji}$.

On peut vérifier aisément l'exactitude de l'identité suivante

$$\bar{\sigma}_{ji}\bar{\gamma}'_{ji} + \bar{\mu}_{ji}\bar{\kappa}'_{ji} = \bar{\sigma}'_{ji}\bar{\gamma}_{ji} + \bar{\mu}'_{ji}\bar{\kappa}_{ji}\,. \tag{5.2}$$

Intégrons la relation (5.2) par le champ du corps. Finalement nous obtiendrons

$$\int_V (\bar{\sigma}_{ji}\bar{\gamma}'_{ji} + \bar{\mu}_{ji}\bar{\kappa}'_{ji})dV = \int_V (\bar{\sigma}'_{ji}\bar{\gamma}_{ji} + \bar{\mu}'_{ji}\bar{\kappa}_{ji})dV\,. \tag{5.3}$$

Faisons ensuite la transformation de Laplace sur les équations du mouvement

$$\begin{aligned}&\bar{\sigma}_{ji,j} + \bar{X}_i = p^2\rho\bar{\xi}_i, \quad \varepsilon_{ijK}\bar{\sigma}_{jK} + \bar{\mu}_{ji,j} + \bar{Y}_i = p^2 I\bar{\phi}_i,\\ &\xi_i(\underline{x}, 0) = 0,\ \dot{\xi}_i(\underline{x}, 0) = 0,\ \phi_i(\underline{x}, 0) = 0,\ \dot{\phi}_i(\underline{x}, 0) = 0\end{aligned} \tag{5.4'}$$

Procédons d'une façon analogue avec les équations du mouvement pour le second système des causes et des effets

$$\begin{aligned}&\bar{\sigma}'_{ji,j} + \bar{X}'_i = p^2\rho\bar{\xi}'_i\,, \quad \varepsilon_{ijK}\bar{\sigma}'_{jK} + \bar{\mu}'_{ji,j} + \bar{Y}'_i = p^2 I\bar{\phi}'_i\,,\\ &\xi'_i(\underline{x}, 0) = 0,\ \dot{\xi}'_i(\underline{x}, 0) = 0,\ \phi'_i(\underline{x}, 0) = 0,\ \dot{\phi}'_i(\underline{x}, 0) = 0\end{aligned} \tag{5.4''}$$

A l'aide des relations (5.4') et (5.4") nous arriverons à l'équation (5.3) sous forme

$$\int_V (\bar{X}_i \bar{\xi}'_i + \bar{Y}_i \bar{\phi}'_i) dV + \int_A (\bar{p}_i \bar{\xi}'_i + \bar{m}_i \bar{\phi}'_i) dA =$$
$$= \int_V (\bar{X}'_i \bar{\xi}_i + \bar{Y}'_i \bar{\phi}_i) dV + \int_A (\bar{p}'_i \bar{\xi}_i + \bar{m}'_i \bar{\phi}_i) dA \quad . \tag{5.5}$$

Dans cette équation apparaissent toutes les causes et tous les effets. Après avoir fait la transformation de Laplace inverse sur l'équation (5.5) nous arrivons au théorème de la réciprocité des travaux ([15])

$$\int_V (X_i * \xi'_i + Y_i * \phi'_i) dV + \int_A (p_i * \xi'_i + m_i * \phi'_i) dA =$$
$$= \int_V (X'_i * \xi_i + Y'_i * \phi_i) dV + \int_A (p'_i * \xi_i + m'_i * \phi_i) dA \; . \tag{5.6}$$

où

$$X_i * \xi'_i = \int_o^t X_i(\underline{x}, t - \tau) \xi'_i(\underline{x}, \tau) d\tau \quad , \quad \text{etc...}$$

Dans le cas du corps infini le théorème de la réciprocité des travaux prend une forme particulière.

$$\int_V (X_i * \xi'_i + Y_i * \phi'_i) dV = \int_V (X'_i * \xi_i + Y'_i * \phi_i) dV \tag{5.7}$$

Les théorèmes de la réciprocité (5.6) (5.7) constituent une généralisation du théorème de Graffi ([17]) de l'élastodynamique classique.

Le théorème de la réciprocité des travaux est l'un des plus intéressants dans la théorie de l'élasticité micropolaire. Ce théorème est très général et susceptible de servir à la mise au point de méthodes d'intégration des équations de l'élastodynamique avec recours aux fonctions de Green.

6 - ONDES MONOCHROMATIQUES PLANES

Considérons une onde plane qui change avec le temps d'une façon harmonique. Soit le front de l'onde reste au moment t = const. sur le plan $p = x_i n_i$ où $\underline{n}$ est un vecteur unitaire d'un plan normal. Dans ce cas, il faut prêter aux déplacements et aux rotations la forme suivante :

$$\xi_j = A_j \exp\left[- ik(\Omega t - n_K \kappa_K) \right], \tag{6.1}$$

$$\phi_j = B_j \exp\left[- ik(\Omega t - n_K \kappa_K) \right], \; k = \frac{\omega}{\Omega} = \frac{2\Pi}{1}, \; i = \sqrt{-1} \tag{6.2}$$

Ici Ω est une vitesse de phase, ω -une vitesse angulaire, 1 -la longueur des ondes. En introduisant (6.1) (6.2) au système des équations (3.6) (3.7) nous arrivons au système des équations algébriques suivant :

$$\left.\begin{aligned} &(\mu + \alpha - \rho\Omega^2)A_j + (\lambda + \mu - \alpha)n_j n_K A_K + \frac{2\alpha i}{k} \varepsilon_{jK1} n_1 B_K = 0, \\ &(\gamma + \varepsilon + \frac{4\alpha}{k^2} - I\Omega^2)B_j + (\beta + \gamma - \varepsilon)n_j n_K B_K + \frac{2\alpha i}{k} \varepsilon_{jK1} n_1 A_K = 0 \end{aligned}\right\} \tag{6.3}$$

Ce système possède une solution non triviale seulement dans le cas de la disparition du déterminant de système. Cette condition conduit à l'équation :

$$\begin{aligned} &(\lambda + 2\mu - \rho\Omega^2)(2\gamma + \beta + \frac{4\alpha}{k^2} - I\Omega^2) \\ &\qquad \left[(\mu + \alpha - \rho\Omega^2)(\gamma + \varepsilon + \frac{4\alpha}{k^2} - I\Omega^2) - \frac{2\alpha^2}{k^2} \right] = 0. \end{aligned} \tag{6.4}$$

Nous déterminerons à partir de cette équation les vitesses de la propagation de différents types d'ondes planes.

De l'équation $\lambda + 2\mu - \rho\Omega^2 = 0$

nous trouverons une vitesse de phase constante et indépendante de ω

$$\Omega = \Omega_1 = \left(\frac{\lambda + 2\mu}{\rho} \right)^{1/2}$$

De l'équation

$$2\gamma + \beta + \frac{4\alpha}{k^2} - I\Omega^2 = 0 \tag{6.5}$$

il résulte la vitesse de phase

$$\Omega = \Omega_3\left(1 - \frac{\omega_0^2}{\omega^2}\right)^{1/2}, \quad \Omega_3 = \left(\frac{2\gamma + \beta}{I}\right)^{1/2}, \quad \omega_0^2 = 4\alpha/I . \tag{6.6}$$

Cette vitesse dépend de la fréquence ω; l'onde subit donc une dispersion. La vitesse de phase ω a une signification physique seulement pour $\omega > \omega_0$, prenant pour ces seules valeurs des valeurs réelles.

L'équation

$$(\mu + \alpha - \rho\Omega^2)\left(\gamma + \varepsilon + \frac{4\alpha}{k^2} - I\Omega^2\right) - \frac{4\alpha}{k^2} = 0 \tag{6.7}$$

conduit à l'équation suivante

$$k^4 - k^2(\sigma_2^2 + \sigma_4^2 + p(s - 2) + \sigma_2^2(\sigma_4^2 - 2p)) = 0 . \tag{6.8}$$

Nous avons introduit ici les notations suivantes :

$$\sigma_2 = \frac{\omega}{\Omega_2}, \quad \sigma_4 = \frac{\omega}{\Omega_4}, \quad \Omega_2 = \left(\frac{\mu + \alpha}{\rho}\right)^{1/2}, \quad \Omega_4 = \left(\frac{\gamma + \varepsilon}{I}\right)^{1/2},$$

$$s = \frac{2\alpha}{\mu + \alpha}, \quad p = \frac{2\alpha}{\gamma + \varepsilon} .$$

Les solutions de l'équation biquadratiques (6.8) sont :

$$\left.\begin{matrix} k_1^2 \\ k_2^2 \end{matrix}\right\} = \frac{1}{2}\left(\sigma_2^2 + \sigma_4^2 + p(s - 2) \pm \sqrt{(\sigma_2^2 + \sigma_4^2 + p(s-2))^2 + 4\sigma_2^2(2p - \sigma_4^2)}\right) \tag{6.9}$$

ou

$$\left.\begin{matrix} k_1^2 \\ k_2^2 \end{matrix}\right\} = \frac{1}{2}\left(\sigma_2^2 + \sigma_4^2 + p(s - 2) \pm \sqrt{(\sigma_4^2 - \sigma_2^2 + p(s-2))^2 + 4ps\sigma_2^2}\right) . \tag{6.10}$$

Il est évident que le discriminant (voir (6.10) !) est positif ; k_1^2 , k_2^2 sont des valeurs réelles. De (6.9) les inégalités suivantes résultent pour $\sigma_4^2 > 2p$ (c'est-à-dire pour $\omega^2 > \omega_0^2$) :

$$k_1^2 > 0, \quad k_2^2 > 0$$

ce qui conduit aux vitesses de phase réelles.

Pour $\omega^2 < \omega_0^2$ nous avons

$$k_1^2 > 0 \qquad k_2^2 < 0.$$

Seule la première inégalité conduit à une vitesse réelle, la seconde vitesse de phase $\Omega = \omega/k$ est imaginaire et n'a pas de signification physique. Les vitesses liées à l'équation (6.8) dépendent du paramètre ω ; les ondes qui se propagent avec ces vitesses subissent une dispersion.

Considérons la propagation d'une onde plane dans la direction x_1 . Posons que l'onde est monochromatique

$$\xi_i(x_1, t) = \xi_i^*(x_1)e^{-i\omega t} \quad \phi_i(x_1, t) = \phi_i^*(x_1)e^{-i\omega t} . \tag{6.11}$$

Des équations (3.6) (3.7) nous obtiendrons le système suivant de 6 équations différentielles

$$(\partial_1^2 + \sigma_1^2)\xi_i^* = 0, \tag{6.12}$$

$$(\partial_1^2 + \sigma_3^2 - \frac{\nu^2}{\Omega_3^2})\phi_1^* = 0, \tag{6.13}$$

$$\left.\begin{aligned} &(\partial_1^2 + \sigma_2^2)\xi_2^* - s\partial_1\phi_3^* = 0,\\ &(\partial_1^2 + \sigma_4^2 - 2p)\phi_3^* + p\partial_1\xi_2^* = 0, \end{aligned}\right\} \tag{6.14}$$

$$\left.\begin{aligned} &(\partial_1^2 + \sigma_2^2)\xi_3^* + s\partial_1\phi_2^* = 0,\\ &(\partial_1^2 + \sigma_4^2 - 2p)\phi_2^* - p\partial_1\xi_3^* = 0. \end{aligned}\right\} \tag{6.15}$$

Nous avons introduit les notations

$$\sigma_1 = \omega/\Omega_1 \ , \qquad \sigma_3 = \omega/\Omega_3 \ .$$

L'équation (6.12) représente une onde longitudinale. Cette onde se propage avec une vitesse Ω_1 , elle n'est pas atténuée et ne subit pas de dispersion.

La solution de l'équation (6.12) est la fonction

$$\xi_1 = A_+ e^{-i\omega(t-\frac{x_1}{\Omega_1})} + A_- e^{-i\omega(t+\frac{x_1}{\Omega_1})} \ . \qquad (6.16)$$

L'équation (6.13) représente une onde longitudinale microrotative.

$$\phi_1 = B_+ e^{-i\ (t-\frac{x_1}{\Omega})} + B_- e^{-i\ (t+\frac{x_1}{\Omega})} \ , \qquad (6.17)$$

où

$$\Omega = \Omega_3 (1 - \frac{\omega_o^2}{\omega^2})^{-\frac{1}{2}}, \qquad \omega^2 > \omega_o^2, \qquad \omega_o^2 = 4\alpha/I \ .$$

En substituant

$$\xi_2^*(x_1) = \xi_2^\circ e^{iKx_1}, \qquad \phi_3^*(x_1) = \phi_3^\circ e^{iKx} \ ,$$

aux équations (6.14) nous arrivons au système de deux équations algébriques

$$\xi_2^\circ(\sigma_2^2 - k^2) - iks\phi_3^\circ = 0,$$

$$ikp\xi_2^\circ + (\sigma_4^2 - k^2 - 2p)\phi_3^\circ = 0.$$

En réduisant le déterminant de ce système des équations à zéro nous obtenons l'équation (6.8)

Les fonctions

$$\xi_2 = C_+ e^{-i\omega(t-\frac{x_1}{\Omega_1^\circ})} + C_- e^{-i\omega(t+\frac{x_1}{\Omega_1^\circ})} + \frac{ik_2 s}{\sigma_2^2 - k_2^2}\left(D_+ e^{-i\omega(t-\frac{x_1}{\Omega_3^\circ})} - D_- e^{-i\omega(t+\frac{x_1}{\Omega_2^\circ})} \right) \ , \qquad (6.18)$$

$$\phi_3 = D_+ e^{-i\omega(t-\frac{x_1}{\Omega_2})} - D_- e^{-i\omega(t+\frac{x_1}{\Omega_2^\circ})} + \\ + \frac{\sigma_2^2 - k_1^2}{isk_1}\left(C_+ e^{-i\omega(t-\frac{x_1}{\Omega_1^\circ})} - C_- e^{-i\omega(t+\frac{x_1}{\Omega_1^\circ})}\right), \tag{6.19}$$

où $\Omega_1^\circ = \omega/k_1 \qquad \Omega_2^\circ = \omega/k_2$,

constituent la solution du système des équations (6.14). Les relations (6.18) (6.19) représentent deux types d'ondes planes différents, dont le premier avance avec la vitesse de phase Ω_1° , le second avec la vitesse Ω_2° . Tous les quatre intervenant dans (6.18) et (6.19) subissent une dispersion. La solution (6.18) décrit une onde de déplacement transversale, la solution (6.19) une onde transversale micro-rotative.

Remarquons que l'onde longitudinale ξ_1 est liée aux contraintes normales $\sigma_{11}, \sigma_{22}, \sigma_{33}$. L'onde micro-rotative longitudinale ϕ_1 est accompagnée de contraintes du moment $\mu_{11}, \mu_{22}, \mu_{33}$ et des contraintes tangentes σ_{23}, σ_{32} .
Les contraintes $\sigma_{12}, \sigma_{21}, \mu_{13}, \mu_{31}$ sont liées aux ondes accouplées ξ_2, ϕ_3. Et les contraintes $\mu_{12}, \mu_{21}, \sigma_{31}, \sigma_{13}$ sont liées aux ondes accouplées ξ_3, ϕ_2 . Seules les ondes longitudinales ne subissent pas de dispersion.

7 - ONDES APERIODIQUES DANS L'ESPACE INFINI

Dans la section 3 nous avons décomposé les vecteurs $\underline{u}$ et $\underline{\phi}$ en deux vecteurs, l'un dérivé d'un potentiel scalaire, l'autre d'un potentiel vecteur. Ainsi, en admettant

$$\begin{aligned} \underline{\xi} &= \text{grad}\,\phi + \text{rot}\,\Psi, \ \text{div}\,\underline{\Psi} = 0, \\ \underline{\phi} &= \text{grad}\,\Gamma + \text{rot}\,\underline{H}, \ \text{div}\,\underline{H} = 0, \end{aligned} \tag{7.1}$$

et en procédant de la même façon avec les expressions décrivant les forces et les moments de masse

$$\underline{X} = \rho(\text{grad } \tilde{v} + \text{rot } \underline{\chi}), \quad \text{div } \underline{\chi} = 0,$$
$$\underline{Y} = I(\text{grad } \sigma + \text{rot } \underline{\eta}), \quad \text{div } \underline{\eta} = 0, \tag{7.2}$$

et en introduisant les relations (7.1) et (7.2) dans le système des équations (3.3) et (3.4) nous arrivons aux équations suivantes :

$$\Box_1\phi + \rho\tilde{v} = 0, \qquad \Box_3\Gamma + I\sigma = 0,$$
$$\Box_2\underline{\Psi} + 2\alpha \text{ rot } \underline{H} + \rho\underline{\chi} = 0, \tag{7.3}$$
$$\Box_4\underline{H} + 2\alpha \text{ rot } \underline{\Psi} + I\underline{\eta} = 0.$$

Le comportement des ondes longitudinales ϕ est bien connu, vu qu'il est le même pour le milieu de Hooke et le milieu micropolaire. La propagation des ondes est définie par le potentiel retardé, les intégrales de Poisson, par le théorème de Kirchhoff et Helmholtz pour le problème tridimensionnel, par le théorème de Volterra, Riess et Weber pour les problèmes bidimensionnels et enfin par le théorème classique d'Alembert pour le mouvement unidimensionnel.

Ajoutons encore que les ondes longitudinales engendrées par la source $\tilde{v}(\underline{x}, t)$ donnent le tenseur symétrique de déformation γ_{ij} et le tenseur symétrique de contrainte σ_{ij}. Il vient

$$u_i = \phi_{,i}, \; \gamma_{ij} = \phi_{,ij}, \; \sigma_{ji} = 2\mu\, \phi_{,ij} + \lambda\delta_{ij}\phi_{,KK},$$
$$\kappa_{ij} = 0, \quad \mu_{ij} = 0. \tag{7.4}$$

En passant à l'équation

$$\Box_3\Gamma + I\sigma = 0 , \tag{7.5}$$

nous trouvons les vecteurs symétriques κ_{ij} et μ_{ij}. Etant donné

$$\phi_i = \Gamma_{,i} \qquad \kappa_{ij} = \Gamma_{,ij}$$

il vient

$$\mu_{ij} = 2\gamma\Gamma_{,ij} + \beta\delta_{ij}\Gamma_{,KK} , \qquad \sigma_{ij} = 0 . \tag{7.6}$$

Nous donnons dans la suite quelques solutions concernant l'équation de Klein-Gordon (7.5). Nous nous bornerons à ne donner que les résultats, référant aux problèmes tridimensionnels ([18]).

Considérons tout d'abord l'équation non homogène (7.5) en supposant que les conditions initiales sont homogènes. La solution de cette équation a la forme suivante :

$$\Gamma(\underline{x}', t) = \frac{1}{4\Pi C_3^2} \left\{ \int_V \frac{\sigma(\underline{x}, t - R/C_3)}{R(\underline{x}, \underline{x}')} dV(\underline{x}) + \right.$$

$$\left. + \int_V \frac{dV(\underline{x})}{R(\underline{x},\underline{x}')} \int_0^t \sigma(\underline{x}, t - \tau) G(\underline{x}, \underline{x}',\tau) d\tau \right\}$$

où

$$G(\underline{x}, \underline{x}',t) = - \frac{R\nu}{C_3} \frac{J_1(\nu\sqrt{t^2-R^2/C_3^2})}{\sqrt{t^2-R^2/C_3^2}} H(t - R/C_3), \quad C_3 = \left(\frac{\beta + 2\gamma}{I}\right)^{1/2}$$

Le terme H(z) désigne ici la fonction de Heaviside et le symbole R, la distance entre les points $\underline{x}$ et $\underline{x}'$. Le terme $J_1(z)$ représente la fonction de Bessel de premier genre et de premier ordre. La solution de l'équation (7.7) contient deux membres, dont le premier représente le potentiel retardé.

Considérons maintenant l'équation du mouvement ondulatoire (7.5) homogène ayant les conditions initiales suivantes :

$$\Gamma(\underline{x}, 0) = g(\underline{x}), \qquad \dot{\Gamma}(\underline{x}, 0) = h(\underline{x}) \tag{7.8}$$

La solution de l'équation (7.5) prend la forme

$$\Gamma(\underline{x}, t) = t\, M_{ct}\{h(\underline{x})\} + \frac{\partial}{\partial t}\left[t\, M_{ct}\{f(\underline{x})\}\right] + \\ + \frac{1}{4\Pi R_3^2} \int_V \left[h(\underline{x}') + g(\underline{x}')\frac{\partial}{\partial t}\right] G(\underline{x}, \underline{x}', t)\, dV(\underline{x}') \; . \tag{7.9}$$

L'expression

$$M_{ct}\{h(\underline{x})\} = \frac{1}{4\Pi} \int_{\circ}^{2\Pi} d\Psi \int_{\circ}^{\Pi} h(x_i + n_i C_3 t) \sin\theta\, d\theta$$

représente la moyenne arithmétique des valeurs de la fonction prises sur la surface d'une sphère du centre $\underline{x}$ et d'un rayon C_3t.

Les grandeurs n_i apparaissant dans la dernière intégrale sont des cosinus dicteurs du rayon de sphère exprimés en coordonnées sphériques

$$n_i = \sin\theta \cos\Psi, \quad n_2 = \sin\theta \sin\Psi, \quad n_3 = \cos\vartheta,$$

$$0 \leqslant \theta < \Pi \; , \qquad 0 \leqslant \Psi < 2\Pi \; .$$

La formule (7.9) représente une généralisation de la formule intégrale de Poisson connue dans la théorie classique du mouvement ondulatoire. Si $\nu = 0$, l'équation (7.9) ne contient que les deux premières intégrales, ce sont les intégrales de Poisson.

Pour compléter nos remarques, nous allons donner une formule qui n'est qu'une extension de la formule connue de Kirchhoff, sur l'équation de Klein-Gordon.

$$\Gamma(\underline{x}',t) = -\frac{1}{4\Pi}\int_A \left\{[\Gamma]\frac{\partial}{\partial n}\left(\frac{1}{R}\right) - \frac{1}{C_3 R}\frac{\partial R}{\partial n}\left[\frac{\partial\Gamma}{\partial t}\right] - \frac{1}{R}\left[\frac{\partial\Gamma}{\partial n}\right]\right\} dA(\underline{x}) +$$

$$-\frac{1}{4\Pi}\int_A dA(\underline{x})\int_0^t \left\{\left(G(R,t)\frac{\partial}{\partial n}\left(\frac{1}{R}\right) + \frac{1}{R}\frac{\partial R}{\partial n}\frac{\partial G}{\partial R}\right)\Gamma(\underline{x}, t-\tau) +\right.$$

$$\left. -\frac{1}{R}G(R,\tau)\frac{\partial\Gamma(\underline{x},t-\tau)}{\partial n}\right\} d\tau \, , \quad \underline{x}'\in V, \quad R = |\underline{x}-\underline{x}'| \qquad (7.10)$$

$$\Gamma(\underline{x}',t) = 0, \quad \underline{x}' \in C\text{-}V, \qquad [\Gamma] = \Gamma(\underline{x}, t - R/C_3) \, .$$

Cette formule donne la valeur de la fonction Γ au point $\underline{x}'$ de la région V, exprimée en intégrales de surface contenant la fonction Γ et ses dérivées par rapport au temps et à la normale à la surface A délimitant la région V. En dérivant cette formule, on suppose que la fonction Γ et ses premières et secondes dérivées sont continues dans la région V et sur la surface A. Pour $\alpha = 0$ la formule devient la formule classique de Kirchhoff.

Pour les oscillations monochromatiques, nous obtenons l'extension de la formule de Helmholtz sur l'équation de Klein-Gordon.

$$\Gamma^*(\underline{x}') = \frac{1}{4\Pi}\int_A \left(\frac{\partial\Gamma^*}{\partial n}\frac{e^{ikR}}{R} - \Gamma^*\frac{\partial}{\partial n}\left(\frac{e^{ikR}}{R}\right)\right) dA(\underline{x}) \, , \quad \underline{x}'\in V \qquad (7.11)$$

$$\Gamma^*(\underline{x}') = 0, \qquad \underline{x}' \in C\text{-}V \, .$$

Nous avons ici

$$\Gamma(\underline{x}',t) = \Gamma^*(\underline{x}')e^{-i\omega t} \, , \quad k = \frac{\omega}{C_3}\left(1 - \frac{\nu^2}{\omega^2}\right)^{1/2} \, , \quad \nu^2 = \frac{4\alpha}{I} \, .$$

L'équation (7.11) correspond à une réalité physique uniquement lorsque $\nu^2 > \frac{4\alpha}{I}$. C'est alors seulement que la vitesse de phase est réelle.

La dépendance de la vitesse de phase $C = \omega/k$ de la fréquence ω indique que nous sommes en présence de la dispersion de l'onde de rotation. Si $\nu \to 0$ l'équation (7.11) prend la forme de l'équation classique du mouvement ondulaire, donnée par Helmholtz.

Les équations $(7.3)_2$ et $(7.3)_3$ sont moins étudiées. On n'a discuté que les équations unidimensionnelles du mouvement òndulatoire et aussi les solutions fondamentales de ces équations que nous allons donner plus loin.

8 - LES SOLUTIONS FONDAMENTALES DANS L'ESPACE INFINI

Nous désignerons comme fondamentales les solutions des équations différentielles dépendant de la distance R entre les points $\underline{x}$ et $\underline{x}'$ dans un milieu élastique infini. Dans la suite nous allons donner les formules générales permettant de déterminer les déplacements et les rotations du point $\underline{x}$ du milieu infini, engendrés par les couples et les forces de masse. On dérive lesdites formules par la transformation quadruple intégrale de Fourier, préformée sur les équations du mouvement ondulatoire. (3.11) (3.12).

Nous obtenons finalement les expressions suivantes

$$u_i(\underline{x}, t) = \frac{1}{4\Pi^2} \int_{W_4} \left\{ \frac{\alpha_j \alpha_K \tilde{X}_k}{\rho C_1^2 \underline{\alpha}^2 (\underline{\alpha}^2 - \tau_1^2)} - \frac{1}{\Delta} \left[\frac{\underline{\alpha}^2 + \nu^2 - \tau_4^2}{C_2^2 \rho \underline{\alpha}^2} (\alpha_j \alpha_K \tilde{X}_k - \underline{\alpha}^2 \tilde{X}_j) + \right. \right.$$
$$\left. \left. + \frac{is}{IC_4^2} \varepsilon_{jKl} \alpha_K \tilde{Y}_l \right] \right\} \exp\left[-i(x_K \alpha_K + \eta t)\right] dW , \qquad (8.1)$$

$$\phi_j(\underline{x}, t) = \frac{1}{4\Pi^2} \int_{W_4} \left\{ \frac{\alpha_j\alpha_K\tilde{Y}_K}{IC_4^2\underline{\alpha}^2(\alpha^2+\tau_o^2-\tau_3^2)} - \frac{1}{\Delta}\left[\frac{\underline{\alpha}^2-\tau_1^2}{IC_4^2\underline{\alpha}^2}(\alpha_j\alpha_K\tilde{Y}_K - \alpha^2\tilde{Y}_j) + \frac{ip}{\rho C_2^2}\varepsilon_{jKl}\tilde{X}_l\right]\right\} \exp\left[-i(x_K\alpha_K + \eta t)\right] dW . \tag{8.2}$$

Dans ces formules $dW = d\alpha_1 d\alpha_2 d\alpha_3 d\eta$

W_4 désigne l'intérieur de l'espace α_1, α_2, α_3, η .

$$\underline{\alpha}^2 = \alpha_1^2 + \alpha_2^2 + \alpha_3^2, \quad s = \frac{2\alpha}{\mu+\alpha}, \quad p = \frac{2\alpha}{\gamma+\varepsilon}, \quad \tau = \eta/C_j, \quad j = 1,2,3,4.$$

$$\tau_o^2 = \frac{4\alpha}{\beta+2\gamma}, \quad \nu_o^2 = \frac{4\alpha}{IC_4^2}, \quad \eta_o^2 = \frac{4\alpha^2}{(\gamma+\varepsilon)(\mu+\gamma)}, \quad \Delta = (\underline{\alpha}^2-\lambda_1^2)(\alpha^2-\lambda_2^2),$$

$$\lambda_{1,2}^2 = \frac{1}{2}\left[\tau_2^2 + \tau_4^2 + \eta_o^2 - \nu_o^2 \pm \sqrt{(\tau_4^2 - \tau_2^2 - \eta_o^2 + \nu_o^2)^2 + 4ps\tau_2^2}\right],$$

$$C_1 = \left(\frac{\lambda+2\mu}{\rho}\right)^{1/2}, \quad C_2 = \left(\frac{\mu+\alpha}{\rho}\right)^{1/2}, \quad C_3 = \left(\frac{\beta+2\mu}{I}\right)^{1/2}, \quad C_4 = \left(\frac{\gamma+\varepsilon}{I}\right)^{1/2}.$$

Malgré la complexité de ces expressions entraînant la nécessité de l'intégration multiple par région infinie, nous obtenons assez facilement les expressions pour les déplacements et rotations, engendrés par l'action des forces et moments concentrés, variant harmoniquement avec le temps.

Supposons que la force concentrée $X_i = \delta(\underline{x} - \underline{x}')\delta_{j1}e^{-i\omega t}$ est appliquée au point $\underline{x}'$ et dirigée parallèlement à l'axe x_1 . Les déplacements $u_j = U_j^{(1)}(\underline{x}, \underline{x}', t)$ et les rotations $\phi_j = \Phi_j^{(1)}(\underline{x}, \underline{x}', t)$ peuvent alors être explimés par les formules

$$U_j^{(1)}(\underline{x}, \underline{x}', t) = \frac{e^{-i\omega t}}{4\Pi\rho\omega^2}(F\delta_{jK} + \partial_j\partial_K K) , \tag{8.3}$$

$$\Phi_j^{(1)}(\underline{x},\underline{x}',t) = \frac{e^{-i\omega t}}{4\Pi\rho C_2^2(K_1^2-K_2^2)} \varepsilon_{1jK} \frac{\partial}{\partial x_K} \left(\frac{e^{ik_1 R}-e^{iK_2 R}}{R} \right) , \tag{8.4}$$

$$j, K, 1 = 1, 2, 3.$$

dans lesquelles on a introduit les notations suivantes :

$$F = A_1 k_1^2 \frac{e^{ik_1 R}}{R} + A_2 k_2^2 \frac{e^{ik_2 R}}{R} ,$$

$$K = A_1 \frac{e^{ik_2 R}}{R} + A_2 \frac{e^{ik_2 R}}{R} + A_3 \frac{e^{i\sigma_1 R}}{R} ,$$

$$A_1 = \frac{\sigma_2^2 - k_2^2}{k_1^2 - k_2^2} , \qquad A_2 = \frac{\sigma_2^2 - k_1^2}{k_3^2 - k_1^2} , \qquad A_3 = -1,$$

$$k_{1,2}^2 = \left[\sigma_2^2 + \sigma_4^2 + \eta_0^2 - \nu^2 \pm \sqrt{(\sigma_4^2 - \sigma_2^2 - \eta_0^2 + \nu_0^2)^2 + 4ps\sigma_2^2}\right], \sigma_j = \omega/C_j .$$

Si nous appliquons au point $\underline{x}'$ le moment concentré $Y_j = \delta(\underline{x} - \underline{x}')\delta_{j1} e^{-i\omega t}$ agissant parallèlement à l'axe x_1, alors en désignant les déplacements par $\hat{U}_j^{(1)}$ et les rotations par $\hat{\Phi}_j^{(1)}$, nous obtenons :

$$\hat{U}_j^{(1)} = \frac{e^{-i\omega t}}{4\Pi I C_4^2(k_1^2 - k_2^2)} \varepsilon_{1jK} \frac{\partial}{\partial x_K} \left(\frac{e^{iK_1 R} - e^{iK_2 R}}{R}\right), \tag{8.5}$$

$$\hat{\Phi}_j^{(1)} = \frac{e^{-i\omega t}}{4\Pi I C_4^2} \left[L\delta_{j1} + \partial_j \partial_1 N\right] , \quad j, K, 1 = 1,2,3, \tag{8.6}$$

avec

$$L = C_1 k_1^2 \frac{e^{iK_1 R}}{R} + C_2 k_2^2 \frac{e^{iK_2 R}}{R} ,$$

$$N = C_1 \frac{e^{iK_1 R}}{R} + C_2 \frac{e^{iK_2 R}}{R} + C_3 \frac{e^{iK_3 R}}{R} ,$$

$$C_1 = \frac{k_1^2 - \sigma_2^2}{k_1^2(k_1^2-k_2^2)} , \quad C_2 = \frac{k_2^2-\sigma_2^2}{k_1^2(k_2^2-k_1^2)} , \quad C_3 = \frac{\sigma_2^2}{k_1^2 k_2^2} ,$$

$$k_3 = \frac{1}{C_3}\,(\omega^2 - \nu^2)^{1/2} \quad , \qquad \nu^2 = \frac{4\alpha}{I} \; .$$

Etudions maintenant le cas particulier, où $\alpha = 0$. Nous obtenons les formules connues des solutions fondamentales d'élastocinétique classique

$$\dot{U}_j^{(1)} = \frac{e^{-i\omega t}}{4\Pi\rho}\left\{\frac{1}{C_2^2}\,\frac{e^{i\beta_0 R}}{R} - \frac{1}{\omega^2}\,\partial_j\partial_1\left(\frac{e^{i\sigma_1 R} - e^{i\beta_0 R}}{R}\right)\right\}, \quad (8.7)$$

$$\dot{\Phi}_j^{(1)} = 0.$$

Nous avons ici $\beta_0 = \frac{\omega}{C_2}$, $\sigma_1 = \frac{\omega}{C_1}$, le symbole $\hat{C}_2 = (\frac{\mu}{\rho})^{1/2}$ désignant la vitesse de propagation de l'onde longitudinale dans le milieu de Hooke. En posant $\alpha = 0$ on arrive, en vertu des formules (8.5) et (8.6) aux expressions suivantes

$$\hat{U}_j^{(1)} = 0$$

$$\hat{\Phi}_j^{(1)} = \left\{\frac{1}{4\Pi(\gamma+\varepsilon)}\,\frac{e^{i\sigma_4 R}}{R}\,\delta_{j1} - \frac{1}{4\Pi I\omega^2}\,\partial_j\partial_1\left(\frac{e^{i\sigma_3 R} - e^{i\sigma_4 R}}{R}\right)\right\} e^{-i\omega t} , \quad (8.10)$$

avec $\sigma_3 = \omega/C_3$.

Les rotations $\hat{\Phi}_j^{(1)}$ réfèrent à un milieu hypothétique, où les rotations seules sont possibles.

Revenons encore une fois aux solutions fondamentales (8.3) $\div$ (8.6).

Si la force concentrée est dirigée parallèlement à l'axe x_1 , alors en vertu de la formule (8.4) il vient $\Phi_1^{(1)} = 0$. Donc, les grandeurs κ_{j1} $(1 = 1,2,3)$ sont égales à zéro.

Si le moment concentré agit parallèlement à l'axe x_1 alors $\hat{U}_1^{(1)} = 0$. Donc les grandeurs γ_{11} (pas de sommation par 1 !) sont égales à zéro.

En supposant l'action de la force concentrée, nous obtenons chaque valeur de 1 un vecteur de déplacement $\underline{U}^{(1)}$ et un vecteur de rotation $\underline{\Phi}^{(1)}$.

En connaissant déjà les solutions fondamentales pour une force et un moment concentré, on peut passer à la recherche des singularités d'ordre supérieur. De la solution connue se rattachant à une force concentrée, on peut déduire les solutions se rattachant à une force double sans moment, à une force double avec un moment et à un centre de compression.

De même, de la solution connue se rattachant à un moment concentré, on peut déduire la solution pour le cas d'un moment double et d'un centre de torsion.

Citons quelques résultats. Dans le cas d'un centre de compression on trouve

$$\xi_j = \frac{1}{4\Pi\rho} \frac{\partial}{\partial x_i} \left(\frac{e^{-i\omega(t-R/C_1)}}{R} \right), \quad \phi_j = 0.$$

C'est une solution identique à la solution du problème analogue en théorie classique d'élastocinétique.

Si le centre de torsion se trouve à l'origine des coordonnées, on a

$$\xi_j = 0, \qquad \phi_j = \frac{1}{4\Pi I k_3^2 C_3^2} \frac{\partial}{\partial x_j} \left(\frac{e^{-i\omega(t - K_3 R}}{R} \right),$$

où $k_3 = \frac{1}{C_3} (\omega^2 - \nu^2)^{1/2}, \quad \nu^2 = \frac{4\alpha}{I}$.

donc, dans ce cas, le mouvement ondulatoire est dispersé.

Supposons qu'à l'origine des coordonnées le milieu est sollicité par deux paires de forces avec un moment.

En réduisant deux paires de forces avec un moment on obtient pour le déplacement ξ_j, l'expression

$$\xi_j = \frac{e^{-i\omega t}}{4\Pi\rho\omega^2}\left(\frac{\partial F}{\partial x_2}, -\frac{\partial F}{\partial x_1}, 0\right),$$

$$F = A_1 k_1^2 \frac{e^{iK_1 R}}{R} + A_2 k_2^2 \frac{e^{iK_2 R}}{R}.$$

Pour obtenir une solution qui donnerait l'effet du moment concentré $Y_j = \delta(\underline{x} - \underline{x}')\delta_{j3}\ e^{-i\omega t}$ on peut recourir à la formule (8.5) et poser $1 = 3$. On voit que les deux formules ne donnent pas les mêmes résultats. C'est que dans la théorie du milieu micropolaire, on ne peut pas substituer les doublets (avec le moment) des forces concentrées à l'action du moment concentré. Dans cette théorie, le moment concentré est une sollicitation analogue à une force concentrée.

Les solutions fondamentales obtenues pour le milieu infini peuvent servir à construire des solutions pour les régions limitées. Nous allons appliquer des formules analogues à celles de Somigliana, déduites en élastocinétique classique.

Nous avons présenté ici quelques problèmes de la propagation des ondes élastiques en espace infini. On a obtenu tout de même plusieurs solutions pour la propagation des ondes monochromatiques en espace élastique ([21]), ([23]), ([27]) et dans la couche élastique ([24]), ([25]), ([28]).

Remarquons que la recherche des solutions fondamentales des problèmes des oscillations apériodiques est d'une grande importance. On n'a obtenu jusqu'ici que quelques solutions de ces problèmes, par exemple, la solution générale de la propagation des ondes rotatives, donnée plus haut. Quant au problème fondamental, à savoir celui de la recherche des solutions singulières du problème dynamique pour des forces et des instantanés et concentrés, les résultats obtenus jusqu'ici s'appliquent uniquement aux intervalles des temps très brefs ou bien très longs.

Ainsi, il reste encore à résoudre un grand nombre de problèmes particuliers. Cependant, les rapides progrès des recherches dans ce domaine permettent d'espérer que nous aurons, au cours des prochaines années, une élastocinétique complète des milieux des Cosserat, formant un nouveau domaine de l'élastocinétique classique.

BIBLIOGRAPHIE

(1) VOIGT W.: Theoretische Studien über die Elastizitätverhältnisse der Kristalle, *Abh. Ges. Wiss*, Göttingen, 34, 1887.

(2) COSSERAT E. and COSSERAT F.: *Théorie des corps déformables*, A. Herrman, Paris, 1909.

(3) TRUESDELL C. and TOUPIN R.A. : The classical field theories, *Encyclopaedia of Physics*, 3, 1, Springer Verlag, Berlin, 1960.

(4) GRIOLI G. : Elasticité asymétrique, *Ann. di Mat. Pura et Appl.*, *Ser.* IV, 50, 1960.

(5) MINDLIN R.D. and TIERSTEN H.F. : Effect of couple stresses in linear elasticity, *Arch. Mech. Analysis*, 11, 1962, 385.

(6) GÜNTHER W. : Zur Statik und Kinematik des Sosseratschen Kontinuums, *Abh. Braunschweig, Wiss. Ges.* 10, 1958, 85.

(7) SCHAEFER H. : Versuch einer Elastizitätstheorie des zweidimensionalen Cosserat-Kontinuums, *Misz. Angew. Mathematik Festschrift Tollmien*, Berlin, 1962, Akademie Verlag.

(8) NEUBER H. : On the general solution of linear-elastic problems in isotropic and anisotropic Cosserat-continua, *Int. Congress IUTAM*, München, 1964.

(9) KUVSHINSKII E. and AERO A.L. : Continuum theory of asymmetric elasticity (in Russian), *Fizika Tvordogo Tela*, 5, 1963.

(10) PALMOV N.A. : Fundamental equations of the theory of asymmetric elasticity (in Russian), *Prikl. Mat. Mekh.*, 28, 1964, 401.

(11) ERINGEN A.C. and SUHUBI E.S. : Nonlinear theory of simple microelastic solids, *Int. J. of Engng. Sci.*, I, 2, 2, 1964, 189 , II, 2, 4, 1964, 389.

(12) STOJANOVIC R. : Mechanics of Polar Continua, *CISM*, Udine, 1970.

(13) NOWACKI W. : *Theory of micropolar elasticity*, J. Springer, Wien, 1970.

(14) NOWACKI W. : Three dimensional problem of micropolar theory of elasticity, *Bull. Acad. Polon. Sci. Sér. Sci. Techn.*, 22, 5, 1974.

(15) SANDRU N.: On some problems of the linear theory of asymmetric elasticity, *Int. J. Eng. Sci.* 4, 1, 1966, 81.

(16) IGNACZAK J. : Radiation conditions of Sommerfeld type for elastic materials with microstructure, *Bull. Acad. Polon. Sci. Sér. Sci. Techn.*, 17, 6, 1970, 251.

(17) GRAFFI D. : Sui teoremi di reciprocità nei fenomeni non stazionari, *Atti Accad. Sci. Bologna*, 10, 2, 1963.

(18) NOWACKI W. : Propagation of rotation waves in asymmetric elasticity, *Bull. Acad. Polon. Sci. Sér. Techn.*, 16, 10, 1968, 493.

(19) NOWACKI W. : Green functions for micropolar elasticity. *Proc. Vibr. Probl.*, 1, 10, 1969.

(20) NOWACKI W. and NOWACKI W.K. : The generation of waves in an infinite micropolar elastic solid, *Proc. Vibr. Probl.*, 10, 2, 1969, 170.

([21]) PARFITT V.R. and ERINGEN A.C. : Reflection of plane waves from the flat boundary of a micropolar elastic half-space, *Report n° 8 - 3, General Technology Corporation,* 1966.

([22]) STEFANIAK J. : Reflection of a plane longitudinal wave from a free plane in a Cosserat medium, *Arch. Mech. Stos.,* 21, 6, 1969, 745.

([23]) KALISKI S. , KAPELEWSKI J. and RYMARZ C. : Surface waves on an optical branch in a continuum with rotational degrees of freedom, *Proc. Vibr. Probl.,* 9, 2, 1968, 108.

([24]) NOWACKI W. and NOWACKI W.K. : Propagation of monochromatic waves in an infinite micropolar elastic plate, *Bull. Acad. Polon. Sci., Sér. Sci. Techn.,* 17, 1, 1969, 29.

([25]) NOWACKI W. and NOWACKI W.K. : The plane Lamb problem in a semi-infinite micropolar elastic body, *Arch. Mech. Stos.,* 21, 3, 1969, 241.

([26]) EASON G. : Wave propagation in a material with microstructure, *Proc. Vibr. Probl.,* 12, 4, 1971, 363.

([27]) EASON G. : The displacement produced in a semi-infinite linear Cosserat continuum by an impulsive force, *Proc. Vibr. Probl. ,* 11, 2, 1970, 199.

([28]) ACHENBACH J.D. : Free vibrations of a layer of micropolar continuum *Int. J. Engng. Sci.,* 10, 7, 1969, 1025.

Experimental Results of Stress Wave Investigations

H. Kolsky
Division of Applied Mathematics
Brown University
Providence, Rhode Island 02912
U.S.A.

INTRODUCTION

Experimental work plays two distinct rôles in the study of stress wave propagation in solids. The first of these is to verify conclusions which have been reached as a result of the mathematical analysis of a dynamic elastic type of loading, or to find the wave pattern in situations where mathematically the problem is a perfectly well-posed one with well-defined initial or boundary conditions, but where the complexity of the mathematical analysis is such that it is impossible to obtain a solution in analytic form. In either of these situations the stress wave experiments are acting as analog computers solving known partial differential equations with well-defined boundary conditions. This type of experiment is a dynamic counterpart of the use of stress analysis techniques to the static elastic loading of engineering structures, where by the use of photoelastic models or of electrical strain gages on elastic models, the strains are measured under conditions of quasi-static loading. The geometry of these structures is generally too complicated to be treated analytically, and although the constitutive relations between the stress and strain tensors is well-established, (the material is assumed to obey Hooke's Law), and the boundary conditions are perfectly well-defined, an analytic solution cannot in general be obtained, and experiments have to be carried out to determine the form of the elastic solution.

The second rôle that experimental work can play in stress wave analysis is where the constitutive relation between the stress tensor and the strain tensor is unknown and the purpose of experimental work in this connection is to obtain dynamic stress-strain relations of the material under the rapidly changing stresses which result from the passage of a stress wave. There are three distinct ways in which deviations from Hooke's Law can occur and in general all three types of deviation are present simultaneously. The first of these results from the fact that Hooke's can be accurately true for only infinitesimal strains, and since in reality all strains are finite, deviations will occur. In practice when the strains are small, e.g. for elastic strains in metals, the second-order effects which have magnitudes which are of the order of the square of the strains can for all practical purposes be ignored, and this type of deviation need not be taken into account. However, for materials such as rubber, where very large elastic strains can take place such deviations may become all-important. The effect just mentioned is a non-linear one which, however, is important only at strains greater than about 5%. For many materials, particularly metals, a non-linear response, i.e. a deviation from Hookean behavior, occurs at very much lower strains. This non-linearity is associated with the phenomenon of yielding and of the on-set of plastic deformation. This type of non-linearity results in the propagation of plastic waves which have received considerable attention in recent years.

The third type of deviation from Hooke's Law is associated with the rate at which the material is deformed. Thus the stress-strain relations of many materials are highly rate-dependent, their response being somewhat analogous to that of viscous liquids in that the stresses required to deform them become greater as the rate of deformation is increased. This type of material is known as a viscoelastic solid, and this time-dependence can become extremely important in the study of the propagation of stress waves in plastics and rubbers. It also arises in many metals, where both an increase in the value of the yield point and a decrease in the amount of plastic strain are observed at high rates of straining.

In general, even for comparatively small deformations, both plastic (non-linear) effects and linear viscoelastic effects occur. Fortunately in many solids of practical importance one or other of these effects can be ignored, thus the theoretical treatment of plastic wave propagation (in the absence of rate effects) gives results which are in reasonable agreement with those observed in most metals. Further the theory of linear viscoelastic wave propagation gives predictions which are well borne out by the response of many high polymers. Where both types of effect are important, it is very difficult to treat the problems analytically.

It should perhaps be pointed out here that stress wave investigations are to some extent forced upon the experimenter by the mechanical response of any test apparatus he may use to measure the dynamic stress-strain response of a material. At quite moderate rates of straining, the inertia of the measuring instrument results in false readings, and to obtain any measurements at all, rapid methods of recording must be utilized. At higher rates of loading the inertia of the specimen itself results in stress waves being propagated through it, so that the experimenter finds he is working with stress waves whether he wants to or not.

A third application of stress wave studies in which stress waves are in a sense incidental to the main purpose of the investigation is the use of stress wave propagation to set up geometrical distributions of stress which cannot be achieved in any other way. One such investigation is the study of the internal strength of brittle solids where it is desired to subject the interior of a specimen to a large tensile stress while the outside surfaces are stress free. Another is the measurement of the volume viscosity of solids by the propagation of dilatational waves through specimens which are in the form of blocks.

In this series of lectures we will first consider the different methods by which stress waves can be set up, then the various ways in which they can be detected and measured. The different types of apparatus which have utilized these methods will be described, and we will finally consider a number of illustrative experimental investigations which have been carried out in the field of stress wave propagation and discuss the results and conclusions which have emerged from them. Finally, future lines of experimental research and the problems which remain to be tackled will be outlined.

A considerable literature on the subject is available and the reader is referred to references 1-10.

PRODUCTION OF STRESS WAVES

There are three main methods of producing stress pulses which have been used in experimental investigations these are (1) Mechanical methods; (2) Detonation of explosive charges; and (3) Electromechanical transducers. We will now consider these three methods in turn.

(1) Mechanical Methods

There are two types of mechanical arrangement which have been used for the production of stress pulses. The first of these is the impact of a projectile onto a surface of the specimen, and by varying the size, shape, velocity of impact, and the material of the projectile, a wide variety of stress pulses can be produced.

The second and less often employed method is to produce stress pulses by suddenly unloading a part of the specimen which is subjected to a large quasi-static load.

In stress wave investigations on a laboratory scale it is often necessary to propagate pulses of very short duration and such pulses can be produced by the impact of small hard spheres onto hard elastic surfaces. Thus the duration of the elastic pulse produced by a sphere of radius R on a flat elastic surface which it is approaching at a velocity V is proportional to $R/V^{1/5}$. Thus the duration is directly proportional to the radius of the sphere but rather insensitive to the velocity of impact. (In fact if the velocity V is achieved by the free fall of the sphere under gravity from a height h the duration of the pulse depends only on $h^{1/10}$, i.e. to halve the duration the height of fall has to be increased more than a thousandfold.) The momentum associated with the pulse of course increases directly as V and since the duration decreases as $V^{1/5}$, the stress amplitude increases as $V^{6/5}$. To give numerical examples of the durations it may perhaps be helpful to note that for a small steel sphere $R = 2.5$ mm. and a velocity of impact of 1 m/sec. onto a hard steel surface, the total duration of the pulse is 10 μsec. (10^{-5} sec.).

The main disadvantage of producing stress pulses by this method is that the area of contact between the sphere and the specimen is very small indeed, and quite low velocities of impact produce very large contact stresses which may easily exceed the yield point of the target material. Since the pulse diverges spherically from the area of contact however, and this area is very small, the amplitude of the elastic wave at points remote from the area of contact will be very small. Thus a steel ball 5 mm. in diameter hitting the center of the end face of a hardened steel bar of 2.5 cm. diameter at a velocity of 50 cm/sec., results in contact stresses of the order of 15,000 bars [1 bar = 10^6 dynes/cm^2.] (which is about the dynamic elastic limit for even the hardest steels). The amplitude of the stress pulse when it has spread over the complete cross-section of the bar, however, has fallen to only about 1.5 bars. An interesting feature of the elastic impact of spheres on blocks is the extremely small fraction of the kinetic energy of the projectile which is converted into stress waves. Thus Hunter [11] using a modified version of the Lamb solution of the waves set up by a normal impulsive force on a half space, has shown that for a steel ball impinging on a block of either glass or steel less than 1 per cent of the energy is transformed into elastic waves. Experimental investigations of the coefficient of restitution bear out this prediction.

For pulses of larger amplitude, projectiles fired from air guns, or bullets fired with conventional propellants may be used and here very large local stresses are built up, and in fact where lead bullets are employed a reasonable prediction of the stress pulse can be obtained on the assumption that the bullet has a negligible yield point and the impact is purely hydrodynamic [see reference 12].

When a 0.22 in. caliber bullet impinges on the end of a 2.5 cm. diameter steel bar with a velocity of 800 m/sec., a plane stress pulse whose amplitude exceeds 3000 bars is propagated along the bar. Another form of impact where the shape of the stress pulse can be predicted theoretically is the axial elastic impact of two bars of the same diameter. This problem was first treated by St. Venant. If the length of the shorter bar is ℓ the duration of the impact is $2\ell/c_o$ and the stress σ, is $\rho c_o v$, where c_o is the velocity of extensional elastic waves in the bar, ρ is the density and v is the relative velocity of approach before impact. A rectangular pulse of duration $2\ell/c_o$ and of stress amplitude σ travels back and forth along the longer bar while the shorter bar is stress free after the impact. In practice it is very difficult to achieve truly axial impact and the ends of the bars are often shaped into spherical surfaces of large radius of curvature to achieve reproducible results [13].

The generation of stress pulses by the sudden release of quasi-statically applied stress to a section of a specimen is a more unusual mechanical method of generating stress pulses but two research programs at present being carried out in the author's laboratory at Brown University utilize this technique. One of these is the study of the stress pulses generated when a tensile glass specimen is stretched in an Instron testing machine until fracture occurs [14]. Under these conditions, two stress pulses are propagated away from the fracture surface one is a longitudinal compressive pulse and the other is a flexural pulse. The shapes of these pulses give considerable information about the nature of the brittle fracture process. This investigation will be discussed in detail later in this course of lectures.

The other investigation is concerned with the formation of tensile shock fronts in specimens of stretched natural rubber [15]. In this experiment a band of natural rubber gumstock of square cross section [1/2 inch × 1/2 inch] was first stretched to five times it original length. A section 10 inches long at one end of the rubber band was then stretched even further, the additional stretch was maintained by means of a piece of steel piano wire which was attached to a small hand winch. When a large electric current is passed through the wire, it volatilized, and a tensile pulse was propagated along the rubber band. This work too, will be referred to later in these lectures.

(2) Detonation of Explosives

This is perhaps the simplest method of producing a large amplitude pulse of short duration. In experimental stress wave investigations the amount of explosives used has varied widely from as little as 4 mg of silver acetylide [16] to as much as safety precautions will allow. The type of pulse produced depends on the nature of the explosive used, and the degree of confinement, whereas its amplitude will depend primarily on the quantity of explosive. In some applications it is desirable to shape the wave front by the geometrical arrangement of the explosive and a simple arrangement used by the author's colleague, D. G. Christie [17] is shown in Figure 1. Here by placing detonating fuse along the edge AB of a plate and arranging that the angle α is such that tan α is equal to the ratio of the velocity of elastic plate waves to the detonation velocity along the fuse, the wave that travels down the plate has a plane front parallel to BC. Another technique that has been employed is to use two explosives with different detonation velocities and thus produce an explosive 'lens' which can generate plane, convergent or divergent wavefronts.

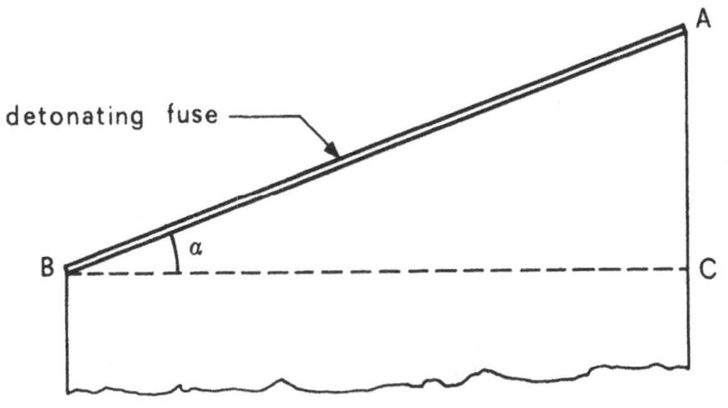

Fig. 1. Method of Producing Plane Wavefronts.

There are two disadvantages to the use of explosives, one is that it is extremely difficult to achieve reproducibility of results, and even to approximate to this, great care must be taken in the preparation and packing of the solid explosive. The other disadvantage is that the chemical and physical processes involved in the detonation of an explosive are so complex that it is impossible to predict theoretically what the initial pulse shape will be, and since the pressures involved can be in the neighbourhood of 100,000 bars, the direct experimental measurement of the pulse shape is often no easy matter.

The detonation of explosive gas mixtures confined in tubes largely overcomes both these difficulties and such tubes containing mixtures of oxygen and hydrogen and oxygen and acetylene, have been used successfully [18] to produce steep fronted pulses of known shapes. The brilliant flash of light which generally accompanies an explosion furnishes a very convenient method of triggering electrical recording devices, but it has been found [19] that explosions generally produce intense ionisation, and because of the different mobilities of the positive and negative ions, an electromagnetic wave is generated during the detonation process. This can prove quite troublesome and necessitates the shielding of sensitive electronic detectors to prevent confusion of the observations.

(3) Electromechanical Transducers

There are four principal classes of electromechanical transducers which have been employed to generate stress waves. These are (i) electrostatic, (ii) electromagnetic, (iii) magnetostrictive and (iv) piezoelectric or ferroelectric. Of these types most work has been done with examples of types (ii) and (iv). All four classes of transducers suffer from a common disadvantage namely that they cannot be used to produce stress pulses of large amplitude, classes (ii) and (iii) have the added disadvantage that they are unsuitable for the production of pulses of high frequency or short duration as a result of the high inductance of the coils used in them. The reason that the pulses have such low energy associated with them can be seen from a calculation of the electrical power needed to produce a pulse of 150 bars amplitude in a bar of 2.5 cm. diameter. (This type of pulse is produced by the impact of a small caliber rifle bullet or by the detonation of a few grams of explosive.) It turns out that even assuming 100% efficiency in transforming electrical into mechanical energy, electrical power in escess of 200 KW is required.

At audio-frequencies electromagnetic transducers are very convenient and various types of device on the principle of a moving-coil loudspeaker have been used. At ultrasonic frequencies piezoelectric and ferroelectric crystals have been utilised, generally to produce either continuous trains of sinusoidal waves or 'wave packets' consisting of a short train of sinusoidal oscillations. This work has become a field of its own and the reader is referred to one of several standard works on Ultrasonics [20-24]. Magnetostrictive oscillators are useful at high audio or low ultrasonic frequencies.

Electrostatic methods of excitation are very convenient from the point of view of keeping the mechanical loading of the system minimal. They, however, suffer from the disadvantage that very little mechanical energy can be communicated to the system by this means and in order to obtain measurable stress pulses, large voltages and narrow gaps between the exciting electrode and the specimens must be used. The constant danger of electrical breakdown across the gap thus limits the effectiveness of this procedure.

DETECTION AND MEASUREMENT OF STRESS WAVES

The detection and measurement of stress waves is beset by a number of difficulties and it is only comparatively recently that effective and accurate methods of measurement have been developed. The first problem is associated with the very rapid nature of the phenomena which are being observed. Thus for experiments on a laboratory scale, the duration of stress pulses cannot exceed a few microseconds, and conventional gages for the measurement of stress, displacement, or velocity will not respond to changes which take place so rapidly. Even where such gages have been devised, recording their response still provides problems, although modern developments in high-speed cameras and in cathode-ray oscillographs have made this very much easier.

A third difficulty is associated with the magnitude of the parameters which are being measured. On the one hand, in some investigations, e.g. plastic waves in metals, enormous forces can be built up and stresses of the order of several tens of thousands of bars are not uncommon and it is difficult to find a gage which will survive such treatment. On the other hand in model seismology stresses can be of the order of dynes/cm^2 and it is difficult to find gages which will respond to so small a stress.

Methods of investigation can be classified as mechanical, optical, and electrical and these will be dealt with separately below.

(a) Mechanical Methods. Mechanical methods for the detection and measurement of stress waves and now largely of historical interest, although some applications are still in current use in armament testing.

The basis of most mechanical methods is to trap some or all of the momentum associated with the stress pulse in a ballistic pendulum and the apparatus most often used has become known as the 'Hopkinson Pressure Bar'. This was devised by B. Hopkinson in 1914 [12] and consists of a freely suspended steel bar to one end of which pellets of the same diameter as the bar but of different lengths can be wrung on. The stress pulse to be measured is applied to the opposite end of the bar which is called the firing-end. A compression pulse travels along the bar and passes straight through the interface between the end of the bar and the pellet and is then reflected at the free end of the pellet as a pulse of tension. This reflected tensile pulse travels back to the pellet-bar interface which cannot withstand tensile stress so that the pellet flies off with the momentum trapped in it. The magnitude of this momentum can be measured by firing the pellet into a ballistic pendulum, and by the use of a series of pellets of different lengths, the duration of the pulse, the maximum amplitude of the pulse and the total momentum in it can be determined.

This method has more recently been extended by Rinehart and Pearson [3] who have used piles of pellets and extended the method to plates and blocks. The advantages of the mechanical method is that it is simple and direct and is able to operate with stress pulses of very large amplitude. Its disadvantages are that it cannot be used to completely define a pulse shape and that it cannot be used for pulses of small amplitude.

(b) Optical Methods. The direct visual observation of the displacements produced by stress waves is generally not feasible because of their extremely small magnitude, and also by the rapidity with which they occur in laboratory scale experiments. The latter difficulty can nowadays be overcome by the use of one of several techniques of high speed photography [25-30], but rather little can be done about the former when longitudinal displacements are being observed.

For longitudinal stress waves in rubber, however, the displacements often are large enough for direct observations [31], and by the use of a streak camera useful data can be obtained. For more rigid materials arrangements have been tried for converting the longitudinal displacement into an angular one but this is difficult to achieve without excessive loading of the structure under investigation. For torsional waves in bars, however, Owens and Davies [32] have successfully used the principle of the optical lever. A small flat mirrored surface is polished on a small section of the surface of the bar, and this enables the rotational movement produced by the propagation of torsional waves along the bar to be recorded.

There are three other optical techniques which have been employed in the detection and measurement of stress waves. These are the Schlieren Method, the photoelastic method and the ruled-grating method. The Schlieren method is extremely sensitive and will detect surface displacements whose magnitude is just a fraction of a wavelength of light. The reflecting surfaces where the measurements are being made must, however, be polished to near optical flatness and the method is very sensitive to any vibrations of the specimen as a whole, so that it is highly desirable to mount it on very rigid supports and to make sure that there are no convection currents or draughts in the surrounding air. Schardin [33] has used the method successfully and it does have, in addition to its great sensitivity, the advantage that the interpretation of the observations involves only the geometrical set-up and does not depend on the optical properties of any particular material.

The second optical method mentioned namely photoelasticity, is the one that has been most popular among experimenters, and work using this technique has been published by a number of workers [34-37]. This work is the direct dynamic counterpart of the photoelastic techniques used in quasi-static stress-analysis.

In photoelastic stress wave observations both simple cinematography and streak cinematography have been employed. While the former has the advantage that each picture gives a representation of the stress distribution over the whole specimen at the instant of exposure, the latter gives a continuous record of the stress distribution across a line for the period of the experiment. Both techniques have proved useful in different investigations and the streak method can be refined to give a resolution of the order of about two microseconds in records which extend over periods of several milliseconds [34].

The photoelastic method suffers from several severe limitations in quasi-static stress analysis and all of these also apply to photoelastic stress wave observations. For example, it can only be used with transparent solids, it is only feasible for two-dimensional stress distributions and it only gives the magnitude of the difference between the principle stresses and not their absolute magnitude. By observing the directions of the isoclinics in standard photoelastic stress analysis, it is also possible to determine the directions of the principal stresses. This is very much more difficult in stress-wave observations and in fact is only feasible when the experiments can be reproduced exactly a number of times, so that records can be obtained with the plane of polarisation in a number of different directions.

A further difficulty that arises in photoelastic observations of stress wave propagation is that many of the photoelastically sensitive materials are to some extent viscoelastic and the photoelastic constant has a different dynamic value from its static one. Furthermore in a viscoelastic solid the pulse 'shape' is different for strain than it is for stress so that we have to consider whether it is the stress-optical constant or the strain-optical constant that is relevant to the interpretation of the experimental observations.

In spite of all these limitations the photoelastic technique has proved an extremely powerful one in stress wave observations and many useful results have been obtained by its application.

An extremely elegant optical method of observing stress waves has been devised by Bell [38]. The principle of this method is to rule a diffraction grating on a portion of the surface of the specimen and to observe the position of the diffracted image produced by this grating. Now when the surface strain in the vicinity of the grating changes, the number of lines per unit length of grating also changes, and this results in a rotation of the diffracted beam. Thus if the direction of the surface does not rotate, the change in angle of the diffracted beam gives a measure of the strain. To determine this rotation of the diffracted beam, it is allowed to fall on a V-slit and the light is then collected by a photo-multiplier cell, the output of which is amplified and fed onto a cathode-ray oscillograph, so that a record of the strain-time curve produced by the disturbance may be obtained. In order to allow for any rotation of the plane of the grating a second V-slit and photo-multiplier cell is used, this responds to the specular reflection of the beam from the grating. The method has been used by Bell and his co-workers with great success for observing stress wave propagation. It is shown schematically in figure 2. All the optical methods have one outstanding advantage over most other types of measurements, namely that they leave the specimen unloaded so that the act of measurement does not change the quantities which one is attempting to measure. This same advantage applies to capacitance methods of measuring displacement, these are described in the next section, but all other methods, to a greater or lesser extent, involve the mechanical loading of the experimental set-up.

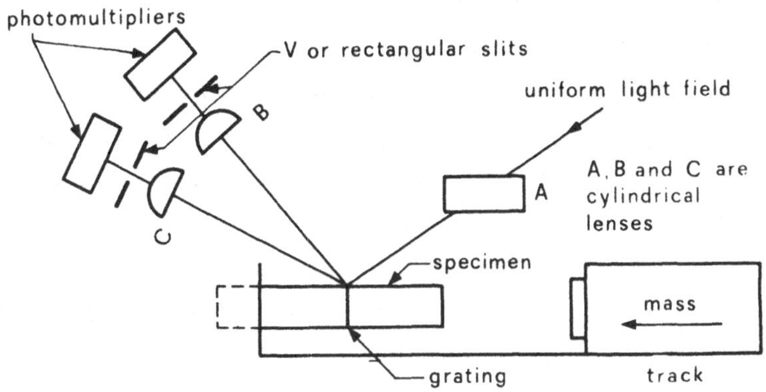

Fig. 2. Diffraction Grating Apparatus for Observing Dynamic Strains (Bell).

(c) Electrical Methods. Many different types of electrical gage have been proposed for measuring strain, but almost all experimental work has been carried out by the use of one of four different types of gage, these are the resistance or semiconductor gage, the piezoelectric or ferroelectric gage, the capacitance gage and the inductance gage. All these gages can be used in a form where the loading on the specimen is minimised, while other types of electrical gage almost always cause severe mechanical loading of the specimen, which results in poor high frequency response and distortion of the pulse shape which is being observed.

Resistance gages. The simplest type of resistance gage consists of a wire, the resistance of which changes when it is strained. The use of these gages in conventional stress analysis is so well established that little can be added here except to say that in the detection of high frequency stress waves it is important to keep the amount of adhesive and binding material at a minimum, since this can result in an attenuation of the pulse which is being observed. It is also important to use very short strain gages since stress pulses can have sharp stress gradients. To obtain higher sensitivities semiconductor strain gages are often useful.

Piezoelectric and ferroelectric gages. These gages are very sensitive and have been used widely in stress wave observations, their main disadvantage is that they tend to interfere with the phenomenon which is being measured. Thus if they are being used to measure stress and are placed between the end of a specimen and an anvil, they do not provide a true 'fixed end', whereas when they are used in the form of wafers and are cemented on a surface at which a strain measurement is required, they tend to stiffen the specimen under investigation.

Capacitance gages. The principle of the use of this type of gage in stress wave work is to make a portion of the surface of the specimen under investigation the grounded plate of an electrical capacitor, the other plate is a small insulated conductor which is held parallel to the specimen with a very small gap between them. Any movements of the specimen then result in a change in electrical capacity between the specimen and the insulated conductor and this change in capacity can be converted into a change in voltage. This is amplified and then fed to a cathode ray oscillograph. There are two ways in which the change in capacity can be converted into a voltage change. The simplest which has been used by Davies and others [39-40] consists of charging the capacity up to a high voltage (~ 500V) through a high resistance (>> 10 megohms). Since the change on the capacitor then takes some time to leak away any sudden change in capacity results in a corresponding change in voltage. Since the capacity of the detector is very tiny, however (~ 10^{-12} farads), the time constant of the system is very short and a ballast capacitor must be connected across it. This ballast capacitor greatly reduces the sensitivity of the method but even so, quite adequate sensitivity can normally be obtained by keeping the gap down to a few thousandths of an inch.

A much more sensitive way of converting changes in capacity into voltage changes is to make the capacity detector part of the tuned circuit of a radio frequency oscillator. The change in capacity produced by the stress wave then frequency modulates the oscillator and standard radio F.M. detection systems involving a voltage limiter and a frequency discriminator can be used to convert the frequency change into a voltage change. Bordoni [41] has claimed that by this means, mean displacements of the order of 10^{-9} cm. in magnitude can be measured.

The physical form of the capacitor gage depends on the particular displacement which it is intended to measure. Davies [39] describes three types which can be used with bars and which are mounted on the bar itself and which rest on it with smooth freely sliding supports. With this arrangement bar and gage do not separate for slow movements but the inertia of the gage prevents the insulated plate from moving when a stress pulse is being measured. The three types of condenser gage described by Davies are a flat plate gage with the plate mounted parallel to the end face of the bar, a cylindrical gage mounted along the length of the bar which measures the Poisson expansions and contractions produced by the stress wave, and a cylindrical gage mounted at the end of the bar which responds to longitudinal displacements. The last of these three is particularly useful for large displacements.

Inductance gages. Whereas strain gages respond to the local strain, and capacity gages respond to the local displacements, inductance gages are sensitive to the particle velocity of the point being observed, and would have found much wider application if they could be made to give adequate sensitivity while retaining reasonable accuracy. Where large displacements are involved however, it is often a very convenient method of measurement and has been used in work on plastic wave propagation [42-44] as well as in the work on tensile shock waves in stretched rubber bands [15] referred to earlier.

The principle of this method of detection is that when a conductor cuts a field of magnetic force the potential induced across it is proportional to the rate at which magnetic lines of force are being cut, i.e. to the product of the magnetic field strength and the velocity of the conductor. Thus if a wire is attached to a portion of a specimen and the wire is in a magnetic field of constant intensity the voltage induced across the wire is proportional to the velocity of the section of the specimen to which it is attached. Unfortunately the voltages produced tend to be rather small if only a single wire is used, while the inductance which is built up if a coil is used limits the high frequency response of the detector. This will be discussed further in a later section of these lectures.

ELASTIC WAVE STUDIES

As mentioned earlier much of the experimental work on linear elastic systems is concerned with the confirmation of theoretically predicted results and most of the reported work is of this nature. With increasing confidence in the experimental techniques employed, however, more ambitious work is nowadays being carried out particularly in the field of model seismology.

(1) Waves in Bars

A problem which has received a considerable amount of

both theoretical and experimental attention is the propagation of elastic waves along cylindrical bars. The elementary engineering theory predicts that extensional waves will be propagated without change in form at a constant velocity $c_o = (E/\rho)^{1/2}$. This turns out to be a good approximation to the truth so long as the pulse is a 'smooth' one relative to the lateral dimensions of the bar. Mathematically this means that the pulse has to be such that the Fourier spectrum of the pulse has negligible amplitudes at wavelengths which are comparable with or smaller than the largest cross-sectional dimension of the bar. When this is not so, the lateral inertia of the bar leads to pulse distortion and the exact theory of this was first developed by Pochhammer and Chree in the nineteenth century [see reference 1]. The effect of this lateral inertia is to reduce the velocity of waves of high frequency, the limiting velocity being the Rayleigh surface wave velocity. Furthermore there are a number of modes of vibration, and it is theoretically difficult to assess how the energy of an impact for example, would be divided between these separate modes. An investigation of the propagation of a longitudinal pulse along a steel bar by D.Y. Hsieh and the author [45] has shown that the Pochhammer-Chree theory adequately describes the longitudinal wave pattern on the assumption that all the propagation takes place in the fundamental mode.

The apparatus used is shown schematically in Figure 3 and it may be seen that the specimen, which was a steel bar 12.5 cm. in length and 6 mm. in diameter, was freely suspended and grounded electrically. An explosive charge consisting of 10 mg of lead azide was detonated at one end of the bar and the displacement wave arriving at the opposite end was detected by a capacitor gage, one plate

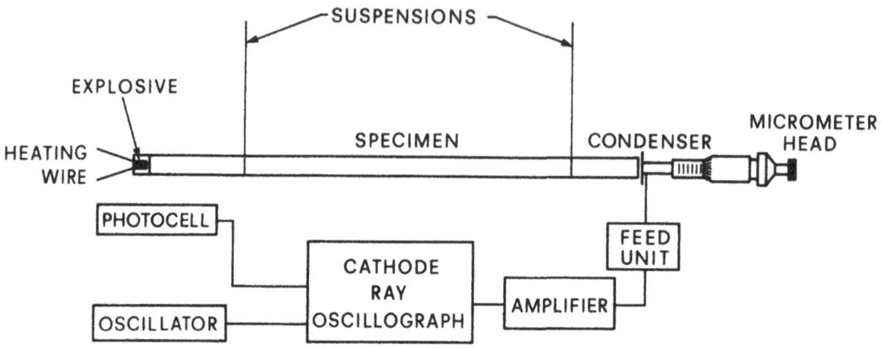

Fig. 3. Apparatus for Observing Pulse Propagation in Rods.

of which was the grounded flat end of the bar and the other end was a small flat insulated metal disc which was mounted on a micrometer head so that the capacitor gap could be adjusted suitably. This disc was charged up to a potential of about 500V through a resistance of 50 MΩ. A ballast capacitor was joined across the detector, and the output was amplified and fed onto a cathode ray oscillograph. The oscillograph was triggered by means of a photocell which was exposed to the light from the detonation of the explosive charge.

Now we do not know the exact shape of the pulse produced by the detonation of the explosive charge but we do know its duration. The duration is about 2 microseconds. On the assumption that the shape of the initial pulse of particle velocity V can be approximated to by the expression $V = B \exp(-\beta^2 t^2)$ where B and β are constants, and β is then chosen to give a 'half-breadth' of 2 microseconds, we can Fourier analyse the pulse and calculate by Fourier synthesis what the displacement-time relation should be on the assumption that only fundamental mode propagation is taking place. Figure 4 shows the displacement time curve which would be expected if there were no velocity dispersion, the predicted ordinates on the basis of the Pochhammer-Chree theory, and the observed displacement-time curve. It may be seen that very satisfactory predictions are obtained on the basis of fundamental-mode propagation in this experiment.

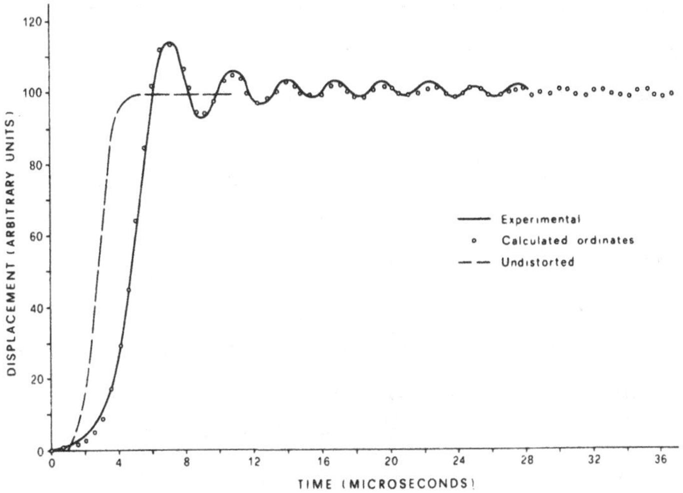

Fig. 4. Comparison between Predicted and Observed Displacement-Time Curves.

There are numerous other experimental investigations of elastic waves in bars and it is perhaps superfluous to list them all here. Reference should however be again made to the pioneering work of Davies [39] and also of Owens and Davies [32], to one or two studies by the author and his colleagues, for example, the study of longitudinal waves in elastic tubes [46], and the transmission of elastic waves at the boundary between two non-collinear rods [47]. The investigation of the interesting reflections and transmission effects at the boundary between two rods of different diameters by Ripperger and Abramson [48] also deserve special mention.

Another interesting field of study connected with wave propagation in rods and which has recently been receiving considerable attention, is the elastic wave propagation which is observed when a rod specimen is broken either in tension or in flexure. When the specimen is a rod in tension, (in for example an Instron testing machine) and a brittle fracture traverses it, a compressive pulse, the initial duration of which is given by the time it takes the fracture to cross the specimen, is generated. This pulse is step-shaped and its stress amplitude is equal to the tensile stress in the rod at the instant when fracture commenced. In addition, a flexural pulse which has the shape of an inverted U is generated. This results from the fact that during the fracture process there is a finite bending moment, whereas at the beginning and the end of the fracture, the net bending moment is zero. The situation when the rod is broken in flexure is somewhat different in that the fracture starts at the surface of the specimen which is in tension, and rapidly approaches the central axis of the bar, while it is doing this both a compressive pulse and a flexural pulse are being generated. These propagate away from the fracture surface, the longitudinal pulse with very little change in shape while the flexural pulse is continuously changing its form as a result of the nature of flexural wave propagation. The transit across the second half of the cross-section is very much slower and the fracture process is not completed until the compression pulse initially generated by the fracture is reflected from the free ends of the bar as a pulse of tension. This work is described in detail in references [14, 49, 50].

Elastic waves in plates and blocks. Much of the work on plates and blocks has been concerned with the problems of model seismology [51] but reference should be made to the work of Christie [17], earlier referred to on the reflection of plane waves at a free surface at grazing angles of incidence. Christie showed that whereas the simple theory predicts that no shear wave is formed under these conditions, experimentally it may be shown that as glancing incidence is approached, a shear wave of finite amplitude is 'drawn off' from the wave-front. Christie explains this observation in terms of the interference of incident and reflected pulses. The theory of this problem has been discussed by Sauter [52] and Roesler [53].

The reflection of an elastic wave at the boundary of a rod and a block has been investigated by Boucher and Kolsky [54] and the Rayleigh waves produced in blocks by Hertzian impact have been studied by Tsai and Kolsky [55].

VISCOELASTIC WAVES

Many high polymers, such as rubbers and plastics, obey Boltzmann's Principle of Superposition and their mechanical response can be approximated to closely by the assumption that their are linearly viscoelastic. Now when a sinusoidal stress wave is propagated through such a linearly viscoelastic solid it has a constant phase velocity and its amplitude is attenuated exponentially. The phase velocity increases slowly with the frequency and the attenuation increases rapidly. Thus if a stress pulse is propagated through such a solid its high frequency components travel with higher phase velocities than those of lower frequencies and are attenuated more rapidly, and the pulse flattens. In fact, it is found that for most polymers at temperatures remoted from their glass-rubber transition point, the velocity increases approximately as the logarithm of the frequency, whereas the attenuation coefficient increases proportionately to the frequency. The phase velocity and the attenuation can be measured by propagating a train of sinusoidal waves along a thin rod or filament of polymer, and the apparatus for achieving this is shown schematically in Figure 5. At audio freq-uencies the source of vibrations is a loudspeaker, at low ultrasonic frequencies, a magnetostriction rod, and at high ultrasonic frequencies, a quartz crystal, the wave is detected by a crystal phonograph pick-up which can be moved along the rod. The output from this pick-up is amplified and fed onto a cathode-ray oscillograph, where the phase and amplitude can be observed. This type of measurement has been carried out by a number of workers [56-58] for a series of rubbers and polymers over a fairly wide range of temperatures and frequencies.

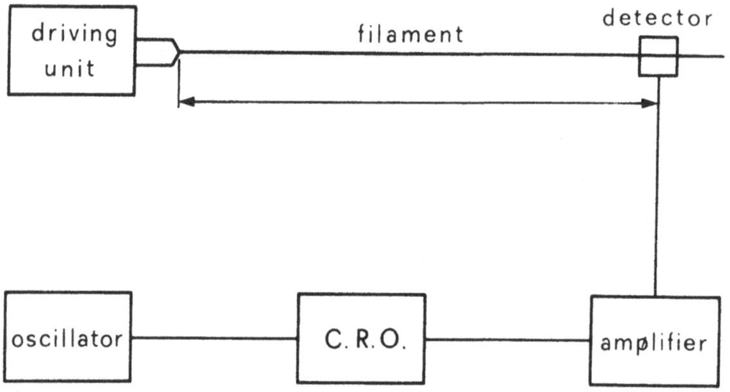

Fig. 5. Sinusoidal Wave Apparatus for Filament Specimens.

Now with a knowledge of the dependence of phase velocity and attenuation on frequency, it is possible by means of Fourier analysis to predict the change in form of a longitudinal stress pulse as it propagates along a rod of linear viscoelastic material. Figure 6 shows a comparison between the predicted and observed pulse shapes in a polyethylene rod which was used by the author [59] in such an investigation. Small explosive charges were used in the apparatus shown in Figure 3. It may be seen that the agreement is very satisfactory.

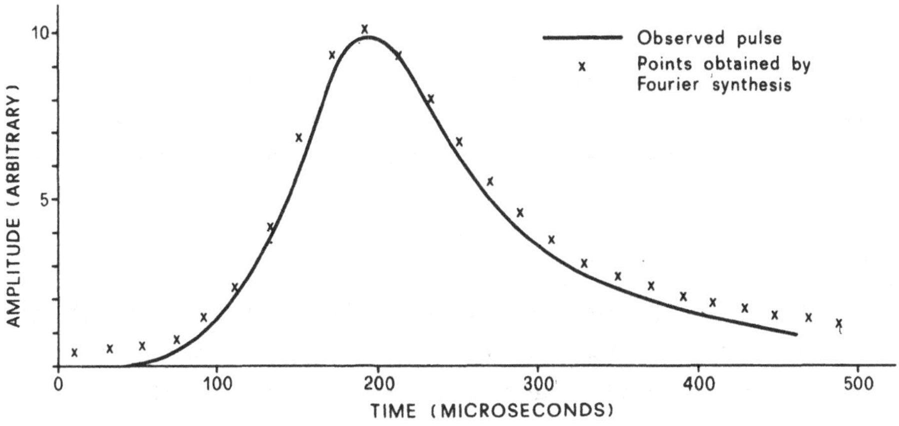

Fig. 6. Comparison between Predicted and Observed Pulse Shapes.

Two other studies of wave propagation is linear viscoelastic solids should be mentioned. One of these is the measurement of the bulk viscosity of a number of polymers. These experiments were carried out by J. Lifshitz and the author [60], and the principle of the experiment was to observe the attenuation of spherical dilatational stress pulses in blocks of polyethylene, polymethylmethacrylate and polystyrene. In all three of these polymers it was found that the magnitude of the attenuation coefficient associated with volume changes was about one-fifth of that for shear changes.

The other investigation [61] was on the reflection of a unidirectional pulse at the boundary between two visco-elastic rods. The purpose of this study was to investigate the 'cross-over' earlier predicted by S.S. Lee and the author. The nature of this effect is that if the velocity dispersion curves of two polymers plotted against frequency cross-over there is a cross-over frequency where no wave is reflected and Fourier components of frequencies lower than the cross-over frequency are reflected with one phase difference while components of higher frequency are reflected with the opposite phase difference. The consequence of this is that a unidirectional pulse is reflected as an S-shaped one. This was confirmed experimentally.

PLASTIC WAVES AND SHOCK WAVES

The theory of plastic wave propagation is comparatively new. The problem was first discussed by Donnell in 1930 [62] but no further advance took place for the next ten years, when workers in England, the United States and the Soviet Union independently developed theories for the propagation of a plastic wave along a semi-infinite wire. Reference should be made to the review by Abramson et al [7] for a detailed account of this early work.

The initial experimental work is described by von Karman and Duwez [63] and consisted in impulsively stretching a long copper wire, the distribution of plastic strain along the wire was found to conform reasonably well with the theoretical predictions. The strain distribution was complicated considerably by unloading waves which traveled back and forth along the wire, but even so it seemed possible that there were additional errors due to rate-of-strain effects on the plastic behavior of the metal.

Bell showed in 1956 [64] that such rate-of-strain effects could be extremely important. He propagated an incremental strain pulse along a wire which was being extended quasi-statically in a testing machine. According to the non-rate dependent theory of plastic wave propagation this incremental pulse should have travelled along the wire at a velocity equal to $(S/\rho)^{1/2}$, where S is the tangent modulus of the stress-strain curve. In fact it was found to travel very much faster at the velocity of elastic waves $c_o = (E/\rho)^{1/2}$ where E is Young's Modulus. Much further work has gone into this problem, all of which confirms the importance of rate-of-strain effects in the propagation of plastic waves in metals (see for example Kolsky and Douch [65]).

The propagation of shock waves in solids is a subject of its own, and the reader is referred to the review article by Duvall [66] which discusses several aspects of this type of investigation. Another type of shock wave, however, is induced in stretched rubber when a finite tensile pulse is propagated along it [15]. Experiments on the propagation of sinusoidal wave trains along stretched rubber filaments indicate that the velocity of incremental waves increases rapidly with increasing pre-strain [56] and one might therefore expect a finite tensile pulse to develop a shock front. Unfortunately the wave attenuation of rubber is very high for small values of the pre-strain, and only when the rubber is extended to four or five times its original length does the attenuation become low enough for shock waves to develop. It is because of this that rubber bands have to be pre-strained to several times their original length before tensile shock waves will develop.

When they are in this highly stretched state a 'compressive' pulse [i.e. a pulse which corresponds to a lowering of tension] develops a shock tail, since the regions which correspond to the lowest tension, i.e. the peak 'compression' in the pulse, travel more slowly than the other parts of the pulse.

STRESS WAVES AND FRACTURE

The phenomena of brittle fracture and of the propagation of stress waves are closely interrelated and one aspect of this interrelation has been discussed earlier in connection with the elastic waves generated when a rod of a brittle material is broken either in tension or in flexure. Here the fracture process results in an extremely rapid change in the stress field in the immediate neighbourhood of the fracture surface and these changes in the stress field result in the generation of stress waves which travel away from the newly fractured surface into the rest of the specimen.

The later reflections of these stress waves for specimens in flexure, and their return to the surface of the growing fracture is a good example of the type of interaction which is observed between fractures and the stress waves they generate. Another example is the observation that the maximum velocity observed for a running brittle fracture is a constant fraction of the velocity of elastic waves in the brittle solid. A considerable amount of work has also been carried out on the fractures produced by stress pulses as they are reflected at the free surfaces of a specimen and on the interference effects observed between pulses reflected at different boundaries of a specimen. All this work together with discussions of the relation between cavitation in viscous liquids and the incipience of fracture in brittle solids are described in the following references [Kolsky[1], Rinehart and Pearson [3], Christie [16], Schardin [33], Kolsky and Shi [40], Tsai and Kolsky [55], and Kolsky and Rader [67].

References

1) Kolsky, H., Stress Waves in Solids, Clarendon Press, Oxford, 1953 (Dover reprint, 1964).

2) Ewing, W.M., Jardetsky, W.S. and Press, F., Elastic Waves in Layered Media, McGraw-Hill, New York, 1957.

3) Rinehart, J.S. and Pearson, J., Behavior of Metals under Impulsive Loads, Amer. Soc. Metals, 1954 (Dover reprint, 1965).

4) Goldsmith, W., Impact (Edward Arnold: London, 1960).

5) Averbach, J.D., Wave Propagation in Elastic Solids, (North Holland, 1973).

6) Encyclopedia of Physics, Vol. VI Mechanics of Solids (Springer Verlag) The Experimental Foundations of Solid Mechanics, J.F. Bell (1973).

7) Abramson, H.N., Plass, H.J. and Ripperger, E.P., Stress wave propagation in rods and beams, Advances in Appl. Mech. 5, pp. 111 (1958).

8) International Symposium on Stress Wave Propagation in Materials (ed. N. Davids), Interscience, New York (1960).

9) Stress Waves in Anelastic Solids, Proceedings of IUTAM Symposium held at Brown University, 1963 (ed. H. Kolsky and W. Prager), Springer-Verlag, 1964.

10) Kolsky, H., Experimental Wave Propagation in Solids, Structural Mechanics (ed. J.N. Goodier and N.J. Hoff) Pergamon, New York, 1960.

11) Hunter, S.C., Energy absorbed by elastic waves during impact. J. Mech. and Phys. Solids 3, 162, 1954.

12) Hopkinson, B., A method of measuring the pressure produced in the detonation of high explosives or by the impact of bullets. Phil. Trans. Roy. Soc. 213A, p. 375, 1914.

13) Sears, J.E., Longitudinal impact of metal rods with rounded ends. Proc. Camb. Phil. Soc. 14, p. 237, (1907).

14) Phillips, J.W., Stress pulses produced during the fracture of brittle tensile specimens. Int. J. Sol. & Struct. 6, p. 1403 (1970).

15) Kolsky, H., Production of tensile shock waves in stretched natural rubber. Nature 224, p. 1301, (1969).

16) Christie, D.G., An investigation of cracks and stress waves in glass and plastics by high-speed photography. J. Soc. Glass Tech. 36, p. 74 (1952).

17) Christie, D.G., Reflection of elastic waves from a free boundary. Phil. Mag. 46, p. 527 (1955).

18) Curtis., Elastic strain-pulse in a semi-infinite bar. Stress Wave Propagation in Materials, p. 15, Interscience, 1960.

19) Kolsky, H., Electromagnetic waves emitted on detonation of explosives. Nature 173, p. 77 (1959).

20) Bergmann, L., Der Ultraschall: Hirzel, Stuttgart (1920).

21) Richardson, E.G., Ultrasonic Physics: Elsevier, Amsterdam, 1957.

22) Mason, W.P., Piezoelectric Crystals and their Applications in Ultrasonics: Van Nostrand, New York, 1950.

23) Hueter, T.F., and Bolt, R.H., Sonics, John Wiley, New York, 1955.

24) Truell, R., Elbaum, C. and Chick, B., Ultrasonic Methods in Solid State Physics, Academic Press, New York, 1969.

25) Chesterman, W.D., The Photographic Study of Rapid Events, Clarendon Press, Oxford (1951).

26) Jones, G.A., High Speed Photography, Chapman and Ha London, (1952).

27) Schardin, H., Ergebnisse der Kinematographischen Untersuchung des Glasbruchvorgänges, Glastech. Ber. 23, 1, (1950).

28) Cranz, C. and Schardin, H., Kinematographie auf ruhendem Film und mit extrem hoher Bildfrequenz, Z. Phys. 56, 147, (1929).

29) Christie, D.G., A multiple spark camera for dynamic stress analysis. J. Phot. Sci., (1955).

30) Christie, D.G., Application of High Speed Photography to Dynamic Stress Analysis, Proc. 2nd Conf. High Speed Photography, Paris (1953).

31) Volterra, E., Alcaui Risultati di Prove Dinamiche sui Materiali, Nuovo. Cim. 4, 1 (1948).

32) Owens, J.D. and Davies, R.M., High speed recording by a rotating mirror. Nature 164, 752 (1949).

33) Schardin, H., Die Schlierenverfahren und ihre Anwendungen, Ergeb. exakt. Naturw. 20, 303 (1947).

34) Frocht, M.M. and Flynn, P.D., Studies in dynamic photoelectricity. J. Appl. Mech. 23, 116 (1956).

35) Feder, J.C., Gibbons, R.A., Gilbert, J.J. and Offenbacher, E.L., The study of the propagation of stress waves by photoelasticity. P.S.E.S.A. 14, 109 (1956).

36) Tuzi, Z. and Nisida, M., Photoelastic study of stresses due to impact. Phil. Mag. 21, 448 (1936).

37) Durelli, A.J. and Riley, W.F., Experiments for the determination of transient stress and strain in two-dimensional problems. J. Appl. Mech. 24, 64 (1957).

38) Bell, J.F., Determination of dynamic plastic strain through the use of diffraction gratings. J. Appl. Phys. 27, 1109 (1956).

39) Davies, R.M., A critical study of the Hopkinson pressure bar. Phil. Trans. Roy. Soc. 240A, 375 (1948).

40) Kolsky, H. and Shi, Y.Y., Fractures produced by stress pulses in glass-like solids. Proc. Phys. Soc. 72, 447 (1958).

41) Bordoni, P.G., Metodo Elettroacustico per Richerche Sperimentali Sulla Elasticata. Nuovo. Cim. 4, 177 (1947).

42) Ramberg, W., and Irwin, L.K., A pulse method of determining dynamic stress-strain relations. Proc. 9th Int. Cong. Appl. Mech. 8, 480 (1957).

43) Ripperger, E.A. and Yeakley, L.M., Measurement of particle velocities associated with waves propagating in bars. Experimental Mechanics 3, 47 (1963).

44) Efron, L. and Malvern, E., Electromagnetic velocity-transducer studies of plastic waves in aluminum bars. Experimental Mechanics, p. 255 (1969).

45) Hsieh, D.Y. and Kolsky, H., An experimental study of pulse propagation in elastic cylinders. Proc. Phys. Soc. 71 608 (1958).

46) Heimann, J. and Kolsky, H., The propagation of elastic waves in thin cylindrical shells. J. Mech. Phys. Sol. 14, 121 (1966).

47) Lee, J.P. and Kolsky, H., The generation of stress pulses at the junction of two non-collinear rods. J. Appl. Mech. 39, 809 (1972).

48) Ripperger, E.A. and Abramson, H.N., Reflection and transmission of elastic pulses in a bar at a discontinuity in cross-section. Proc. 3rd Midwest Conf. on Solid Mech., Univ. of Michigan, p. 135 (1957).

49) Bodner, S.R., Stress waves due to fracture of glass in bending. J. Mech. Phys. Sol. 21, 1 (1973).

50) Kolsky, H., The stress pulses propagated as result of the rapid growth of brittle fractures. Eng. Fracture Mechanics, 5, 513 (1973).

51) Oliver, J., Press, F., and Ewing, M., Two dimensional model seismology. Geophysics 19, 202 (1954).

52) Sauter, F., Der Elastiche Halbraum bei einer mechanischen Beeinflussung seiner Oberfläche. Z. angew. Math. a Mech. 30, 203 (1950).

53) Roesler, F.C., Glancing angle reflection of elastic waves from a free boundary. Phil. Mag. 46, 317 (1955).

54) Boucher, S. and Kolsky, H., Reflection of pulses at the interface between an elastic rod and an elastic half-space. J. Acous. Soc., 52, 884 (1972).

55) Tsai, Y.M. and Kolsky, H., A study of the fractures produced in glass blocks by impact. J. Mech. Phys. Sol. 15, p. 263 (1967).

56) Hillier, K.W. and Kolsky, H., An investigation of the dynamic elastic properties of some high polymers. Proc. Phys. Soc. B 62, 111 (1949).

57) Hillier, K.W., The measurement of some dynamic constants and its application to the study of high polymers. Proc. Phys. Soc. B 62, 701 (1949).

58) Ballou, J.W. and Smith, J.C., Dynamic measurements of polymer physical properties. J. Appl. Phys. 20, 493, (1949).

59) Kolsky, H., The propagation of stress pulses in visco-elastic solids. Phil. Mag., Ser. 8, 1, 693 (1956).

60) Lifshitz, J.M. and Kolsky, H., The propagation of spherically divergent stress pulses in linear viscoelastic solids. J. Mech. Phys. Sol. 13, 361 (1965).

61) Moffett, M.B., Experimental demonstration of a viscoelastic "crossover" effect. J. Acous. Soc., 53, 1749 (1973).

62) Donnell, L.H., Longitudinal wave transmission and impact. Trans. Amer. Soc. Mech. Engrg. 52, 153 (1930).

63) von Karman, T. and Duwez, P., On the propagation of plastic deformation in solids. J. Appl. Phys. 21, 987 (1950).

64) Bell, J.F., Plastic propagation in rods subject to longitudinal impacts. Johns Hopkins Univ. Tech. Rept. No. 4, DA-36-034 ORD 1363 (1956).

65) Kolsky, H. and Douch, L.S., Experimental studies in plastic wave propagation. J. Mech. Phys. Sol. 11, 195 (1962).

66) Duvall, G.E., Shock waves in the study of solids. Applied Mechanics Surveys, Spartan Books, Washington, p. 869 (1966).

67) Kolsky, H. and Rader, D., Stress waves and fracture, Chapter in Treatise on Fracture, vol. 1, 553, (1967).

ERRATA

page		
69	Formule (1.10)	lire : $\rho^+ c_D{}^+ = \rho^- c_D^-$
72	Formule (2.11)	" $\dot{x}_{i,\alpha}$
73	Note (2)	lire partout $\nabla_X x^T$ et $\nabla_x x^T$
84	Formule (6.5)	lire : $u_{1,n}$ (au lieu de : $u_{i,n}$)
84	ligne 10	lire : $u_{0,1}$ (" " " $U_{0,1}$)
85	Formule (6.10)	lire : $c^2 - c_D^2$
96	Formule (9.6)	lire partout : $\dfrac{\partial U}{\partial I_1}$
103	Formule (11.8c)	lire : $\dfrac{\lvert V\rvert^2}{2})$
108	Formule (12.6)	lire : μ_3^2 (au lieu de μ_2^3)
113	Ligne 2	lire : $J = \Gamma^2(\Gamma + \gamma_1)$
119	Formule (13.15)	lire : $\mathscr{A}(M)$
127	Lignes 17 et 18	Préciser : Nous nontons $[G]_k$ le saut d'une grandeur G. . . .
127	Formule (15.5)	lire : $\Delta\dot{c}_D$ (au lieu de $\dot{c}_D$)
135	Lignes 9 et 10	Préciser : Un point du prolongement n'appartient pas à l'indicatrice parceque la condition iii) n'est pas satisfaite.
144	Après les formules (18.10) préciser que : $Q_{ij} = \partial^2\hat{\Phi}(\boldsymbol{\lambda})/\partial\lambda_i\partial\lambda_j$	

Printed in the United States
By Bookmasters